■ 丛书主编／黄升民　张金海　吴予敏

■ 丛书主审／丁俊杰　陈培爱

朱健强　罗萍　编著

# Print Advertising Design

高等学校广告学系列教材

武汉大学出版社

WUHAN UNIVERSITY PRESS

图书在版编目(CIP)数据

平面广告设计/朱健强,罗萍编著.—武汉：武汉大学出版社,2006.7
(2014.7 重印)
高等学校广告学系列教材
ISBN 978-7-307-05042-6

Ⅰ.平…　Ⅱ.①朱…　②罗…　Ⅲ.广告—平面设计—高等学校—教材　Ⅳ.J524.3

中国版本图书馆 CIP 数据核字(2006)第 035051 号

责任编辑:高　璐　　责任校对:黄添生　　版式设计:支　笛

出版发行：**武汉大学出版社**　(430072　武昌　珞珈山)
(电子邮件：cbs22@whu.edu.cn　网址：www.wdp.com.cn)
印刷:湖北金海印务有限公司
开本：720×1000　1/16　印张:23.625　字数:434 千字　插页:1
版次:2006 年 7 月第 1 版　2014 年 7 月第 6 次印刷
ISBN 978-7-307-05042-6/J·82　定价:31.00 元

# 高等学校广告学系列教材编写委员会

# 努力加强广告学专业教材建设
# 全面提升广告学高等教育质量

（代序）

中国广告学高等教育至今才20多年的发展历史，是如此的年轻，谁曾料想到，20多年后的如今，全国竟发展至200多个广告学高等教育专业教学点。毫不夸张地说，广告学是我国高等教育近20年来发展速度最快的专业之一。

我们现在经常提“跨越式发展”、“超常规发展”，这几乎成了我们所处的转型期社会的一种社会常态，尽管有人反对，却也有许多人主张。“跨越式发展”或称之为“超常规发展”，在一定程度上有悖于事物发展的自然规律，然而在某一特殊的社会时期，未必不是一种必需。对于中国广告学高等教育的发展，似乎也应作如是观。中国广告学高等教育的“超常规发展”，正是现代中国社会经济持续高速发展的必需，中国广告产业持续高速发展的必需。

不可否认，与“跨越式发展”或称之为“超常规发展”相伴随的，常常是一种我常戏称的“跨越式发展症”或“超常规发展症”。因此，问题的存在也是一种必然。不过，我一直不太认同对我国广告学高等教育“高速低质”的总体评价。

诚然，与许多传统学科和专业相比，广告学高等教育的确存在师资力量欠缺、教学欠规范、理论研究相对滞后等诸多问题，但20多年的进步，却是巨大而有目共睹的。全国广告学高等教育工作者多年来辛勤劳作，默默奋争，并承受着某些偏执的学科与专业歧视，不断推进着我国广告学高等教育质量的全面提升。我曾拜访过诸多广告业界人士，他们对我国广告学高等教育也有一些意见和看法，但总体评价却是肯定的。与积淀浸润上百年、几百年的传统学科相比，我国广告学高等教育不过20多年的历史，在某些层面自然不具有可比性，若论与社会实践的结合度，以及广告学高等教育的社会参与度与活跃度，在我国高等教育领域，至少是值得我们自许的。

与起步初始阶段相比，目前我国的广告学高等教育无论是在师资力量、教学规范上，还是理论研究上，早已不可同日而语。在本科教育的基础上，具有广告学硕士学位授予权的高校，目前已有 30 多所，招收广告学博士研究生的也有上十所高校。在我国新闻传播学学科范围，将广告学提升为二级学科的呼声日高。“低质”的评价也许出在评价的参照系上。如果说我国的广告学高等教育“速度的增长”与“质量的提升”的非同步发展，以及全国高等教育范围内各广告学专业教学点非均衡发展，也许更切合实际。

广告学高等教育专业教学点，从最初的一家、几家，仅 20 多年的时间，发展到现在的 210 多家，的确是令人惊讶。随着广告学高等教育的飞速发展，高等教育的广告学专业教材也与日俱增。这同样是一件正常而可喜的事。教材建设是专业建设的基础。有人认为广告学专业教材建设过“滥”，我倒以为没有一定的“量”就不可能有一定的“质”，任何事物的发展都有一个从“量的增长”到“质的提升”的过程，所谓“大浪淘沙”、“吹尽黄沙始见金”，这是一个规律。再者，现在又是一个知识更新频率不断加快的时代，广告学深处其中，没有淘汰，没有更新，倒真是不正常的事。

1996 年，武汉大学出版社曾组织出版过“珞珈广告学系列丛书”，共 10 种，数十所高校采用为广告学专业教材，先后两版十多次印刷。现在看来，也有陈旧之嫌，亟待更新。出版社多次与我商谈，要求我们重新全面修订。我们考虑，与其在原有范围内修订，不如花大气力在全国范围重新整合力量，推出一套新教材更好一些。我们的这一想法得到出版社的认同，并立即组织实施。

现有的 200 多个广告学高等教育专业教学点，分布于全国各地，分置于不同的学科背景。有的设置于艺术类学科之下，有的设置于经济类学科之下，有的设置于新闻传播学科之下。各高校各学科类型的广告学专业，都具有各自的办学特色，各自各具优势的培养目标。正是这样一种教学格局，适应了我们广告业对广告专业人才的多种需求。也正是这种教学格局，决定了广告学高等教育不可能有一种“放之四海而皆准”的教学模式。在许多场合下，我都曾明确主张过广告学高等教育的教学模式的多元发展。也正因为如此，要编纂一套具有完全普适性的广告学专业教学的教材，也只是一种良好的愿望。本系列教材的编纂，也只是尽可能把握广告学高等教育的基本规律和基本特征，在书目的确立和内容的厘定上，使之具有更大的可选性。

本套教材初步拟定的书目达 20 种之多，参加编写的高校也有 20 多家。中国传媒大学广告学院院长、教授、博士生导师，全国广告学高等教育研究会副会长黄升民先生，深圳大学文学院院长、教授，全国广告学高等教育研究会副会长吴予敏先生，以及本人一起应邀担任本丛书的主编。中国传媒大学副校长、教授、博士生导师丁俊杰先生，厦门大学文学院副院长、教授、博士生导师，全国广告学高等教育研究会会长陈培爱先生，应邀担任本丛书主审。上海师范大学的金定海教授、上海大学的张祖健教授、华中科技大学的舒咏平教授、南京师范大学的陈正辉教授、天津师范大学的许椿教授、华中农业大学的吕尚彬教授、武汉理工大学的夏晓鸣教授、西北大学的杨立川教授、暨南大学的杨先顺教授、福建师范大学的刘泓教授、中南民族大学的张贤平副教授、湖北大学的余艳波副教授、江西财经大学的罗书俊副教授等，应邀担任本丛书的副主编和编委。能与这么多的学者和朋友一起合作，本人深感荣幸。因本丛书的编纂，作者和内容涉及面都比较广，规模又比较大，受出版社委托，具体组织和联络工作由武汉大学的姚曦副教授、程明副教授担任，故二人应邀担任本丛书的常务副主编。

我们都来自五湖四海，为了一个共同目标走到一起。这个目标就是，促进中国广告学高等教育的健康发展，全面提升我国广告学高等教育的质量。但愿我们的努力切实而富有成效。

**张金海**

二〇〇六年四月六日于武汉大学

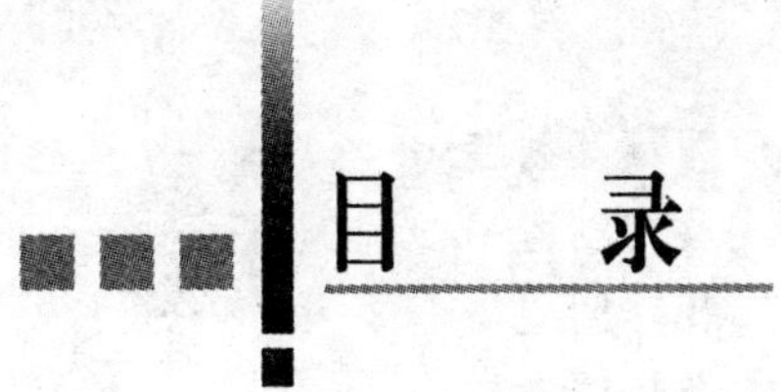

# 目　录

## 第一部分　概　述



## 第二部分　基　础　篇

## 第三部分 专 业 篇

# 第一部分 概　述

# 第一章 平面广告与视觉传播

**本章提要：**平面广告设计是指对应用于平面媒体的广告进行视觉传播设计。视觉传播是广告信息传播的主要形式，广告视觉传播要科学运用视觉语言和方法，掌握文字、形象、色彩、空间的视觉构成规律。概念、立即印象、兴趣、信息和推动力是广告传播的五大要素，称之为五“I”。科学运用这五大要素，才能将艺术表现与科学的理念和方法相结合，进行有效的广告视觉传播。

## 第一节 广告视觉传播

广告是现代社会发展的重要因素之一，如果没有广告也就不可能有今天的社会经济繁荣。在现代信息社会中，广告以它特有的魅力，借助无处不在的各种传播媒体，传播着商品的信息，改变着人的思想观念、消费意识和生活态度。

广告是伴随着商品经济的产生才出现的。以交换为基础的商品经济，客观上要求人们要互相了解商品的信息，推销各自的商品，广告活动由此产生。因而，从广告诞生的那天起，它就与传播、交流商品信息密切联系在一起，成为一种信息传播的方式。广告是一个特殊的传播活动，广告的策划、创意、设计、制作、发布环节都是传播活动。广告的传播是双向的，其目的是让受众注意、理解、接受广告的信息，进而影响其行为。

广告的发展随着传播媒介的进步经历了几个时期。从以叫卖为主要媒介的古代广告，以印刷品为主要媒介的近代广告，到今天以电子媒介为主的信息时代的现代广告，特别是大众传播事业飞速发展，给广告带来了前所未有的繁荣。但是，随着大众传播事业的不断进步，信息传播的范围、容量、速度将越来越广、越多、越快，以至于出现了“信息爆炸”、“传播过剩”的新情况，给广告传播的研究提出了新的课题。

## 一、视觉传播是广告信息传播的主要形式

广告的信息传播和沟通主要是依靠与公众的视觉语言交流进行的。视觉形式作为广告传播的表现手段，是广告信息的主要表现形式，是广告与观众进行交流和沟通的基础。随着传播媒体和传播技术的进步，广告的视觉语言也在发生变化，从以手工绘制的绘画式的广告，到大量印刷的招贴广告；从视听综合的电视广告，到跨越时空和区域的因特网广告。广告传播的基本语言结构虽然没有改变，但是新的视觉词汇的不断出现，已经使广告的传播沟通发生了巨大变化。

语言作为人类的思想情感的物质载体，它既有物质的形式，又有精神的内容。视觉语言与其他各种语言一样，都是作用于人的知觉的客观存在，是由视觉形式的符号和符号系统来传播特定的信息内容，它是物质属性与精神属性依照一种特殊的方式融合起来的产物。如在舞蹈中艺术语言中，“拧”、“倾”、“曲”、“圆”等富有内聚性的形态和“开”、“绷”、“立”、“直”等具有外拓性的形态，这两种不同的视觉形态的构成形式，就分别代表了中国古典舞蹈与西方芭蕾舞各自相异的艺术语言。又如音乐艺术中的“音响”、“节拍”、“音色”、“旋律”、“和声”等，利用这些特殊的艺术语言去表达音乐的形态和内容。而在广告的视觉传播中，必须运用形、色、光、质、空间等诉诸视觉的特殊语言，并根据一定的原则和语言的编排组合规则去传达广告的信息。

在广告的视觉传播设计中，对于不同视觉形态结构的组合、编排，目的是要创造符合规律性的视觉语言的秩序结构，也就是创造型的秩序、色的秩序、质的肌理秩序、明度的层次秩序与空间的分割秩序。这种对秩序的组织、运用与表现的过程，不仅注重其表现性，而且更为强调秩序的合理性，这是创造合乎规律性的艺术语言构成形式的核心因素。

视觉传播需要关注受众的接受心理、文化背景和生活经验，广告在与受众进行视觉沟通中，需要运用到的视觉语言包括画面的形状、文字的选择、空间的组织、色彩的配置、层次关系的划分等，不仅要讲究其视觉形式结构的严谨性、形态的可视性以及美感性，还要准确、充分地传达广告的信息。

心理学家的研究证明，人们从外界接受的信息85%以上是由视觉得到的。广告的信息传播是以视觉和听觉的形式进行的，主要通过视觉形象进行传播。平面媒体广告要传达某种信息，必须运用文字、形象、色彩、构图等视觉的要素，使用合理、有效的方法进行设计表现，运用科学的媒介策略，并且考虑受众的接受心理和能力，也就是说，要用科学的视觉语言进行传播，才能取得成功。

### 二、广告视觉传播要科学运用视觉语言

广告视觉传播，是现代广告信息传播中的一个非常重要的因素，它通过视觉符号和符号系统向公众传播信息，它涉及视觉语言的构成内容、视觉语言的基本结构、视觉传播和设计等基本问题。

广告的视觉传播主要内容包括：基本视觉要素、视觉形象的构成原理、视觉传播的心理规律、视觉设计的形式美法则、版面编排的视觉设计、广告传播的视觉流程、设计与制作程序、视觉传播媒体应用等。研究广告传播的视觉语言就是探索广告视觉传播的原理、要素、规律、方法、原则和过程，研究广告视觉传播媒介特点和应用技术。

视觉语言所包含的各个词汇和语意，随着生产力和科学的发展而有所发展，但在各个历史时期基本上是没有太大变化的，例如一条直线、一条曲线……自古以来是不变的，视觉语言词汇和语意在各个历史时期、各民族、各地区之间则有很大的差别，例如黑色在有些场合是代表悲哀、丧事，但在另一些场合却是高贵、庄严的象征。又如“黄金分割”曾是希腊艺术家们认为最和谐的比例，而现代表现艺术却力求破坏这一比例，使其达到不和谐的和谐。

视觉语言给人的感觉是一种抽象的概念，在一定的条件下可以形成客观事实。如三角形顶角向上有稳定的感觉，相反，三角形顶角向下有不稳定的感觉。就拿广告画面的构图来说，有其编排的规律，但似乎又没有规律。对一般规律的突破能造成强有力的视觉震撼，甚至创造出全新的视觉形式来。广告视觉设计作为一种视觉传播艺术，和其他姊妹艺术一样，有自己独特的视觉语言。

## 第二节 广告视觉要素

文字、形象、色彩、空间是视觉传播设计的元素、设计的语汇，它们的作用相当于文字语言的基本材料。每个词可以表示一定的意义，但不按照一定的规则组成句子，就不可能表达一个完整的意思。视觉语言传达信息的道理亦是这样，视觉元素只有按视觉运动的规律，以一定的视觉程序，经过一定的表现和组合，才能成为视觉语言。视觉认知能力，不仅包括对视觉要素的认识能力，也包括对视觉要素的组织能力和理解能力。

广告视觉要素主要由如下几个要素构成：

### 一、文字

文字是广告视觉设计的主要构成因素，几乎所有的广告设计都离不开文字

的使用。文字是商品的嘴巴，它可以为不会说话的商品作自我介绍，无论是书籍的名称、广告的标题、商品的品牌，还是有关商品的宣传和商品使用的内容，都必须用文字来表达。

文字是记录语言传达思想的符号。语言学家注重文字的语义传达，在广告传播设计中，不仅要注意版面编排的形式与阅读视线的运动规律，重视文字作为语言符号应有的语义传达作用；此外，还可以通过不同个性特点的字体形象形成不同的格调或风格，表达情感，加强对文字语义的传达，合理、清晰地编排达到既快又准确的传达信息的目的。

传统书法理论就有“文如其人，字如其人”之说，即书法可以表现性格和情趣。颜真卿的字就像颜鲁公，赵孟頫的字就像赵孟頫。颜真卿的字笔画形象丰韵，给人雄伟刚健、厚重庄严之感，而赵字笔画形象秀挺，优雅柔媚，犹如婉丽多姿的美女。毛泽东的草书则气势磅礴，表现了伟人的博大胸怀。在广告设计中常用的印刷字体中，黑体浑厚有力，宋体端庄大方，仿宋活泼秀丽，隶书俊秀柔美，魏碑的刚健夸张，综艺体的饱满装饰，各自都有各自显著的特点。

不同的字体能传达不同的情感，传达不同的内容和经营理念，究其原因主要是与文字形象的外形特征和笔画特征有关。从字的外形特征分析，黑体、老宋字形正方，正方形向四边的张力相等，故给人稳定、端庄的感觉。而仿宋多是长形，长形给人向上、向下扩张的印象和活泼、秀丽的感觉。从笔画特征分析，文字独特的风格，主要在于笔画的弧度与线端形式。笔画粗显得浑厚；笔画细显得柔美；笔画直有坚定感；笔画曲折则感觉活泼。不同的笔画线端形象，边角的微妙变化，都影响文字的个性。文字因其各自线的终端形象不同，能给予人不同的感受。

文字的编排是通过形式上艺术处理的作用，使文字合理、清晰、完整地表达，既引人注目，又将信息强有力地传达给读者，使读者依传达内容的需要，一步步按顺序看下去。编排若不合理，会影响传达速度，甚至会令读者产生误会。不合理编排在一些平面报刊广告中时有出现，如招聘启事编排不当使人易读成“招启聘事”。

文字编排时为了加快传达速度，要考虑到文字的大小、阅读的方向、阅读连续性和兴趣。一般是先看大的字后看小的字，视线由大向小流动。由于人眼的移动最初固定交点之后有向上、向左移动的倾向，全面探索时，眼睛以顺时针方向移动，视线也喜欢作水平移动。因此，文字编排时，需要考虑视觉运动方向与认字方向一致。文字水平排列，视线由左向右移动；文字垂直排列，视线则由上向下移动。直线阅读比曲线阅读速度快。

文字编排时，为了信息传达准确、快速，还应注意到：横排时最好使用略扁字体，竖排时最好使用略长字体，这样使得文字具有韵律性的流动感，有助于确定阅读方向。如果将文字处理成半阴半阳，则会影响视线的流动，阅读吃力，须谨慎使用。文字分类要段落清楚，设计中如有不同的文字类型，要按文字的信息主次排列有序。文字排列过长，不易识别和记忆，特别是标题字不宜太长，文字长时可根据内容断句，分段排列。

（图 1-1、图 1-2）

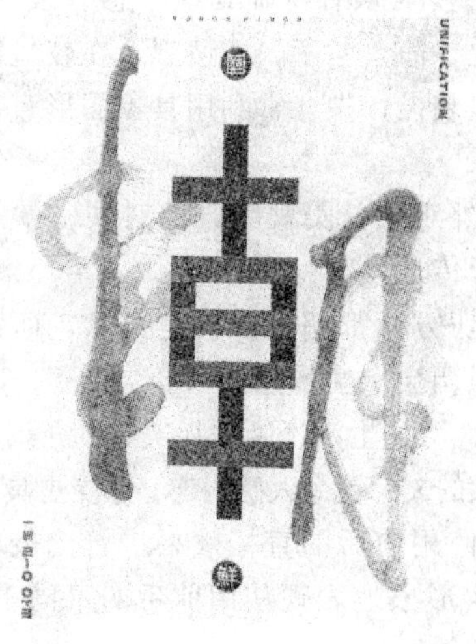


图 1-1

图 1-2

## 二、形象

设计中除运用文字作为我们所熟悉的交流思想、传递信息的媒介外，有时更重要的是以形象作用于人的视觉，由视觉所获得的东西激发人的心理反应来实现信息传递的。美国卢巴宁说：“图形设计师的天职是用图像传播信息。”事实上，人们在利用文字表达概念以前，很早就会用视觉形式来表达概念了。

广告文字通过语言符号来传达思想，说明事实，文字本身并不具有直观的形象性（象形字除外），而图形本身就具有生动的直观形象性，它通过视觉来传达思想，说明事实。一言以蔽之：“百闻不如一见。”日本语言学家时枝诚记说过：“通过语言得到的印象是抽象的、易逝的，可能只具有一般价值，掌握它需要时间。而通过照片得到的印象则是具体的，能够看到确定的例子，瞬间就可以记住。”与用语言表达相比，消费者对照画面来“解读密码”要容易得多。一幅图像告诉人们的信息，往往胜过千言万语。认识图像的内在含义，并不需要什么教养、思维能力和情绪。视觉形象的直观性使得视觉艺术语言形式较之其他艺术语言形式更为直接，更为接近现实，因而就更加易于被接受。视觉形象鲜明生动，富于情感上的联想，因而就更具感染力。

广告传播设计中的视觉形象，可以分为具象和抽象两大类。具象是指自然形态和人为形态；抽象是指各种不同的点、线、面、体等几何图形构成的形象，是人对自然对象加以提炼、概括而成的形象。

具象图像是利用可感的形象来传达信息的，真实、清晰、完整、可信度高，给人以直观的感受。具象的广告图形会使受众有身临其境之感、亲切感，容易使人产生满足。图像代替了文字的解说，简单明了，能使观众在较短时间内可理解广告的内容。在广告招贴和商品包装设计中，常利用具象图形直接传达商品信息，常用的处理方法有：

（1）展示商品。产品主要特点表现在外观上，美观大方的时装，款式新颖的手表，精美华丽的轿车，利用画面进行传达。

（2）强调特点。许多商品往往不是一切方面都超过了同类商品，而是在某些关键部分有所创造和突破，画面对此强调会产生强烈效果。

（3）表现用途。表现商品使用时的情形，增加生活气氛的真实感。介绍商品的用法、使用过程、使用情形，比用长篇枯燥的文字更令人感兴趣，感受更具体。

（4）进行比较。将一个产品在消费者使用前后的直接效果进行比较，或将同类的两个产品进行比较，利用画面真实形象地表现使用前后的不同事实，提供直观的有力佐证，产生较好的说服力。

此外，具象图形还可有寓意象征作用，如狮、虎给人望而生畏的恐惧之感，自古至今给人一种“力”的崇拜，狮子被视为“避邪除恶”的吉祥物。设计中具象图形的象征作用是经常采用的。

抽象图形不受客观的色彩和形象的约束，以新鲜、刺激和震撼幻觉感受，很能吸引人的视线。简练完整的形式感，便于消费者理解、记忆，即使暂不能被人们理解，也会作为一个标志而首先被人记忆。对一些无具体形象的商品或形象不佳的商品，抽象图案更是大显身手。抽象图形主要由点、线、面构成。

（1）点——一个形象是否被看作为点，不是由它本身大小决定的，而决定于它的大小与框架的大小所产生的比例。

点有引导人们的注意力、发挥视觉中心作用。点有吸引注目，成为向心与离心的焦点。点的排列可以形成鲜明的节奏和韵律。

如我们先看见大点，后看见小点，点的连续，引导视线运动。

（2）线——线是点的集合。点是没有方向性的形态，但是点的运动是有一定方向性。直线、斜线、折线，各自有垂直、水平、倾斜等明显的方向性。

几何曲线、自由曲线都各自有回转、流向、倾势等方向性。线因方向、形态的不同，而产生不同的感觉。垂直线给人挺拔、刚毅的力量感；水平线有静止、安定、沉静、平稳的感觉；倾斜线产生奇突、惊险、不安定的感觉；弧线感觉流畅、轻快；曲线感觉活跃、跳动，几何曲线感觉理智、明快。

（3）面——面的形态除具有"规矩"几何形外，还具有不规则的自由变化形态。非几何形态的面往往显出活泼、浪漫 、抒情的趣味和性格。面的表情主要依据线的表情而定。直线形面有平整、光亮、简洁之感；折线形面通常含有痛苦和紧张的意味；曲线形面有柔软、温和、富有弹性之感；圆、椭圆有柔和及完美、温暖的感觉。

面也因其形态和放置地位的不同，其感觉也不一样。例如一个等边三角形，底边在下，稳如泰山，给人稳固持久感；尖端若在下，则给人以刺激、动荡不定感。

面在构图中也起重要作用，是整体布局不容忽视的，在不少情况下，基本构图线不能解决整体的构图问题，需要面来代替或补充。构图时，应抓住最基本的面的安排，注意发挥它在形象上的组织作用。如果最基本的版面在构图中安排适当，剩下的版面就有了准绳，也就容易处理得舒适自然了。

（图 1-3）

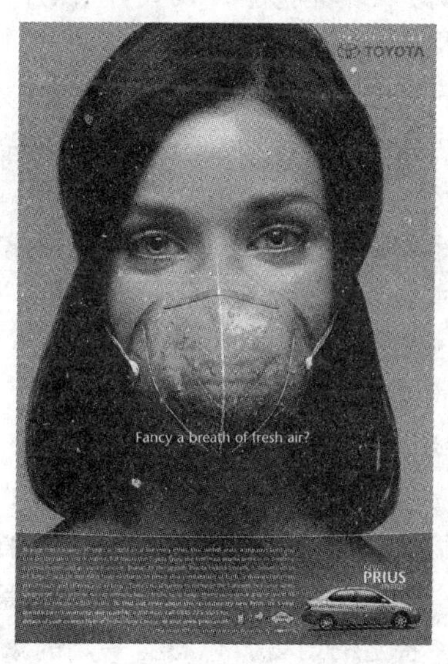


图 1-3

三、色彩

对色彩的喜爱是一种最普遍的美感。色彩为第一视觉语言，它的视觉作用先于形象，色彩对消费者的“购物欲念”有着直接的影响。因此，平面设计要考虑消费者最初一瞬间的色彩感觉，牢牢地捕捉住他们的眼光，以期引起注意。

色彩具有影响人们心理，唤起人们感情的作用。色彩通过视觉冲击，影响人的感官，直接左右我们的感情和行动。色彩作用为一种视觉语言的作用主要有：

1. 传达意念。

表达某种确切含义的作用。即使是很复杂很抽象的东西，经过色彩处理后，能变得简单而易于理解。如交通信号灯的红色表示停止，绿色表示放行的意念，已成为全世界所了解和承认的一种视觉语言。又如《防火检查手册》一书的封面设计，不用火形象，也没有出现消防龙头、灭火机之类的灭火器械，而是用两种原色以带状线条作抽象的表现。因为在人们习惯上红红的是火，蓝蓝的是水，蓝高于红，表达了水能灭火的意念。

2. 影响情绪。

不同的色彩可以表现不同的情感。平面设计中的色彩选用不是简单的、随意的，色彩的微妙差别都会引起人们的不同感觉。设计中使用暖色，使人兴奋；使用冷色，使人沉静。应根据设计内容的不同要求选用不同的色彩来传达不同的情绪。如营养类物品就宜选用暖色，镇静类物品适宜用冷色。

3. 增强识别记忆。

如富士彩色胶卷的绿色，柯达彩色胶卷的黄色则成为消费者识别、记忆商品的标准色。

4. 使画面具有真实感。

具有充分表现对象的色彩、质感、量感的作用。

5. 增强画面的感染力。

彩色远较黑、白和灰色更刺激视觉神经。具有良好色彩构成的设计作品，能强烈地吸引消费者的注意力，加强艺术魅力。美国、日本都做过实验，黑白印刷品与彩色印刷品比较，彩色印刷品的吸引力、想起率是黑白印刷品的2~3倍。

某种颜色意味着某一特定的语言，色彩有一定的象征意义。它是通过色彩将观念、情绪和想象联系起来，形成一种特殊的意念。色彩的象征性与大部分人的经验与联想有关，人们通过与自然界和社会的接触，逐步形成色的概念和联想。认识色的象征性极为重要，我们可通过所运用的色彩传达出设计的意义。色彩的象征意义是具有世界性的，不同的民族产生的差异不大。

根据色彩的语言特征，广告视觉设计中的色彩可以有以下三种构成形式。

1. 间接色彩构成形式。

间接色彩构成形式是创造某种情调的配色法，可以说是一种写意的表现方法，它不是直接反映客观事物的固有色以及同其有关联的形象，而是以象征的语言，采用简化、单纯的几何形象色块、线条等表现商品的性质，着力渲染一种情绪、一种气氛，给人以某种感觉、某种气质、某种联想，以此揭示商品性格。此法不可言传，但可意会，多用于无具体形象的商品与习惯性商品，如医药、化妆品、香烟、服装等。洗衣粉包装装潢，色彩以蓝白为主色调构成较多，因为蓝色属冷色，有清静、凉爽清洁感，使人联想到高远的天空、蔚蓝色的大海。白色是中性色，使人联想到洁白、卫生、纯净。通过色彩的象征作用，使人们对洗衣粉的特点、功能与属性有了一定的理解。高档商品可借助纯度高的有彩色进行强对比来表达商品的高档形象。药品用冷色表示镇静作用，补药用暖色表示健身强体，这些都属色彩的间接构成形式。

2. 直接色彩构成形式。

直接色彩构成形式是广告设计中最基本的表现形式。基本原则是“应物象形，随类赋彩”，借助商品自身固有色去表现商品形象，此种色彩运用又称商品形象色。如橘汁用黄色，葡萄酒用紫色，柠檬用黄绿色。糕点烤黄之后才有熟的感觉，因此用暖黄色构成的画面能诱使人产生糕点之类的清香味。又如茶色、赭色构成的画面使人产生巧克力、咖啡之类的浓郁香味。直接色彩构成能迅速传递商品信息，使消费者很快地识别不同商品的类别与品种。

3. 强化视觉印象的色彩构成。

强化视觉印象的色彩构成，以最强烈、最刺激视觉的色彩构成画面，提高色彩的知觉度，迅速吸引消费者的视线。商品广告与包装为了强调促销作用，便于从琳琅满目的商品海洋中跳出来，起到“自我推销”的作用，故采用强对比的色彩构成方法较多。一般是采用色相及明度差大、对比强烈的高纯度色彩构成。如“可口可乐”应用对消费者的视觉有强烈吸引力，最有感召力的红色构成画面，而“百事可乐”则是选择强烈、响亮的红、蓝对比色构成画面。

### 四、空间

空间在设计中是一个复杂的问题，可以从不同的色度加以分析。空间有正有负，有虚有实，在黑白关系中，我们习惯将黑色作为受占据的空间，成为“正”的形象，白色则为“负”的形象。除了正与负的空间外，空间还存在着平面性与幻觉性、暧昧性与矛盾性。但在设计中影响流程和视觉传播最主要的是空间正负关系，即画面中虚空间的利用。从美学角度上看，空间中空白的安排与文字、图形有着同等重要的意义。

空白部分在画面上分配得当，能使画面有虚有实，有疏有密，气韵生动流畅，节奏和谐。如果一幅画面都被一些实体形象拥塞得满满的，不留下一些空隙，就会使人觉得气闷和闭塞，犹如写文章不加标点，不分段落一样。构成要素周围留下空白，不仅能扩大视觉效果，同时利于视线流动。

空白可烘托和加强主题。空白好像绘画中的背景和建筑物的环境，起着烘托和加强主题的作用。没有空白，也就没有了文字和图形。空白，是创造意境，产生联想的条件。中国画强调计白当黑，画面中留出尽可能多的想象余地，不是在画面上漫肆铺张、罗列现象。图形以外留出空白，让观众的想象去补充，使“无画处皆为妙境”。空白量的多少，会形成不同的格调。空白少的画面显得有生气和活力，信息丰富。空白多的画面，给人以恬静、文雅的感觉。任何信息要输送传递到读者的意识中去，必须重视使用空白。在现代的广告视觉设计中，画面的空白处理常常占很大的比例，有时甚至画面的 80% ~ 90% 都处理成空白。

“知其白，守其黑”是虚实空间运用得极好的例子。由于大面积虚空间的衬托，商品和广告标题虽偏右也很醒目，广告句小字也很突出。虚空间不仅起着烘托主题的作用，且寓意深刻，准确地表现了设计意念。

（图 1-4）

图 1-4

## 第三节 广告视觉传播中的五“I”

美国著名的广告作家阿尔贝特·拉斯克尔说过：“广告就是印在纸上的推销员。”这句话，从某种意义上来讲是正确的。广告的基本功能离不开传达商品和企业的信息，树立产品和企业的美好形象，加强企业与消费者之间的沟通，确立商品的销售市场，影响和引导消费观念的形成等。

根据国外有关广告学者的研究，一则成功的广告，必须具有以下五个基本要素：概念（Idea）、立即印象（Immediate Impact）、兴趣（Interest）、信息（Information）和推动力（Impulsion）。因为这五个要素的字首都是以“I”开头，所以称五“I”要素。

### 一、概念（Idea）

任何一个广告，都应该向消费者提供一个概念。最为理想的概念，应该使消费者对广告宣传的商品产生难以忘怀的明确的概念。

那么怎样才能知道在广告中已经有了一个明确的概念呢？如果一则广告的销售主题可以归纳为一句话，那就表明该广告包含了一个明确的概念。而且，提供给消费者的这个概念，必须在消费者心目中能够与其他广告商品的概念明确区分开来。广告所提供的概念必须是消费者能够迅速而具体地把握住的概念。因此，主题力求单一集中，这是十分关键的。

### 二、立即印象（Immediate Impact）

任何一个广告的目的之一，是要吸引消费者的注意力，使消费者产生立即印象。人们对需要看什么、听什么广告节目有时是没有一定的主见的。好奇之心、个人兴趣和眼前急需等，都能够影响人们对广告的选择。未来的购买者只要对广告扫上一眼，看到了广告的色彩或某种图形，便决定把整个广告看明白。所以，一则广告在刹那间就决定了是抓住还是失去人们的注意力。

印象是一种可变的力量，大多数广告都可以给消费者造成一定的印象，但是，能够有很强的作用力的广告，却是为数不多的，如果一则广告能够使消费者看完或听毕，那就说明这则广告是起到了使消费者产生“立即印象”的良好效果。

### 三、兴趣（Interest）

一则广告的成功，都应该引起并保持住未来购买者的注意力，直到他把广告的内容完全吸收为止，这里强调“完全”吸收，并不是“部分地”吸收。因为，一则广告中所有的成分都以某种方式完成着广告的特殊使命，广告的说服力存在于所有成分的总和之中。

有些产品天生就容易引起人们的兴趣，如生活消费品中的新品种、新款式，而有些产品特别是生产资料、机械设备，除了专业人员以外，大多数人是没有兴趣的。只有创造出消费者真正的需要，才能引起消费者真正的兴趣。

### 四、信息（Information）

美国广告学家乔治·加勒普十分强调广告的情报功能，他说：“我们发现相当多的广告人员不敢向人们介绍产品本身，而群众对此却最感兴趣，他们想了解一切有关他们所要购买的产品的情况。”

在这里必须避免把一般性的叙述与广告的情报资料相混淆，一则成功的广告，必须包括宣传产品的足够的情报，清晰地回答该产品对消费者有什么收益，它与同类产品有哪些特异之处。

### 五、推动力（Impulsion）

推动力不应与强迫力相混淆，没有任何一则广告能够强迫人们去购买物品，但它可以促进人们去购买，或使消费者对该产品产生良好的印象。因此，在判断一则广告的推动力时，就应该提出这样的问题：这一则广告对我们的宣传对象来说，能否促使他们产生购买这一商品的欲望？

广告确实能够使消费者产生或强化自己的购买动机，如果一则成功的广告几乎可以单凭本身的力量把人们引导到商店中去购买一些食品和生活日用品，但是只凭广告很少能推销高档的商品。消费者按照广告的宣传动力来决定自己的购买行动，主要是确认广告的信息是否真实可信，确认广告中提供的商品或劳务能否满足自己的购买动机。

但是一则成功的广告是使消费者感受不到他们是受广告的推动而决定购买行为的。因为，人们如果认为自己喜欢某种商品是由广告导致的，那他就会认为自己幼稚，因此，对广告的推动力有抗拒心理。尤其是受过高等教育的人更是如此，他们总是认为自己的购买行为是由自己的理智所决定，而不受外力所驱使。这一点在考虑广告的视觉创意时要引起充分的注意，否则会产生适得其反的效果。我们在许多的广告的创意和视觉设计中，如果能够把握好这五个要素，就能实现预期的目标。

平面广告设计要运用文案、图形、色彩和版面编排要素对广告的内容进行视觉表现，运用消费大众能够理解和接受的视觉语言进行沟通。因此，平面广告设计不仅需要运用合理的艺术手段和工艺技术，而且还涉及到传播学、心理学、市场学、设计学、美学等多种学科理论知识，与绘画、摄影等有着紧密的联系。

**练习与思考**

1. 广告视觉传播的概念。
2. 为什么视觉传播是广告传播的主要形式?
3. 如何理解广告视觉传播的视觉语言?
4. 广告视觉传播的构成要素。
5. 广告传播中的五“I”要素。
6. 为什么广告视觉传播必须将艺术与科学相结合?

# 第二章 平面广告视觉设计溯源

**本章提要**：广告视觉设计的发展和人类文明的发展息息相关，我国早期的广告、西方早期的广告与现代工业文明和视觉艺术思潮及设计思想的演进有很大关系，招贴广告虽然起源较早，其历史分期与市场经济的形成和发展阶段基本同步。欧洲招贴广告，瑞士图形艺术与包豪斯的设计思想，以及现代视觉艺术思潮对广告视觉传播设计产生了深远的影响。

## 第一节　广告视觉设计简史

### 一、我国早期的广告

我国是世界广告的策源地，历史悠久。远在古代，商家的店铺要挂“幌子”（又名“望子”）和招牌，春秋时期的韩非子在《外储说右上》记载：“宋人有沽酒者，升概甚平，遇客甚谨，为酒甚美，悬帜甚高著。”其中描绘的公元前6世纪宋国的酒店“幌子”广告，一直沿用至今。

然而这类广告的时空限制很大，传播范围有限。只有当“印刷术”发明后，广告才有大发展。我国是最早发明造纸和印刷术的国家，也是最早出现图形艺术的国家。

就在东汉时期的公元105年，蔡伦发明了植物纤维造纸。隋唐时期发明了雕版印刷。那时在江浙一带，已有木版印刷行业。当时印刷物保存至今的，有甘肃敦煌千佛洞的一册《金刚经》，书尾题有咸通九年（公元868年）四月十五，是目前世界上保存最早、注明日期记载的书籍，也是第一本插图书籍（现藏伦敦大不列颠博物馆）。到北宋时期（公元960～1127年），雕刻铜版问世。中国历史博物馆所收藏的北宋“济南刘家功夫针铺”的四方雕刻铜版，上有白兔商标及“上等钢条”、“功夫细”等广告文字，是目前世界上发现最早的印刷广告文物了，它比西方印刷广告早 300 多年。北宋时期天才的工人毕昇发明的活字印刷，开创了世界印刷史的新纪元，毕昇比起 1405 年德国古登堡发明的活字印刷，又早了 100 年。

我国文物考古工作者，1980 年在新疆维吾尔自治区吐鲁番市郊的柏孜柯里克千佛洞遗址，发现了一件南宋时期的杭州泰和楼大街某店铺的包装纸广告，是由雕刻木版印在金箔佛教用品包装纸上的，印文共五行。在商品包装纸上印刷广告，在我国由来已久，并延续至今。但作为平面广告实物，这张泰和楼记包装纸，乃系罕见的文物。

1985 年，我国文物考古工作者又在湖南省沅陵县发掘一座元代的古墓时，令人叫绝地发现了两张 1306 年以前的包装纸广告，其正、背面皆印有清晰的图案、花边和文字。整篇广告文字不到 70 个字，却导出了店的地址、产品的性质和特征，实在言简意赅，一目了然，深谙销售心理。

（图 2-1、图 2-2）

图 2-1

## 二、西方早期的广告

广告是商品经济的产物，哪里有商品的市场和交易，哪里就有广告。

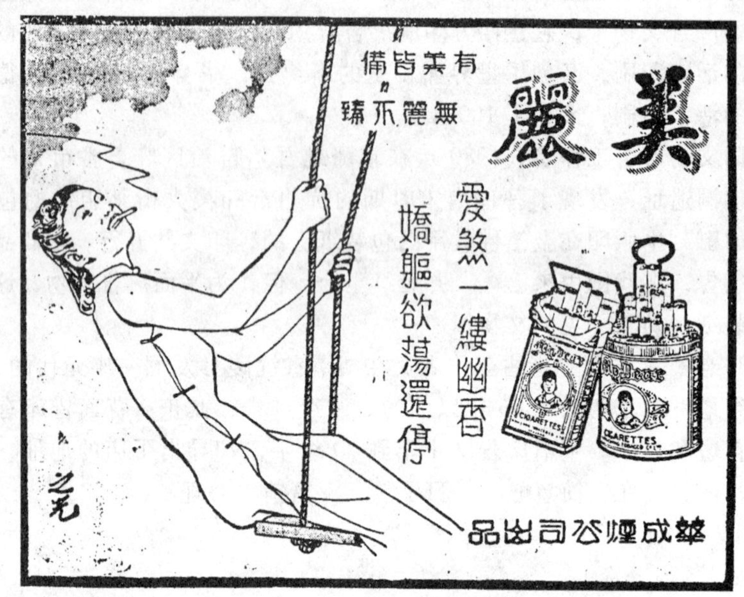


图 2-2

在古希腊和古罗马，经商点须有标志作为广告，如旅店的标志是松果，酒店的标志是常青藤，奶品店的标志是山羊，面包房的标志是骡子拉磨。

据文史记载，最早的平面广告大约是公元前3000年，在埃及古城底庇斯的废墟中发现的莎草纸，写着追捕一名逃亡奴隶赛姆（Shem），愿以金质硬币酬赏。

在西方，1473年，英国第一位印刷家威廉·凯克斯顿印出了第一张出售祈祷书的广告，在伦敦街头张贴。世界最早刊登新闻的小册子于1525年在德国创刊，它里面有100页用几种文字推荐一本医用书籍的广告，可作散发用。1597年，意大利的佛罗伦萨第一次出现了报纸。世界上公认的第一份报纸广告，是乔志·马赛林写的一本书的介绍，刊登在1625年2月1日的英格兰《每周新闻》封底下部。

“Advertisement”（广告）一词最早出现在1645年1月15日英国出版的《每周报道》上，但“广告”名称编排的却是新闻。因为，当时英国凡是重要新闻都叫“广告”。正式使用“广告”，是1655年11月1日至8日苏格兰《政治使者》报开始，从此便沿用至今。

1652年出现了咖啡广告，1657年出现了巧克力广告，1658年出现了茶叶广告，1666年《伦敦报》首次开辟了广告专栏。

1615年，德国开始发行《弗兰克法特》杂志，但杂志成为广告媒体，则兴盛于19世纪的美国。

美国的第一张报纸是《中外公闻周报》，1690年发刊于波士顿，1704年4月24日改名为《波士顿新闻通讯》，在第一天的报纸上刊有广告，美国独立以前的1771年有报纸31家，都刊登广告。

大发明家本杰明·富兰克林，在1739年把广告放在第一期《宾夕法尼亚日报》社论之上。至1784年，《宾夕法尼亚日报》的广告远远多于新闻。至1861年左右，美国的报纸和杂志已有5 000多种了。

19世纪中叶，西方发生了工业革命。机械化的大生产，急需用广告促进商品流通，于是广告行业兴起了。1840年，美国派茂就广告公司成立。1869年美国第一家具有现代广告商特征的艾尔父子广告公司成立，该公司竭力说服报刊付给广告代理商以佣金。从此，佣金制度确立，广告行业日趋发展。这时，美国麦克卢尔广告公司发行了一本附有100页左右的广告单行本，它文字精练，富有诗的韵味，这就产生了为群众喜闻乐见的广告文撰写技巧。1898年，美国著名广告人路易斯提出AIDA的广告传播模式，即："注意（Attention)，兴趣（Interest)，欲望（Desire)，行动（Action)"。后来发展成为AIDCA模式，增加了"确信（Conviction)"。这一广告理论，一直沿用至今。

1796年奥地利人施纳菲尔特发明了石版印刷。1860年法国人创始了招贴广告。一些在美术史上颇有声望的大画家，为此辛勤耕耘。影响力较大的首推法国，有夏尔丹绘制的商业招贴广告惊动了巴黎；有马奈的色彩艳丽的印象派招贴；有波尔纳的装饰风格的招贴；有柴特的戏剧演出招贴；有劳特累克的戏剧舞蹈系列招贴。英国的华尔纳也绘制了类似的招贴广告。

1891年，法国的萨戈特画廊举办《广告画展览》，展出了各类招贴广告，成为世界上第一个为广告敞开大门的画廊。

早期的商品广告摄影，似乎只是模仿传统绘画的式样，而最早用照片为一家帽子做广告的是1853年美国纽约的《每日论坛》，从此广告开始启用摄影图形。第一次世界大战后，印刷的进步推动了摄影广告的进一步发展。

早期的印刷，1826年法国发明了照相制版，1883年美国费城发展成为网版，至20世纪初，照相蚀刻在美国的某些行业部门逐渐广泛使用，推动了摄影广告的发展。研究表明，摄影广告因其表现真实性、丰富性、制作迅速及强烈的生活味，已优于绘画，成为印刷广告的主要形象要素。

近一二十年，电脑技术从单纯应用于科技和尖端工业生产领域，变为大众信息传播的工具，国际互联网络也将成为第四大传播媒体。电脑和网络技术对广告传播设计表现产生了巨大的影响，现在电脑分色、桌面印刷系统、无纸印刷、网络广告以其独特的互动性越来越引起人们的重视。

## 三、设计思想的演进

在第一、第二次世界大战期间，招贴广告在宣传“征兵”、“募捐”等活动中发挥了重要作用，并带动了日后商品广告的发展。特别是第二次世界大战以后，商品经济在世界范围内发展，更需广告促进商品流通和市场竞争。随着印刷机械和电子制版的日新月异，带来了广告发展的黄金时代。

广告视觉传播设计的沿革，离不开设计的变迁。但长期的封建社会，经济发展缓慢，社会生产力低下，广告的设计制作也就不必分工，画家用业余的时间从事广告设计。工业革命带来了社会经济的繁荣，也改变了人们对广告视觉设计的观念和思想。设计史上杰出的先行者，首推英国的空想社会主义者、工艺家威廉·莫里斯（Willian Morris，1834～1896）。他为提高社会物质生活的质量和水平，倡导了“手工艺复兴运动”，呼吁“要为社会考虑更多美的设计，使城市建筑、居住环境赏心悦目”。他晚年设计的书籍装帧，主张画面的二度空间形式，摆脱了当时盛行的三度空间模式。

第二位是荷兰“新造型主义”和风格派画家的中坚彼埃德·蒙德里安（Piet Mondrirn，1872～1944），他和另外两位同行于1917年创办《风格》杂志，主张灵活的面的分割是美学的精神，要追求明晰、功能的美学原则，强调抽象、简洁、高秩序的形式美。蒙德里安表示：“新造型主义把丰富多彩的自然压缩成一定的关系的造型，艺术成为如数学一样精确表达宇宙特征的直觉手段。”《风格》学派反对传统的因循守旧艺术表现形式，用点、线、面、色四大造型元素表现客观事物，还认为面的分割是美学精粹，为现代设计的创新起了示范作用。

第三位是德国“包豪斯（著名建筑设计学校）”的奠基人威廉·格罗佩斯（Walter Gropius 1883～1969）。1919年3月，他拟定的《包豪斯宣言》中指出：“建筑家、雕刻家和画家们，我们应该转向应用艺术。艺术不是一个专门的职业，艺术家和工艺师之间在根本上没有任何区别。艺术家只是一个得意忘形的工艺技师。在灵感出现并超出个人意志的珍贵时刻，上苍的恩赐使得他的作品成为艺术的花朵。然而工艺师的熟练对于每一个艺术家来说都是不可缺的，真正想像力的创造根源即建立在这个基础上。让我们建立一个设计家组织吧！”“包豪斯”是现代设计运动的发源地，它对20世纪设计思想的重要贡献在于：(1) 艺术与技术的新统一；(2) 设计的目的是人而不是产品；(3) 设计必须遵循自然和客观的法则。“国立包豪斯设计学校”只办了14年，毕业学生520人，但这些人大都成了现代设计思想的传播者。

第四位是法籍匈牙利人视错觉和视觉派艺术的中坚瓦萨拉利·维克多·德

(Vasarely Victor de)，他以光学探索几何形成倍数变幻中大到小、虚到实的节奏及数学精确性的新颖形式——“视幻艺术”，曾于20世纪60年代风靡了欧、美、日等世界各国画坛。1965年视觉派艺术在纽约展出了15个国家106位画家、设计家的精彩杰作，为世界艺术界瞩目，并广泛应用于世界各国现代设计的广告、服装、环境艺术和装饰设计上，至今方兴未艾。

(图2-3、图2-4)

图2-3

图2-4

## 第二节 招贴广告的历史

招贴广告是最早的广告视觉传播形式之一。了解招贴广告的发展对认识广告视觉传播的过程很有意义。

招贴广告的出现需要两个基本的条件：第一是文字的创造和普及；第二是印刷复制技术的发明，一幅设计作品只有经过印刷才能被大量复制。那么在印刷被发明之前是否存在招贴画的初始阶段或史前阶段呢？

### 一、招贴广告的起源

据史料分析，在古代，绘画的发明先于文字。因此，在文字被创造之前，是不可能有真正意义上的招贴广告出现的。但是，与其功能相似的是，距今四五万年前的西班牙阿尔塔米拉洞穴的原始壁画。该壁画描写的狩猎内容，是以绘画的手法作为原始生活的一种公告，在社会生活中起到了互相告知的信息传递作用。鲁迅先生在《门外文谈》中作了如下论述："画在西班牙的亚勒泰米拉山洞里的野牛，是有名的原始人的遗迹，许多艺术史家说，这正是'为艺术的艺术'，原始人画着玩玩的。但这种解释未免过于'摩登'，因为原始人没有19世纪的文艺家那么悠闲，他画的一只牛是有缘故的，也许为的是关于野牛，或者是猎取野牛、禁咒野牛的事。"与此同时，在拉斯考克斯洞窟中的原始绘画（被称为马特勒文化），也记录着猎取牛和鸟的情景。这种以绘画的形式进行原始的信息传达，与现代招贴画有某种类似的作用。因此国外有一些招贴广告的研究者，将这些原始绘画视为招贴画的始祖。

关于文字的发明，中国殷商时代的甲骨文是汉字的起源。在埃及和美索不达米亚刻在石头上的象形文字，是西方文字的起源。罗马人发明了金属翻制技术，用铸造手段将原型复制成许多个，使传达功能得到了扩大和加强。在那时，出现了告示板，那是用石灰做的白墙板，写上红色的文字，上面所示的内容，由过路人口口相传，传播到更广的范围。这种方法在古代用作文艺演出的广告，也用作商业买卖的广告。用这种单纯的方法进行视觉传达，严格说来，并不是招贴广告，只是现代招贴广告的雏形。

接近招贴广告的时代，应该从15世纪的木版印刷开始。木版印刷始于15世纪，这个世纪创作的木版招贴广告，大多被王族和僧侣所占有，为他们的施政和宗教目的服务。在中国，雕板木版印刷在宋代已发展得相当蓬勃，那时候出版的年画，也是现存最早的中国招贴版画。这种招贴画都是以家喻户晓的图像，宣传诫恶从善的信念和吉祥如意的幸福愿望。这可算是古代的装饰艺术招贴广告。

## 二、17、18世纪的欧洲招贴广告

在欧洲，17、18世纪的招贴广告，开始被用于杂技和戏剧的演出，或用于商品的宣传。例如，18世纪德国纽伦堡市杂技演出的招贴广告，就描绘了走钢丝艺人和弹跳艺人的演出情景，这一时期的招贴广告还用于征兵的宣传。

在17、18世纪出现了木版印刷的招贴广告画。经过大约半个世纪以后，石版印刷和彩色石版印刷得到普及。1812年起，石版印刷开始被用来印刷商品招贴广告。而大版面的印刷机到1860年才被发明，大尺寸的招贴广告在那时才被实际使用。日本著名设计理论家大智浩先生也认为多色印刷的石版招贴画出现于1866年巴黎的街头，这作为近代招贴广告画的开始时间是合适的。

石版印刷术发明于1800年，它是由德国人阿洛易斯·塞内菲尔德（Aloys Sene-felder）完成的。近代招贴广告史，是从19世纪末的巴黎，特别是蒙马特洛的画家们手绘的石版招贴画开始的，蒙马特洛是巴黎北部的一个地区，夜间专用的社交场所和艺术家的集散地。美术家们为商业的目的创作招贴广告，从当时艺术风气来看，是被嫌弃的世俗工作。但是，随着社会的发展和时代的需要，在瑞士、法国、意大利、英国、美国等国家，终于出现了专门从事招贴广告画设计的设计师或画家，其中法国的设计师和艺术家创作了许多具有高度艺术价值的作品。

## 三、招贴广告的历史分期

在1866年之前，称为招贴广告的前史阶段，其间经历了漫长的时期；在1866年之后是近代招贴广告的初期阶段；1918年第一次世界大战后是近代招贴广告的中期阶段；1945年第二次世界大战后是近代招贴广告的近期阶段。自19世纪到20世纪的一百多年时间，出现了许多优秀的招贴广告作品。

在欧洲，现代招贴广告设计写下了历史性一页。工业革命和资本主义商品经济的发展，促进了生产和市场消费，随着印刷技术的迅速发展，商业服务性招贴广告达到了新的水平。第二次世界大战以后，世界经济很快恢复，文化活动蓬勃发展。无论产品的推广还是文化的推广，都离不开招贴广告的传播力量。招贴广告的水平日渐提高，表达形式更为多姿多彩。

（图2-5、图2-6）

## 四、对现代有较大影响的招贴广告

招贴广告的历史源远流长，不同的地区有不同的发展的情况。近百年来，现代招贴广告设计的发展是一个重要的历史阶段，也是招贴广告设计发展的重要时代。

19世纪末，居住在巴黎郊区蒙玛特洛的画家们开始手绘石版画。当时的石版画家直接在石面上描绘，用手工印刷机印成多色广告画，与今天的印刷技术相比，受到各种各样的限制。当时的石版画家朱尔·舍莱（Jules Cheret）被称为“招贴画之父”，名声蜚然。他从画家转向平面设计艺术家，将全部生涯倾注于招贴广告艺术，是今日平面设计的开拓者。他的作品大部分是巴黎市场的商品广告、戏剧演出广告、演出节目单、饭馆的菜单和书籍的封面等，他的作品形式多样，华丽、温暖、热闹，具有近代招贴广告的共同特点。朱尔·舍莱一生创作了近千幅招贴作品。

另一位招贴广告设计家劳特累克（Lautrec），其创作受到日本浮世绘的强

图 2-5

图 2-6

烈影响，特别被北斋的作品所感化。

《猫旁野花》是法国艺术家爱得华·马奈（Edouard Manaet）在1868年的作品。石版印刷，是书籍的宣传招贴广告。画面插图以面与线构成，黑白对比强烈。

《五名丑》是美国艺术家约瑟夫·W·莫尔斯在1856年的作品，木版印刷的戏剧招贴广告，画面的人物造型幽默、生动，古典的装饰字体，像背景一样的处理，处于次要的位置。

《Les Girad》是法国招贴广告画家尤利斯·薛雷（Jules Cheret）在1879年创作的作品。石版印刷，插图和字体都是以自由生动的线条描绘，充满动感。

以上三张招贴广告都是学院派写实风格的招贴广告作品。

《野玫瑰》是法国画家亨利·德·图鲁斯·劳特累特（Henri de Toulouse-Lautrec）在1896年的作品。石版印刷，具有繁华夜生活的色彩；人物插图线条流畅，受日本浮世绘与后期印象派画家风格的影响。

《文艺复兴的梅德剧院》招贴广告是捷裔风格招贴广告画家阿冯斯·缪沙

(Alphonse Mucha) 在 1898 年的作品，石版印刷。缪沙是欧洲新艺术 (Art Nouveau) 风格的佼佼者。这一风格具有很强的艺术性。这张招贴广告是他为当时著名的舞蹈明星碧蓝夏蒂绘制的戏剧招贴广告，造型优美，构图严谨。

《柯确斯卡喜剧》招贴广告，是英国招贴广告画家奥斯卡·柯确斯卡在 1907 年的作品，石版印刷。这张招贴广告是他的代表作，属于表现主义的风格，画面插图的笔法与用笔和用色都是感性的，表现的感情极为强烈。文字造型也非常爽朗，无饰线的字体与插图配合得宜。

德国招贴广告设计家鲁维格·霍尔文 (Ludwig Hohlwein) 在 1908 年设计的服装招贴广告，用的是平面化的造型手法。他经常用一些条子和方格的纹理来处理一些平面，调和的色彩组合与对比的明暗处理，具有独特、明快的个人风格。这幅招贴广告也用石版印刷。

《我要你！加入美国军队》是美国设计家詹姆斯·蒙哥马利·符拉格 (James Montgomery Flagg) 1917 年的作品，石版印刷。这是非常著名的美国募兵招贴广告。以写实的手法描绘人物形象，那扣人心弦的眼神和动作，直接有力地传达了广告的信息。

前苏联设计家伊·利斯捷基 (E-Lissitzky) 1919 年的作品《红楔击白》(Beat the whites with the red wedge)，是以纯抽象的几何图形构成，红色的锐角冲击白色的圆形，碎片四溅，表现了鲜明的政治主题。利斯捷基是前卫艺术的倡导者，这幅招贴广告是他 29 岁的代表作。

《大都会》是德国设计家舒尔兹-奈登 (Schulz-Neudamm) 在 1926 年的作品，石版印刷。这是一张电影招贴广告，以直线构成的机械人，营造了超时代的视觉效果。电影《大都会》是德国著名电影工作室 UFA 的经典科幻片。奈登是 UFA 的设计师。

《包豪斯展览》招贴广告，是德国设计家朱士德·施米特 (Joust Schmidt) 在 1923 年的作品，石版印刷。包豪斯是 1919 年由现代设计教育先行者格罗庇斯 (Walter Gropius) 创立的设计学校，曾发动过对现代设计影响重大的包豪斯运动。前卫艺术家克利 (Paul Kleey) 与康丁斯基 (Wassily Kandinsky) 都是这个运动的主将。包豪斯以“艺术与科技结合”为理想培训专业设计师。施米特在包豪斯学习雕塑与字体设计，学成后于 1925 年受聘为该校的雕塑系主任及字体设计导师。

## 第三节 瑞士图形艺术与包豪斯

字体设计作为广告的基本视觉要素，在传达广告信息中具有相当重要的地位。要说广告字体设计，必须从瑞士图形艺术开始。

人们常常把瑞士称为“图形艺术的国家”，这是因为图形艺术在瑞士相当普及，受到政府和人民的高度重视，设计的水平非常高，对世界现代图形艺术的发展有重大的影响。

20 世纪 20 年代之前，瑞士图形艺术不仅受到法国绘画性广告的影响，强调优雅和自由的表现，而且还受到德国功能性广告的影响，强调合理和精确的表现。此外还受到奥地利和匈牙利的新观念和主题的影响，以及各种现代派美术的影响。

直到 40 年代，由美术家设计的印刷广告，还是占有重要的位置。由美术家设计的印刷广告具有很高的美学质量，被称为历史上珍贵的美术作品。

然而，为瑞士图形艺术赢得世界声誉的不是瑞士的美术家，也不是绘画性印刷广告，而是功能性的字体图形艺术。美术字体的应用很早就被看作是瑞士图形艺术设计的重要风格和手段。厄斯特·凯勒是字体图形风格的创始人之一，他首先总结出这种风格的基本设计原理。早在 1918 年，他在苏黎士应用美术学校教广告设计课程期间，就建立了一套字体设计的完整教学体系。他一边教学，一边从事字体、标志、图形艺术的设计，进行了多方面的探索。他认为字体图形就是形式与内容高度统一的最客观、明确而且有效的图形传达语言。在几乎所有他的广告设计中，字体图形都是最重要的因素，他从不允许任何孤立、随意和平板的字体出现在印刷广告上，而是将精心设计出的字体有效地安排在最重要的位置，然后配上照片或其他的图形，以达到高度的和谐。

泰奥·巴尔默和马克斯·比尔将早期的构成派图形设计原理发展成战后的瑞士风格，还把风格派原理创造性地应用于印刷广告设计上。他们首先将经过精密的计算，分割成各种有形或无形的网格，然后用无饰线几何字体进行构成，泰奥·巴尔默和马克斯·比尔认为无饰线字体表达时代精神，数学网格是系统视觉传达的最理想、可靠和协调的逻辑手段。

第二次世界大战以后，国际贸易和文化艺术的交流频繁，客观要求采用简洁明晰的图形符号，以打破民族语言的隔阂，加快学校传达的速度。瑞士的图形艺术正好适合这一需要。20 世纪 50 年代后，瑞士图形艺术终于形成一种独立的风格，追求客观、精确和明了，强调视觉功能传达。瑞士风格很快传遍欧美，传遍全世界，被称为国际风格。

国际风格的代表之一埃米尔·鲁德，探求形式和目的的合理统一，认为假如字体失去传达内容，图形艺术就会失去目的。他注重探索虚空间以及比例和尺度在设计中的应用，创造出网格定位法，通过复杂达到网格结构来安置所有的画面成分（字体图形、照片、插图、图表等），以获得高度的视觉平衡和设计的无限可能性。

霍夫曼则将设计哲学建立在将现代图形观念取代传统绘画的观念的基础之上。努力探索形的审美实质和视觉特征，追求全部设计要素统一的动态平衡效果，强调通过各种对比要素之间的视觉调整而产生一种活力。这些对比因素包括：明和暗、曲线和直线、正形和负形、形体和空间、垂直和平行、静和动、彩色和单色等。

在国际风格之后，一部分图形设计师认为，国际图形风格的程式化和规范化倾向，极大地限制了图形艺术的发展。从而提倡个性和创造力，形成了后现代主义风格，追求新的人文主义，强调有机、生命和运动。后现代主义扩展了以形式语言为特征的瑞士风格，瑞士风格通常的表现方法是：采用粗细对比的字体（有时在一个词内也出现粗细对比）；结合字体的斜线和对角线应用；由形式符号来图解广告词；把所有的空间处理成形象的对立平衡；采用达达派的照片剪辑；强调直觉、幽默、戏剧性和无拘无束的效果；打破严格的数学次序和结构；以游戏、意想不到和随心所欲代替以往的冷静、清醒和近乎科学的客观性设计；字体图形不再成为主要的构成因素；突出表现广袤的空间中对角方向运动以及离心运动，和国际字体图形风格那种蒙德里安式的正交构图形成鲜明的对比；追求丰富的色彩效果和形体自由的表达。

以奥德马特和蒂西为首，在20世纪60年代早期就在图形艺术设计中出现了摆脱国际风格的倾向。他们在设计中，往往将字体重叠在一起，形成紧密的整体，追求有效的空间安排和画面层次的丰富，通过戏剧性的构图、出奇的空间分割，以及字体图形的各种方向和动感，产生强烈的视觉冲动，使视觉上的动态特征同明确有效的信息传达结合在一起。还通过精心地剪辑质感、形和明暗，使之有脱出画面的效果，既真实又富有新奇感。强调观念胜过强调视觉形式，相信单色的字体图形设计，只要赋予深刻的思想内涵，同样也能够达到彩色图形那样的视觉效果。

设计师斯特福·盖尔勒则追求形式的复杂性，对动态字体图形进行了无穷尽的探索，通过重复、交叉、重叠、复合、排列等手法使形式因素达到新的动态平衡，常采用旋转、反射、扩散等动感手法，形成独特的设计风格。

到了20世纪70年代，瑞士的图形艺术进入多风格的时期，图形的艺术性大大增强，缩小了和现代美术间的界限。强调设计上的“4F”特征：新鲜、真诚、有趣、自由。突出色彩效果，大量的印刷广告色彩华美动人，富有表现力，有的形体完全融化在色彩之中，追求复杂微妙的色调对比，而非简单的色彩和谐，增强强烈对比色中典雅的黑白的应用。纯粹字体图形的广告已经逐渐减少。商业广告和文化广告是图形艺术的两大领域，文化领域的题材包括展览、音乐会、戏剧、电影、体育、新闻、出版、学术会议等。瑞士图形艺术曾经极力提倡广告的艺术性，而反对艺术性低下的、充满铜臭的商业广告。促使商业广告提高艺术性和创造性，构成和字体图形的广告几乎完全消失，随着新鲜和色彩效果的日益加强，图形艺术和美术的界限几乎完全消除。广告作为文化艺术形式的观念已相当普及，强调审美价值和新鲜传达成了评判现代广告的两条标准，要求图形艺术能够传达社会和意识形态的信息，表达人们的愿望、兴趣、精神、信仰、生活方式、趣味和观念。同时能起美化环境的作用。

## 第四节　现代视觉艺术的影响

随着世界经济的飞速发展，科学技术的进步改变了商业和工业。由于汽车和飞机的出现，彻底改变了原有的交通方式。电影和无线电传递的出现，预示着人类将会进入一个传播新时代。两次世界大战，震撼了西方的文化传统和制度的基础。视觉艺术同样经历了一系列创造性的革命。传统的客观世界观点被粉碎了。许多现代派艺术家忙于色彩造型的基本概念、社会抗议，以及弗洛伊德的和完完全全的个人感情状态的表达。虽然这些现代运动的某些画派——例如野兽派和德国表现主义对视觉传达的影响很有限，但其他画派——如立体派、达达派、超现实主义、风格派、至上主义和构成主义，直接影响了这个世纪视觉传达的造型语言。

### 一、立体主义的影响

以毕加索为代表立体主义艺术，来自非洲雕塑的程式化几何形和后印象派的思维方法，画家用圆柱和球体及圆锥进行处理，把人体抽象成为几何形的面，打破了人体的传统标准，透视的空间让位于两度平面的模糊移动。人们从多个视点观看那坐着的人像。用创造无限可能性的造型，代替描绘物体的外貌。在这个时期，艺术家常常从各个不同视点分析题材的各个面，且用这些感性的认识去构成一个有节奏的几何面组成的画，真正的立体成为造型的视觉语言，用来创造一幅有高度结构的艺术作品。

分析的立体派有着解放兴趣的魅力，画面结构的感官和理性的吸引力，与解释题材的挑战之间往往有冲突，因而引起未解决的紧张感，这就产生激发兴趣的魅力。

综合的立体派画家，创造了符号造型，而不是表现题材的造型，描绘一个物体的本质，而不是它的外部面貌。譬如组合自然构图和画面空间的独立设计，运用黄金分割比例和模数的构图网络，然后把主题放在这个设计方案上。画面的形象具有强烈的视觉感觉，鲜明的识别性以及大众化的设计风格，把色彩、形状、招贴、城市建筑环境的感受——信息的一瞥和片断结合到由许多鲜明色彩的平面组成的构图中。

**二、未来派的影响**

“我们要高唱爱好危险、活力和不害怕的习惯。勇敢、大胆和反叛，将是我们诗的基本要素，我们断言，世界的伟大，已由新的美使之丰富了，没有比奋斗更美的了，没有进取心性质的作品不可能是杰作。”未来派把版面设计拉上艺术的战场，对古典传统的印刷版面进行革命，抛弃和谐是其典型的特征之一。因为它与“跳跃和爆炸的风格”的矛盾，在一个平版面上，安排 3 ~4 种色彩和 20 多种字体，以斜体代表运动和速度，以黑体代表剧烈的噪声和声音，使词的表达能力加倍，可以给自由、活泼的词以星星、飞机、火车、波浪、炸药、分子和原子的速度。一种像绘画的印刷版式，称为“自由印刷版”和“自由的词”在印刷的版式上出现。传统的印刷版面设计常用的横和竖的结构模式被未来派诗人抛弃到九霄云外。他们从传统中解放出来，用动态的、非直线的构图，把词和字粘在需要的位置上，供照相复制，使版面设计活泼生动。

未来派深受立体派的影响，并尝试在他们的作品中表现运动、能量和影片画面的连续镜头。他们首先把同时性这个词用在视觉艺术含义中，去表达同时存在或同时出现，在同一艺术作品中呈现不同视点。未来派的观念认为，字体与版式或印刷版式本身，可以成为具体表达的视觉形式，这一视觉形式最早出现在“模范诗”的创作中，德国诗人霍尔兹在他的诗中，省略大写体和标点符号，用变化的词句表明停顿，且为了强调，采用多个标点符号的重复，以表达和加强听觉效果。法国象征主义诗人在他的作品中，采用了大写、小写、罗马体和斜体把版面设计和音乐乐谱联系起来，把词的位置和字的粗细，与声调在朗诵中的重要性和节奏联系起来。或者把诗中的字形，布置成一种形象或象形字。并探索诗和画的潜在融合，把同时性概念引进到印刷版面上，成为结合时间和空间的版面设计。

### 三、达达派的影响

达达主义是典型的反传统艺术，继承了立体派的观念，认为字形是具体的视觉形体，而不只是发音的符号。达达派艺术家虽然声称自己不是创造性艺术，而是对过去的诽谤和嘲弄，但是他们对视觉艺术作出的贡献是有目共睹的，他们发明了照相综合术（或称照相蒙太奇）通过重新组织照片的形象，创造了不和谐的并置和偶然的联系的技巧。达达派画家运用照相综合术并作刺目的错位，甚至直接从报刊上获取素材进行创造，因而成为战争时期在有力的宣传武器，他们的视觉作品很快得到社会大众的认同和理解。达达派画家们还用他们辛辣的笔，用讽刺和漫画攻击腐败的社会，用画来表达他们深刻的政治信念和对颓废、堕落的强烈愤怒。

（图 2-7、图 2-8）

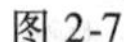
图 2-7

图 2-8

### 四、超现实主义的影响

超现实主义艺术，声称自己是名词的、阳性的、纯心理的和自动的，打算在口语上或文字上用它去表达思想的真实作用。不受任何说理、任何审美或道德偏见的支配和控制。赋予超现实主义以一切梦幻魅力、反叛精神和不可思议的潜意识。达达主义曾是消极的、破坏性的，而且永远是表现主义者。而超现实主义是通过画家去影响社会和视觉传达的，他们创新了设计传达曾采用的一些技巧，如通过拼贴技巧重新创作了奇特的插图形象。他们还直接从印刷品上把图像转移到画面上，用意想不到的方式把多种形象结合到他们的作品中去。超现实主义的这种方法被广泛应用于招贴、插图、图书封面的设计和绘画作品之中。

超现实主义中的符号派，用纯视觉的语言词汇进行创作，运用视觉的自动作用（直觉的意识流图画和书法）创作内心生活的自动表达。如通过变形的过程，直觉地发展它的基调，而成为神秘的有机形体。超现实主义对视觉传达的影响是多方面的，它提供人类精神解放的诗意实例，他们所创新的技法表明，可以用视觉艺术的语言来表达幻想和直觉。

### 五、风格派的影响

蒙德里安的绘画是风格派视觉形式发展的源泉，受立体派的影响，他在传统的风景画的视觉表现手法中，吸收了后期印象派画家梵高表现自然力的象征风格。蒙德里安清除了他的艺术表现中的一切表现元素，并且把立体派演化成一种纯粹的几何抽象。他把视觉词汇减少到使用原色（红、黄、蓝）及黑和白色，形体和造型限于直线、正方形和长方形。蒙德里安用这些原先的手段，构成庄严的不对称平衡构图，其中元素的紧张感和平衡达到一个绝对的和谐。除了有限的视觉语言词汇以外，风格派探索表达宇宙的数学结构和自然中普遍的和谐，他们关心时代的精神和理性的气质。风格派还通过他们的杂志，把其艺术理论和哲学传播给社会大众，提倡应用艺术吸收纯艺术，艺术精神可以通过建筑、设计产品和视觉传播设计渗透到社会各领域，风格派的思想直接影响了建筑、工业设计和广告视觉传播设计。

### 六、摄影和现代主义

就像未来派、达达派的视觉传播设计处理曾经影响了广告的视觉设计一样，摄影作为一种表现技术，比绘画更能记录精确的现实。在 20 世纪初，摄影师、画家开始探索多次曝光技术和暗房处理技术，从人们难以发现的特殊角度去拍摄，甚至采用了科学研究时才使用的显微摄影技术拍摄了类似图案的画面，让人们发现了从未发现的“新大陆”。现代主义的摄影师创造性地发展了摄影的技术，也使摄影图形成为全新的艺术表现形式，对视觉传播手段和视觉语言的发展作出了巨大的贡献。在现今广告视觉传播设计中已成为最主要艺术表现形式。特别是计算机技术广泛应用于图像和图形设计，使广告视觉语言的表现形式更加丰富多彩。

## 练习与思考

1. 我国广告的起源和特点。
2. 西方早期的广告的起源和特点。
3. 视觉设计思想是如何演进的？
4. 招贴广告起初的形式。
5. 招贴广告的历史分为几个分期阶段？
6. 对现代广告设计有较大影响的招贴广告主要有哪些？
7. 瑞士图形艺术与包豪斯的设计思想对现代广告设计影响。
8. 现代视觉艺术对广告视觉设计的影响主要在哪些方面？

# 第三章 平面广告作品与纯艺术作品比较

**本章提要：** 平面广告作品与纯艺术作品比较；广告创意设计人员的基本素质。

## 第一节 平面广告作品与纯美术作品比较

应该避免的是一提到“造型”、“美感”等词汇往往容易与纯美术联系在一起，认为是艺术家的事，而一提起设计，又往往和工程设计、规划等挂起钩来，认为是工程师的工作。为了对广告设计有一客观恰当的理解，有必要进行一番比较，从而显示出广告设计的特征。

从功能与目的上看，纯绘画作品主要是供人欣赏的艺术品，是满足人们精神生活需要的精神食粮，并非是为了让人去买画上的东西，所以他不承担经济使命。广告设计作品是为了传递市场信息，目的是直接带来经济利益，但为了达到好的传递信息效果又必需借用艺术手段，使之产生美感发挥感染人的魅力，它是以艺术为手段以实用为目的，故更接近实用艺术范围。

从目标性与时效性来说，纯美术作品一般均无明显的目标性，不是针对某一部分人而创作的，也不追求时效性，好的艺术作品可以万世流芳，审美意义永不衰减。而广告设计作品具有十分明确的市场目标和宣传目标，很重视时效性，抓不住时机，广告作品就失去了意义，所以极时性、季节性、流行性是广告设计作品的生命。

从内容的规定性上来看，纯美术作品内容无规定性，可谓“外师造化，中得心源”，表现的天地是自由而广阔的。而商业广告设计作品，内容必须围绕产品、企业，它的内容是由广告的功能和目的决定的。例如，平面广告必须由下述五项内容构成：标题，图像，正文，商标或标志，企业名称及其地址、电话、电挂、电传、销售代理等。

从存在地位上看，纯美术作品是独立存在的，它的创作是充分自由的。而广告设计作品是产业活动中销售推广活动的一个环节，它的创作是直接从属于销售推广活动的，它不可能独立存在，它的成功，离不开市场、产品、价格和服务等方面的因素。它的制作还必须考虑到技术可能与经济可能。

从艺术标准上看，纯美术作品要求思想性与艺术性高度完善的统一。广告设计作品虽也重视思想性与艺术性，但其评价标准更为复杂，一方面作品本身由于要适应市场，故而作品可以立足于雅俗共赏的品位，评价的标准除了视觉美感之外还要看它的经济效果与社会效果。

从以上的分析比较，我们不难把纯美术作品与广告作品明显地区分开来，同时对广告设计的特征有了一个较完整的认识。如果用简短的语言来概述广告设计的特征，就是以效益为本，艺术为用；对经贸活动的从属性，经济效果与社会效果的统一。这是一个独特的领域，它既与理工科相区别，不通过计算而主要是依照综合感觉来解决问题，从而靠近艺术领域，又与纯艺术相区别，除了考虑“美”和“独创性”之外，还要考虑实用性、经济性，所以这是一个介乎于技术与艺术之间的领域，是现代一门重要的边缘学科。

分析比较广告设计作品与纯美术作品的区别，是为了更显示出它们各自的个性，而不是否定它们之间的联系，广告设计作品从来都没有离开艺术土壤的营养，最早的广告设计家都是美术家出身。艺术是广告设计的源泉，这点毫无疑问。我们分析比较的目的只是为了使人们在关注广告设计的艺术效果的同时也要注意它的商品性和实用性，下面我们将会对此问题作进一步展开。

## 第二节　广告创意设计人员的基本素质

### 一、设计师的概念

一般而言，人类的造物都是设计的产物，而那些从事造物创造和生产的都应当被称为设计师。不过，严格意义上的设计师只是现代大工业发展的产物，在手工业时代，工匠设计和生产直至交换、使用往往由一个人来完成，这表明，单个的人在这一生产、交换、使用过程中充当设计师、生产者、交换时的商人和使用者的不同角色，显示出非专业化的特征。与此相反，现代产业的社会化，促进了进一步分工，专业化分工强化了各自的职能和价值，设计师也作为一个独立的职业和现代工业设计发展的标记而得以确立，成为一个事关生产成败的关键职业。

设计是生产的首要过程和第一阶段，在这一阶段中，设计师是设计创作和设计任务的承担者，他一方面根据一定目的，接受来自各方面的信息和要求，一方面充分发挥自己的主动性和创造性，在设计的王国中遨游，寻觅设计的灵感，筹划设计的蓝图，以至完成整个设计。设计作为生产、销售、使用诸环节的龙头，有着至关重要的作用，生产的成败，首先取决于设计，准确地说取决于设计师。在手工业时代，设计师通常是工匠自身，因而设计的过程不太明显，而且作者可以在生产中随时进行更改或设计；在大工业生产中，设计在生产过程中没有这样的随机性，它要求在投入生产前就充分完善设计，若干工种若干工序的协同运作，设计是无声的指挥者，而设计师则是策划者。设计对于生产的重要性说明了设计师的重要性。

能否成为一个真正的设计师，并不在于他使用什么工具、手段，而在于他所从事的设计是否具有设计的意义和作用，能否采用现代设计的程序、方法以及观念从事设计。设计师是现代生产中的一员，又是诸多设计师队伍中的一员，要求设计师具有广纳群言的集体主义精神，也要求设计师在设计的关键岗位上发挥最大的作用。随着科学技术的发展，生产的自动化程序越来越多，程度越来越高，设计师的重要性也就越大；而随着人们生活水平和审美要求的发展，人们对工业产品、工艺产品的质量要求包括艺术质量要求也越来越高，这都赋予设计师更大的责任。随着设计领域的拓宽，从单件物的设计到空间环境、城市国家的设计，要求设计具有更广博的知识和超乎众人的创造力。今后，设计的竞争，实际上是设计师水平能力的竞争，如果说设计代表了一个国家的工业发展水平，实际上是设计师代表了这个国家的水平，随着设计的重要意义和价值的加强，设计师的价值和职责都将重要起来。发展和创造未来的历史使命，把设计师推上了一个伟大而艰巨的岗位，能否胜任设计和建设未来的重任，这需要设计师努力建构自己的全面素养，培养自己的各种能力。

## 二、广告设计人员的基本素质

高度的社会责任感和对设计的负责精神是作为一个设计师必须具备的基本素质。设计是一门为大多数人服务的生活艺术，而不是个人自由表现的艺术，它不以个人的自由表现为目的，而是以广大消费者的需要和满足为己任，没有强烈的社会责任心和对人民负责的精神，就不可能产生服务于生活的优秀设计作品。设计师的社会责任是由设计本身的性质所决定的，设计面向着未来，为着美好的明天而设计，因此，它首先要求设计师是一个追求美好的人。

设计的未来性要求设计师具有前瞻的眼光，做到这一点必须有较为广博的知识、丰富的生活经验和过硬的设计本领。现代社会展现了一个前所未有的壮阔前景，设计师还将为这个丰富了的世界提供更丰富美好的内容，因此他必须更好地了解这个社会、把握这个社会的需要。设计的伟大实践要求设计师具备更全面的素养和能力，包括多方面的理论知识素养。设计师应把理论知识的学习与设计技能的培养结合起来，适应发展着的社会和适应发展着的设计实践。

具体说来，一个优秀广告设计人员应具备的素质有以下六点：

1. 基本专业素质。

广告表现是以达成行销活动为目的的一种手段，它与纯粹艺术创作不同，因此，广告设计人员除了高人一筹的审美本能（sense of beauty）之外，更应具备随心所欲的优秀的美术或文章表现能力，以及对市场动向敏锐的感受力和对群众心理深刻的洞察力。因此，对视觉表现要有敏锐的感受与判断。

2. 较宽的知识面。

一个广告设计人员必须具备专业知识与技能，包括广告学、广告心理、广告媒体、广告表现、广告调查、广告计划、广告文案、美术设计、摄影录音、节目制作等等。

另外在文学、艺术、哲学、史地、科学常识、生活常识等方面，都应具备较好的基础。同时对瞬息万变的生产、流通、消费、流行这些市场现象以及经济、文化、人口等等问题都要有确切的了解。

一个杰出的设计员，还要能创造新知识。以电冰箱为例，在日本，从前的电冰箱是以“冷冻仪器的常识”来推销，现在是以“能储存一星期的食物”来推销，更进一步将以“美观的家具”来促进销售。

3. 知识的发挥。

知道事物，这是知识。把所具备的知识完全消化，随时运用，使之成为有助于人生的东西，这才是智慧。以乳牛的情形来做比喻。乳牛将牧草吃下，这好比是吸收了知识；乳牛将牛奶分泌出来，这就是智慧的发挥。

知识必须升华成为智慧，而这个智慧被运用在实际目的上，这才是真正有用的学问。

4. 团队精神。

纯粹的艺术家或许可有孤芳自赏的想法，但广告作业则必须透过组织的力量，以集体创作的方式完成。一个广告设计者应该具有承认自己能力之不足而请人协助的雅量，当作品受到别人批评时，应虚心地自我检讨而谋求改进。所以说，虚怀若谷的涵养，是设计人员必备的条件之一。

5. 善于沟通。

良好的人际关系对于广告设计者很重要，一方面它是帮你充分发挥才能的基础，另一方面也可以使你信息更加灵通。善于沟通并不是要喋喋不休地说个不停，沉静的性格照样可以获得良好的人际沟通，真诚才是良好的人际沟通的条件。

6. 成本意识。

商业广告主要是进行商品的推销，是一种商业行为，所以还得要有做生意的眼光与思考。这需要在实际工作中培养和锻炼。

总之，作为优秀的广告设计人员的条件是：基本素质良好，知识技能高超，智慧运用灵活，为人态度坦诚。另外必须具备三种能力：即指导的能力，要能够指导自己的部属，甚至指导客户；技术能力，就是随心所欲的表现能力以及完成工作的技术能力；研究能力，要肯下工夫不断研究。

### 练习与思考

1. 平面广告作品与纯艺术作品比较。
2. 广告设计师的基本概念。
3. 广告创意设计人员的基本素质。

# 第二部分 基础篇

# 第四章 从视觉要素点线面进入设计

**本章提要：**

平面视觉元素的基本概念
点的视觉原理及其构成规律
线的视觉原理及其构成规律
面的视觉原理及其构成规律
平面图形视错觉现象

我们开始进行设计基础的学习的时候，通常是从认识图形的美感和组合规律开始的，图形视觉表现最小的单位就是点、线、面，了解它们的特性及组合规律就能进行最基本的图形创造。

这种学习方法是以包豪斯设计教育体系的三大构成为依托，通过理性和感性结合的有效手段将视觉原理快速有效地传达给同学们。是专业设计的基础和必经之路。

包豪斯学院是世界上第一所设计教育学院，所以称之为设计教育的始祖，它创建于19世纪末20世纪初的历史变革时期——1919年4月，地点是德国魏玛，创建人华尔特·格罗佩斯先生是一位建筑设计家，包豪斯艺术设计学院是一座设计教育的丰碑，许多前卫派的艺术大师在包豪斯学院任教。他们以反传统的姿态开设了类似三大构成的全新课程。其中包括教师康丁斯基和保罗克利的“造型空间，运动和透视研究”；教师莫霍利·纳吉的“体积空间练习”、“结构练习”；教师阿尔巴斯的“纸造型”、“纸切割造型”；教师约翰·伊顿的“色彩构成学”等。

构成作为设计基础教学在我国有20多年的教学实践，它的最大好处是将视觉美感原理进行了科学的理论总结，成为指导学生达到画面视觉美感快速有效的途径，被世界设计界公认为最行之有效、快捷易掌握的设计必由之路。构成训练中的无目的设计不受题材和对象的束缚，给同学们更多的自由发挥的空间。

这里我们就来认识几个基本的概念以帮助我们进入下面的学习。

首先介绍造型与形态。就像物质是可分的一样，举凡视觉形象，无论是具象还是抽象都可以解析为形态要素及其组合原则。所谓造型，就是应用形态要素，并按照一定原则将其组合成美好的形态。“形态”一是指可见物体的外形及特征，在造型基础理论中，主要是指现实物体能被感觉到，并可以转为造型要素的形。它包括所有视觉要素中形状、大小、明暗、肌理等元素组成的形。如果从构成来看形态，它不仅只是含有单个的视觉要素，正如一篇好文章，它有基本要素词，但还有更为重要的是“文法”，从构成文法（组成规律和思维逻辑的连贯性）来看形态，将对构成的形态具有积极的作用。我们将形态分为两大类：自然形态和人工形态。

自然形态是指自然界的一切形象，它是未经过任何人为意志和要求进行加工处理的自然形，有动物形态、植物形态、非生物形态等。自然形态是创作的素材和源泉，从设计构成学来说，它是一种最基本的形态资料。

自然形态是靠自律形成的，而人造物则是按人的意志制成的，这就是自然形态与人为形态的差别所在。在人与自然密不可分的生态环境中，人要依赖自然，利用自然，改造自然，“把自然力形象化”。人为形态应是包含着反映自然本体物态为内容并能给予自然形态进行分解组合的多种层次，只要反映了某些具体形象的特征，都属人为形态。就是说根据人的意志加工过的东西或由人造出来的新产品，相对自然而言，称之为人为或者人工形态。在人为形态中可以看出它还保留自然形态的特征、特质，但它又不是自然形态的复现，也不是自然形态的摹仿。它已不是原始自然形态这一概念，而是通过设计思维加工的人为形态，装饰图形中的形态，都来源于自然，但又是经过装饰美化了的人为形态，更提炼、概括，呈现一种规律的美感。另外还有生产工具、电器产品、陶瓷器皿、飞机船舶的形象，从形式来说，都是人为的。人工形态在设计中我们通常把其概括为具象形态和抽象形态两大类。

具象形态指写实的具体像某一物象的形态，简而言之。可以说是“看得懂的”形态。

抽象形态是指具体形态的构成元素的某种概念性的表现。抽象即是“概念”的，概念是没有具体的形象的，所以所谓抽象形态只是相对于具象形态而言，真正意义上的抽象形态是不存在的，因为既为抽象何来形态。但为了与具象形态区分，就暂借用这一词汇。作为视觉艺术来说，抽象形态指仅依赖于线条、点、块、色彩等可视的形象元素显现出来的不用来表示日常视觉经验中存在的具象物体的形象的形。造型艺术的抽象概念，不同于哲学上的抽象定义，而是依可视的概念形态，在一定的空间中构成，传达某种意义和感觉。这些能传达某种意象和感觉的点、线、面、块就是造型的基本要素，也是我们所讲的抽象形态。

在现代设计中，抽象形态主要是几何形态的发展，这是造型的基础，几何形态在这里，它们已不是几何学数学的概念，而是从美学的观念，形成的一种抽象的艺术表现语言的“词汇”，也称之为几何图形。

抽象形态成形过程是由具象到抽象，由感性到理性，又由理智到感情，是对具象的高度升华，并且由数理转入艺术境界。抽象形态构成正如抽象的雕塑一样，虽然不是直接传递给感官什么具体的形象，在抽象的形态思维中，它只是一种意象，一种感觉，一种美的形式，抽象形态的构成是训练设计构思的最好的方法。

任何形态的构成中点、线、面是最基本的可见单位，分析任何一造型都可以看出它们是造型的最小元素。以象形文字为例。中国文字除象形、象事之外，还具有寓意，是世界最富有艺术性的文字，仅仅几笔线与点的组合就表达出了人与自然的关系和人与人的关系。特征鲜明，造型优美，言简意赅，耐人寻味。

为了便于学习，我们把可视的形态构成要素，较为具体地概括为以下方面：

（1）形象要素：形状，色彩，肌理。

（2）构成要素：点，线，面，立体，空虚以及他们的关系。

（3）心理性要素：意义，感情，境界。

下面我们就从对视觉形态的最基本可见单位点、线、面的分析进入设计的天地。

## 第一节　视觉图形的最小单位：“点”

### 一、点的概念

点在几何学定义里是无面积的，只表示其位置，反映在形象上为客观形象的棱角，它存在于线的始尾；存在于线的交叉处；存在于线和面的交叉部位；存在于直线的转折处。在这里，点的意义不在于大小，重要在于位置。

在视觉表现上“点”不像在数学上那么严格，而是具有相对性的。点在画面中是有面积和形状的，但它一定是相对表现为细小的形象。点如果没有大小，便无法作视觉的表现。既然点必须具有大小的要素，当然也具有面积和形状。

在视觉表现上点的大小也是难有尺度的。比如生活中常见形象，人和载人的船，近距离不可能视为点的，而在广阔的平原中或在宽阔的大海上都会感觉似点一般。比地球大约130万倍的太阳，在无边的天空中，也只像圆盘一样视为点。由此知晓，即使大的形体，由于它所处的环境和条件不同，都会使人产生点的感觉，因此，同样一个点，在不同的框架空间内其感觉是不尽相同的。比如，圆置于较大的空间内成为明显的点形；点扩大，框架不变，点的感觉减弱而面的感觉加强。

## 二、点的形态与特征

点一般多以圆形形状出现在人的脑海中，它是简单的无棱角、无方向的，而造型中的点实际可以是各种不同的形状。如：圆点、方点、长方点、椭圆点、三角点、梅花点等等，形态各异。点形可以用曲线形、直线形、曲直结合形三种手法来表现。点的基本特征不是在于形状，而是在于形状的大小，就大小而言，越小的点感觉越强，越大则越具有面感。而点与形的关系来说，以圆点最为有利，即使较大，在不少情况下，仍会给人以点的感觉。另外，外形极力缩小的形都有点的感觉。（图 4-1）

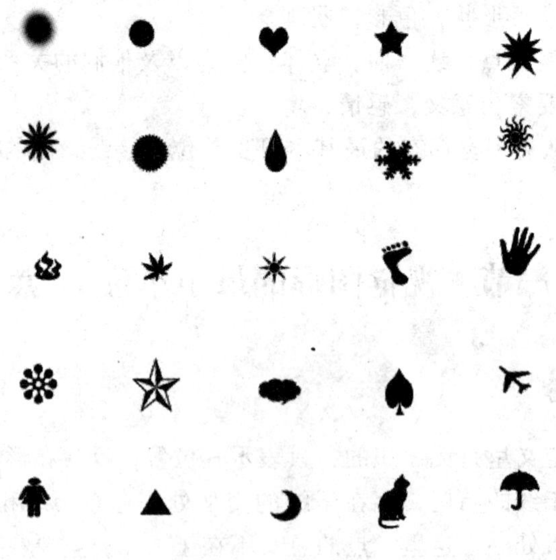

图 4-1

### 三、点与人的视线的关系

点具有吸引视线的作用，并能引导组织线的发展和在画上组成形态感，当画面上出现一个点，它吸引和集中人们的视线，当出现两个点就会产生视觉移动。

一个点：在画面上是视线的集中，具有视觉的焦点作用，点处于静止状态，具有固守不动的特性。

两点：人的视线在两个点上来回流动，距离越近引力越强。

大小点：视线会从大点到小点，大对小有吸引力，有方向性。

三点：构成金字塔形的排列，产生虚面。（图 4-2）

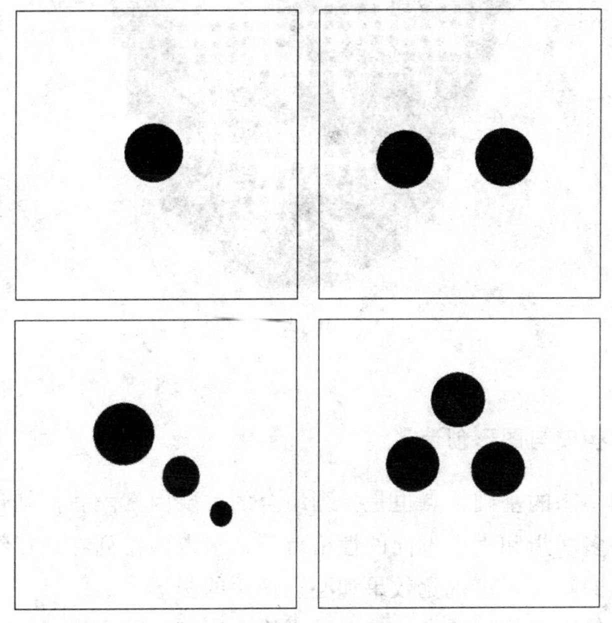

图 4-2

多点：按一定规律排列能表现不同的形，多点排列可构成线形的感觉，产生线的联想。

点的发展：点移动产生线、点的集聚产生面、点具有时间和空间的概念，点的大小疏密可给画面带来凹凸明暗。

我们运用点的这些视觉特征和点自身的形态不同、大小、数量多少来组合排列，可构成许多具有节奏感、空间感的图形，点的排列、布局具有时间、空间的意味。点在构图上和表现物体的质感上都具有特别重要的意义。（图 4-3）

图 4-3

**四、点的构成与图形创造**

点是一切形态的基础，点也是排列组合的重要因素。我们知道单独的点就会使人产生许多联想和表现不同的性格特征，多点的排列在组成线或面吋，就更能构成活跃的具有一定视觉效果和心理作用的图形：

大小相同等距离排列的点，有一种平稳、安定的视觉感。

有比例大小点作横向排列，产生方向推移的视觉感。

大小渐变的点，有一种集中感或空间感。

渐变点，按规律作折线或曲线反复排列，会产生跳跃性韵律的视觉感或节奏感。

按比例作大小点曲线状排列会产生消失或移近的空间视觉感。（图 4-4）

一般情况下，向内渐变的大小点构成有集中感，中心突出的联想；外向排列的大小点构成有离去感，似一盘散沙的感觉或呈放射状；连续有规律的点排

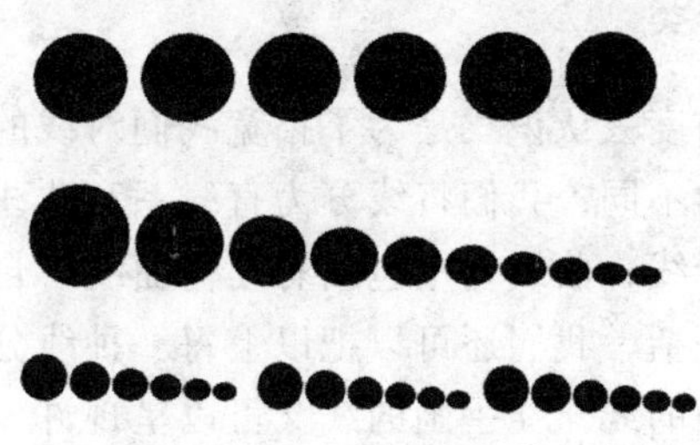

图 4-4

列，有贯穿感，串珠或线的联想；大小比例的点作曲线排列或自由排列，有远近空间感或翻转和运动的印象。

在我们生活的环境中，很多设计都是直接用点来表现的，点有一种活跃感，可产生滚跳的联想，点有一种灿烂的感觉，可产生发光体的联想，点还能造成一种节奏，一种类似音乐节拍或鼓点的节奏。

## 第二节　视觉设计的基本要素之二："线"

### 一、线的概念

几何学的定义：线是点移动的轨迹，它的作用在于长度和位置。而在视觉构成中，线与点一样，必须是有视觉效果的形态，那么它是有形状、位置、大小、方向、色彩和肌理等视元素组合而成的。是具有一定的宽度和长度的线，当然长与宽的比例悬殊很大才可称之为线。构成中的点、线、面的概念是在一种相对的范畴中来谈的。它们没有规定的尺度，只是在视觉的比较中有一定的比例范围，超越了基本比例就不成为线的形态了，如果宽度与长度的差距不大，就难以呈现线的视觉感受。

## 二、线的形状与分类

从视觉与心理的角度去认识线是为了拓宽我们对线的认识。

依线的形状线质的不同，我们将线分为直线系和曲线系二类：直线系中包括有水平线、直线、折线；曲线系中包括有几何曲线、自由曲线等。

除了以上对线的概括，我们还可以把以上每一种线分为工具制作的线和徒手画的线，加之工具画的线与徒手画的线又可以呈现许多不同形态，展开想象之，会发现线的形态是无数的，并且不同的线会展示不同的视觉感受给人们，这对于形态造型和审美都具有极大意义。

## 三、线的方向性与特性

方向在线的造型里表现得最为明显，它包括以下几个方面：

（1）垂直方向：垂直线方向性最为明显，具有锋利、公正、冷静等特性。

（2）水平方向：水平的线，具有安静、永久、舒展等特性，同时也具横向的延展性。

（3）倾斜方向：倾斜的线方向性明显，具有生动活泼等特性，同时给人一种动的感觉或飞跃、冲刺等印象。

（4）曲向：曲线具有流动、回转的特性，依线的流向趋势。具有明显的方向性。具有柔和亲切的特性。

线是物体抽象化表现的有力手段，线本身就具有很强的造型力和情感的表达力，这是在包豪斯之后，许多艺术家们不断加以研究，并用创造实践加以证明的事实。线不仅是表达形体的基本要素，还可以离开色彩而独立构成线条领域，它不仅作为形态的轮廓线存在，而且从内部规定形态表达各个体面的特性，有时仅仅一条线，也会给画面带来意想不到的变化。线还具有审美心理感应。(图 4-5)

## 四、线的构成

由于线的种类、形状以及方向、特性等多种因素存在，就赋予线的构成多性格化，比点的构成更具强烈的特征和丰富的联想。例如：

（1）直线构成：具有表现力强、刚劲、坚固、肯定、硬等特征。竖线有肃穆感和树林的联想。如果变化直线的粗细，可产生不同的观感，粗线有力，细线锐利，如果是线的粗细同时排列还可产生透视关系。(图 4-6)

（2）平行线构成：如果是同一种线，平行排列，具有条理感，有整齐、规则、井井有条的联想。

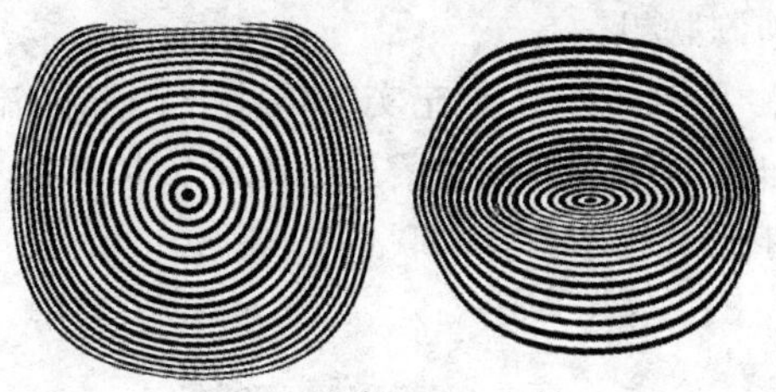

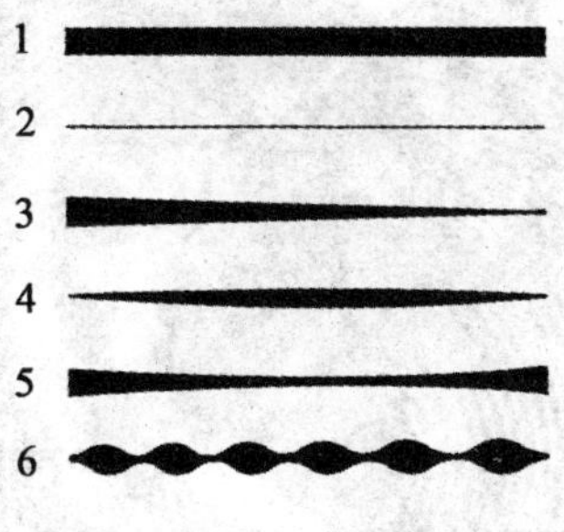


图 4-5

图 4-6

（3）折线构成：折线富于变化，表现力强，具有锋利、运动、挫折、扬抑感，有一种力的抑制联想。

（4）曲线构成：几何曲线具有充实、饱满、圆润、流畅的感觉；抛物线具有一种速度感；自由曲线，流畅、柔和、幽雅，是具有丰富的感情的线，它们给人以水波、弹性或柔软等含蓄的联想。（图 4-7）

图 4-7

以上几种构成，作为一形式表现，其本身的构成特征明显。如果结合两种或多种组合，构成效果就会更强烈，心理表现与联想就更丰富。

**五、线的表现**

线的表现与工具有关。就画线工具来说非常之多，不同的工具画出的线条本身就各具趣味、各具特征。如用曲线板画的线条，流畅优雅；用鸭嘴笔、针管笔画的线条，是具有速度感的细线；用竹笔、毛笔画的线，是有涩味，较拙的强劲的线，不论是圆滑的线，单纯的线或复杂的线，都可表现种种感情，要能够试着画出各种工具的“味道”并知其特征，灵活运用在构成实践之中。

在我国绘画（中国画和书法）中，线条具有特别重要的意义，注重运笔，讲究笔触、笔势。中国画素有“线条艺术”之称，每条线，不仅具有描绘物象形体的功能，还具有表现作者精神的效果。在现代欧美作品中线也遍及绘画、雕塑、设计等造型领域，越是倾向抽象的作品、线条的表现越显得重要，要注意学习欣赏与借鉴。用画线工具可以表现不同情感的线条，还可用非画线工具画出线条，追求其趣味。

## 第三节 视觉设计的基本要素之三："面"

### 一、面的概念

在前面的学习中，已知点和线的集聚都可表现为面形（消极的面）作为造型的面之形态，必须是具有二次元要素的形或是二次空间构成的形。这里我们称在平面上出现的不同于点和线的形就是面形，它是比点的面积大，比线短而宽的形。面具有二维性，具有一种幅度感，还有面积的量感。

面在造型中，总是以一定的形出现的，所以研究面，重点是研究形，没有形的面是不可能存在的。

### 二、面的分类

面形的变化是千姿百态的，面形的种类是千变万化的。为便于学习我们将面归纳为：直线形的面，曲线形的面，随意形的面，偶然形的面等。

（1）直线形的面——是用直线构成的面形，如正方形、三角形、长方形等。

（2）曲线形的面——是用曲线（几何）方式构成的规则的形，如圆、半圆等。

（3）随意形的面——比较自由的用曲线构成不规则的形。

（4）偶然形的面——是用特别表现手法意外获得的面形。

除此之外还有虚面、实面、虚实过度转化的面等。

### 三、面的表现性格与作用

由于面具有不同的形。它给人的感觉就会不一样，对人的心理作用也会是多样性的。如几何形的感觉是明确、简洁、有秩序，自由形则有随意、柔软、流动的美感等。

（1）直线形的面——表示一种正直、安定、刚直的心理特征。正方形表现一种正直感、稳固感。三角形，有着尖锐醒目的效果，表现一种稳定感、提示感。

（2）曲线形的面——表现为有数理性的秩序感。如圆形是一条连贯循环的曲线，有永恒的运动感，象征完美与简洁，圆又有集中感，表现为形的集中、精神专注，自古以来，一般寺院，教学建筑屋顶都以圆形为多，而宫殿建筑以四角形为多，这是信仰与权威的象征性的不同表现。

（3）随意形的面——表现为形状自如，轻松活跃，富于变化，在心理上可产生一种幽雅、柔软的美感特征。

（4）偶然形的面——比较自然并具有个性的图形，有一种朴素而自然的美和较强的趣味性。

面形内部的质感对各类面形所要表现的特征，能起到加强作用，如对圆形和正方形的内部涂成满满的黑色来看，除形本身具有确实、稳定、集中等感觉外，还具有充实的量感。这种感觉一方面来自几何形整齐完美的优点，另一方面就是形的内部填满的“面形”的充实感。当然还要注意形的创造，一般来说，单纯的形（不是空洞的），能较好的感到块体的力量及量感的充实性，还可以用点和线来表现面形的内部质感和明暗结构，使面有软柔感。

## 四、面的构成

1. 图与底的关系。

面还存在着图与底的关系。任何形都是由图与底两部分组成的，在一个画面中，成为视觉对象的叫图，其周围的空虚之处叫底。图具有紧张、密度高，前进的感觉。底有后退感和陪衬作用。这个理论是1920年由一位叫芦宾的人研究出来的，故称“芦宾之壶”，又叫“图底反转”视象，如图4-8首先让人看到的是方框中的黑杯，然后便会发现黑杯左右两侧空白部分的形象是由两个对称的侧面头像组成的。在这里，图与底的关系处理的特别巧妙，使画面产生了一种非常完整有趣味的视觉效果。（图4-8）

2. 形与形的关系。

除了面的形态中图与底的关系之外，还可存在着形与形的关系。两个或数个单独形的面以及其他任何基形面，作为形态都存在着诸多的关系属性。一般常见的关系属性有：相连关系、复叠关系、透叠关系、结合关系、差叠关系、减缺关系、重合关系、消失关系及方向位置关系等等。

（1）相接关系。

形与形的相遇其边缘恰好接触，产生一个两形相连接的组合形。为形态的相接，形与形的各自形态没有渗透，不影响到形的独立性。接触只起连接作用，两形的空间关系富有弹性，可以与视点等距，也可以一远一近，空间主要由色彩明暗来决定。

（2）复叠关系。

将两个形移近，彼此相交，一个形复叠在另一个形之上，这为复叠关系。

图 4-8

在复叠方式中，形象产生上与下或前与后的空间关系。并且一形在另一形之上或之前是非常明显的，它是强调表象的手法之一。

（3）透叠关系。

透叠方式与复叠相同，其不同之处是透叠像玻璃一样不掩盖下面的形，两种形象同时显现，都有透明之感，可以透过形看到骨格，或透过骨格看到形，是一种透明形态。在相叠时，也不会产生明显的上与下的关系，任何一形其轮廓都完好无损，在互叠的地方产生色彩变动。

（4）结合关系。

结合的方式与复叠相同，它也是一个形叠在另一形上，但两形在互叠时不产生透的效果，而是彼此结合成为新的较大的形象。在结合关系中，两形或者两种骨格，互相渗透、互相影响，任何一形都将损失部分的轮廓。在结合方式中，两形结合一体，在同一个空间平面，一般无远近变动。

（5）差叠关系。

差叠方式与透叠相同，但只有互叠的地方是可见的，差叠造成新的细小的形象，而原有的两形难以辨认。

（6）减缺关系。

一个可见形某一局部被一个不可见的形象复叠，使可见形产生减缺现象，这就是两形相遇的减缺现象，它比单形或复形的变化更为激烈。

（7）重合关系。

若将两形更加移近，其中一个覆盖另一个形，彼此重合变为一体为重合关系。

在重合方式中，若两形的形状、大小、方向相同，我们就只会见到一个形。不会有远近变动感。若两形形状、大小、方向不同，一形包裹另一形，人为的加上黑白块面就会产生不同的造型和空间效果。（图 4-9）

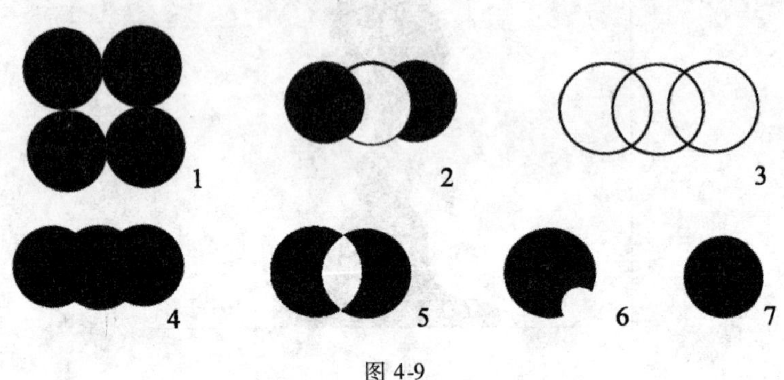


图 4-9

（8）消失关系。

形与空间的表现是用正负、虚实来体现的，当形为“正”底为“负”时，都可以看见，如果当形与空间同时都为“正”或者同时都为“负”时，就会有视觉的消失感。

（9）方向位置关系。

形与形相遇组合除有以上关系外，在空间框架中，还有方向、位置的关系，形在画面上的位置是由设计者自己决定的。从组合构成来看形的方向、位置就会有距离的远近、邻接、重叠等关系。例如：单个的正圆形，它的视觉效果集中而无方向，但当多个圆形排列组合或者用其他的形状都会出现方向感。方形、长方形的方向感都很明显。

形态之间的关系属性，是进行平面设计时必须予以考虑的重要因素。上面提到的九种形态关系就是在构成设计中经常采用的处理手法，这也是平面基础设计中形态构成的基本原则。

## 第四节　视错觉现象

### 一、点的视错觉

所谓视错觉就是感觉与客观事物不相一致的视觉现象。

点的前进与后退，膨胀与收缩感就是视错觉的具体表现。如同样大的点，往往白色的感觉较大，黑色的较小；同样大的两点，在一个周围放置更大的点，一个周围放置更小的点，前者感觉小，后者感觉大，这是对比产生的视错觉。

在两条直线的夹角中，同一大小的两个点，由于其位置不同、距角尖端的远近不同便产生靠近角尖之点大的感觉。（图 4-10）

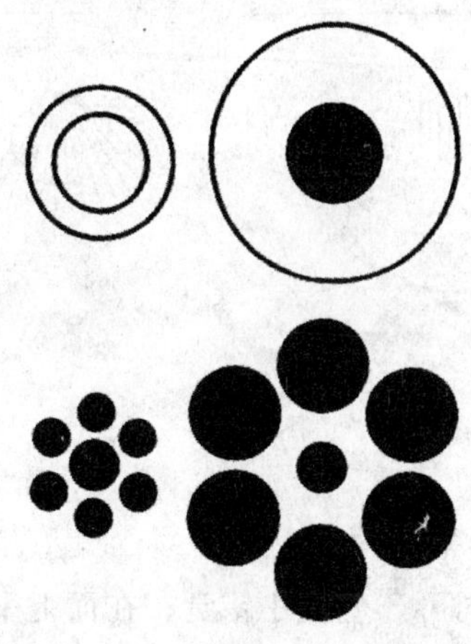

图 4-10

## 二、线的视错觉

线的视错觉形式也比较多：

两条等长的水平直线，由于线的两头加上了斜线，因斜线所形成的角度不同，便会产生不等长的错视效果。

等长的两条直线，进行 90°垂直方向的直线感觉要长些。

等长度的两条直线，由于其周围长短线的对比而产生错觉。对比越强，错视效果就越显著。

一条斜向直线被两条平行线断开，斜线则会产生不在一条直线上的错觉。

两条平行直线由于受斜线角度的影响而产生错视，使平行线呈现曲线的感觉。

在一个用直线组成的正方形周围加入曲线的因素，会使正方形的直线产生变形的错视效果。设计中，我们应当灵活地运用上述错视原理，某些时候可以加强其对比的关系，利用错视效果使画面更加活泼，在另一些时候则要进行必要的调整，以避免错视所产生的不良效果。（图 4-11）

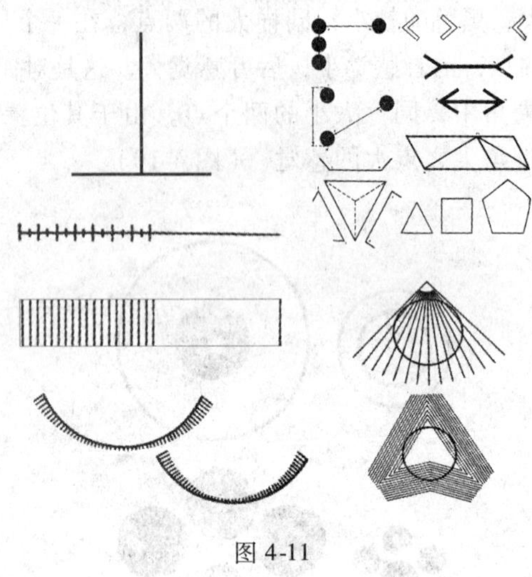

图 4-11

### 三、面的视错觉

等大的面由于黑白不同可产生大小错觉；在面上采用不同疏密或宽窄的线条表现，可以使其产生远近空间感；用等距离的垂直线和水平线来组成两个同等面积的正方形，其长、宽的感觉却不一样；由于面的有规律排列对平行线产生了视觉影响也产生了面的视觉律动。(图 4-12)

图 4-12

**练习与思考**

1. 可视的形态构成要素可概括为哪些方面?
2. 点的形象联想（不少于 20 种）；线的形象联想（不少于 20 种）。
3. 以“点的幻想曲”为题做点线面构成练习。
4. 以“线的交响曲”为题做点线面构成练习。
5. 以英文 26 个字母做点线面构成练习。
6. 以阿拉伯数字做点线面构成练习。
7. 以中文“点”字做点的构成练习。

# 第五章 视觉图形组合规律及其创造

**本章提要：**

重复构成形式及其创造
渐变构成形式及其创造
发射构成形式及其创造
变异构成形式及其创造
对比构成形式及其创造
空间构成形式及其创造

初学者在最初进行设计工作时，手头有一大堆形象资料，却不知如何组织这些素材，故而无法达到满意的设计效果，视觉形态构成是有组织、有秩序地反映客观本体的自律性。因此它所遵循的应当是协调、精确、均衡、秩序等审美原则与设计形式。这一章介绍的就是达到视觉美感，最根本、最有效的设计规律。如何能很好的理解和运用，问题就会迎刃而解。

这里，为实现这一目的，我们以黑白两极色为主，以数量的加减，位置的远近、聚散，方向的正反、转折等因素，运用结构、秩序等形式来进行设计练习与探讨。

## 第一节　重复构成形式及其创造

重复构成形式是有规律骨格形式中最基本的形式之一，所谓重复是将同一形态有规律的反复排列。我国古代染织图案、建筑窗格都给我们留下了极丰富的骨格样式。重复结构形式是把视觉形象秩序化、规律化，具有统一、整齐的视觉效果。

## 一、基本形的重复

是指一个形在构成中连续排列，反复出现、反复运用。重复的基本形，一般情况下在形状、大小、色彩、肌理方面是相同的，在构成中表现为形的一致性和相同性。一般在重复骨格中才会出现重复的基本形。变化性的重复构成我们可称为相对重复。形态空间因素不变的重复，称为绝对重复。另外重复基本形在构成中正负图形交替排列时，可增强画面的黑白对比的效果。基本形排列如果是大而少，其效果简单有力，如果是基本形小而繁密，其效果表现为像一片由细小单位构成的肌理。

通过重复的基本形在重复骨格作不同角度方向的组合，可产生新的形态。组合中可以是以四个单位组合一个完整式，也可以是6个单位或8个单位以上组合而成，重复基本形，不论是在方向上进行上下、左右、横竖变换位置，其变化的图形都具有一定的秩序感。

## 二、重复基本形的构成方法

重复基本形的构成，不仅可以像四方连续式那样四面连续发展，也可以有多种存在的方式。它也是标志、符号等设计的一种有效方法。重复基本形与单位形的群化构成意义相同。

例如日本“三菱”公司的商标，其构成形式就是典型的重复群化构成。国际奥林匹克运动会的会徽，以五个圆形环联扣在一起来象征世界五大洲的团结，也是对群化构成的成功应用。平面设计中基本形的群化构成，正显示出它设计精练、有力，具有符号的特性。因此，掌握群化构成的方法和设计规律是非常实用、非常重要的。

重复基本形构成的基本要领有如下几点：（1）要求构成简练、醒目，设计基本形时数量不宜太多、太复杂。（2）基本形的构成要紧凑、严密，相互之间可以交错、重叠或透叠，避免松散。（3）图形结构要完整、美观，应注重外形的整体效果。（4）注意构图中的平衡和稳定。（5）基本形要简练、概括、粗壮而有力，避免纤细和琐碎。

重复基本形构成的基本形式，可以归纳为如下几种：

（1）基本形的对称式或旋转放射式排列。这种方法可以选用两个、三个或数个基本形进行交错或放射排列，形成一种环形旋转或放射对称的图形。

（2）基本形的平行对称排列。这种排列可在方向和位置上采取反射、移动或回转的形式，构成一种对称的图形。有时也可重叠、透叠或交错，形式可以灵活多变。

(3) 多方向的自由排列。这种构成方法比前两种形式更加灵活多变，它既可以采用对称、回转、移动的形式，也可以采用不对称的自由排列，但必须注意其平衡关系，使图形效果完美而又能有机地联系。

上述各种形式的群化构成，还必须遵守形成群化的条件。这种条件有如下几个方面：基本形必须邻近排列，有两个以上相同的基本形集中排列在一起并相互发生联系时，才可构成群化；基本形的特征必须具有共同因素才能产生同一性而形成群化；基本形排列的方向必须有规律性和一致性，才能使图形产生连续性和构成群化。

在设计群化构成的过程中，由于形态多变和选择范围的宽泛，我们很难在头脑中预想出最后的图形效果。为了求得更佳的选择方案和更多的比较机会，我们不妨将设计好的基本形剪下若干个，然后进行实际的排列比较和排列试验，以选取最佳和最美的组合关系，设计出理想的群化构成作品。

重复构成形式在标志设计、广告设计中的应用实例如图 5-1。

图 5-1

## 第二节　渐变构成形式及其创造

渐变是指基本形或骨格表现为有节奏的、循序变动，在有规律构成中是独具一格的方法。渐变是人们一种日常的视觉经验，由稀到密、由宽到窄、由明到暗、由长到短、由正到侧等。它可产生阴阳交错、光影变化、视幻错觉等视觉效果。它有以下几种形式：

（1）方向渐变。

对基本形进行排列方向的渐变，可增加画面的变化和空间感。如点的排列方向不同，由正面渐次转向侧面，将产生逐渐的倾斜反转，还会产生较强的空间感。

（2）位置渐变。

位置渐变是指基本形按照一定的规律在骨格中发生位置变动（作上下、左右或对角线移动）从而给人以平面的移动感。我们还可以将一组渐变曲线群进行反向的错位连接，并且按同一方式渐变曲线群，图形活泼自然、强烈，造成一种有节奏的起伏。由这种方法构成的图形是很难由作者凭空想象出来的。

（3）大小渐变。

基本形逐渐由大变小或由小变大，最终会给人以空间移动的深远之感。

（4）形状渐变。

形状渐变有具象的形状渐变和抽象的形状渐变两种形式。在一系列图形的构成中，为了增强人们的欣赏情趣，可采用从一种形象逐渐过渡到另一种形象的手法 。只要消除双方的个性，取其共性，造成一个中和的过程或过渡区，就可以得到形状渐变。形状渐变也可以通过形状排列的疏密，黑白的转换而达到。

（5）增减渐变。

两个形状按照一定的秩序和数量逐渐相加或相减的过程即为增减渐变，渐变后形成的形象似乎具有一种较强的运动感和速度感。

渐变构成形式在广告及现代美术中的应用如图 5-2。

图 5-2

## 第三节 发射构成形式及其创造

发射是特殊的重复和渐变，其基本形和骨格线环绕着一个或几个共同的中心点向四周扩散。

发射是自然界常见的一种现象。盛开的花朵中花瓣的排列方式是发射的形式；毛发的纹理、发光体的光辐射以及投石于平静水面所引起的阵阵涟漪，都是发射形式的形象。

发射的构成具有强烈的视觉效果，令人眩目。在应用美术设计中，如果需要一个强有力的、醒目的图案，则发射构成的图形是最为合适的。因为发射图形有三大特征：(1) 具有多方向的对称；(2) 具有非常强的焦点，此焦点通常位于图案的中央；(3) 能够造成光学的动力，使所有形象向中心集中或由中心向四周散射。

发射骨格的构造因素有两个方面：

一是发射点，即发射中心，这是焦点所在。在一件设计作品中，发射点可以是单元的，也可以是多元的；可以是明显的，也可是隐晦的；可以是大的，也可以是小的；可以是动的，也可以是静的，其种类不限。

二是发射线，即骨格线。它有方向和线质的区别。如在方向上有离心、向心或者同心的区别；在线质上有直线、曲线、曲直结合线等等差异。

### 一、发射骨格的种类

根据发射线方向的不同，发射骨格可以分为几大类型，但在实际设计应用中，各种类型往往互相兼用、互相协助、互相分割、互相穿插。

1. 离心式发射。

这是一种发射点在中心部位、其发射线向外发射的构成形式，它是发射骨格中应用较多的一种主要形式。在离心式发射构成中，由于基本形的不同，又有直线发射和曲线发射等不同的表现形式。直线发射就是从发射中心以直线向外放射扩散的构成，其中包括单纯式构成和复合式构成。直线发射呈现直线所具有的情感特征，其射线使人感到强而有力，有闪电般的效果。

曲线发射由于发射线方向的渐次变化，能表现出曲线所具有的特征，线的变化使人感到柔和而变化多样，并且还具有一种旋转运动的效果。(图 5-3)

2. 同心式发射。

这种构成的发射点是从一点开始逐渐扩展的同心圆或类似方形的渐变扩散所形成的重复形，也是发射构成的一种形式。由于这种构成的主要发射线都集

图 5-3

中在一起，格式变动有较大的局限性，因此，在设计这种构成时，我们可以使用多种因素结合进行。同心式发射构成有如下几种形式：

（1）多元中心式。不同中心的弧线连为一体，形成弯折式的同心。

（2）中心隐藏同心式。这种骨格线的构成和多元中心相同，只是不呈现出来。

（3）旋转同心式。同心的骨格线层不是圆形而是方形并逐渐旋转和扩大，其它多边形式的不规则形也可逐层旋转，获得多种特殊效果。

（4）离心同心式。同心式的骨格线中每层再加离心式的发射。（图 5-4）

3. 向心式发射。

这是与离心式方向相反的发射形式，其发射点在外部，从周围向中心发射。图 5-5 是一幅比较复杂的向心式构成，有好几个发射点，采用直线交错分割的形式，使画面产生了变幻莫测的发射似的视觉效果，空间感非常强。

4. 移心式发射构成。

这种构成的发射点可根据图形的需要，按照一定的动势有序地渐次移动位置，形成有规则的变化。这种发射构成表现出较强的空间感并具有曲线的效果。如图前一幅作品是两组正圆形移心发射的组合构成。图形以左、右对称和两点为发射中心，逐步向中间渐移，构成两个峰状凸出的立体图形，曲线变化

图 5-4

图 5-5

具有很强的韵律感。后一幅是对刚才那一构成作品进行切割，然后重新进行组合排列而形成的。(图 5-6)

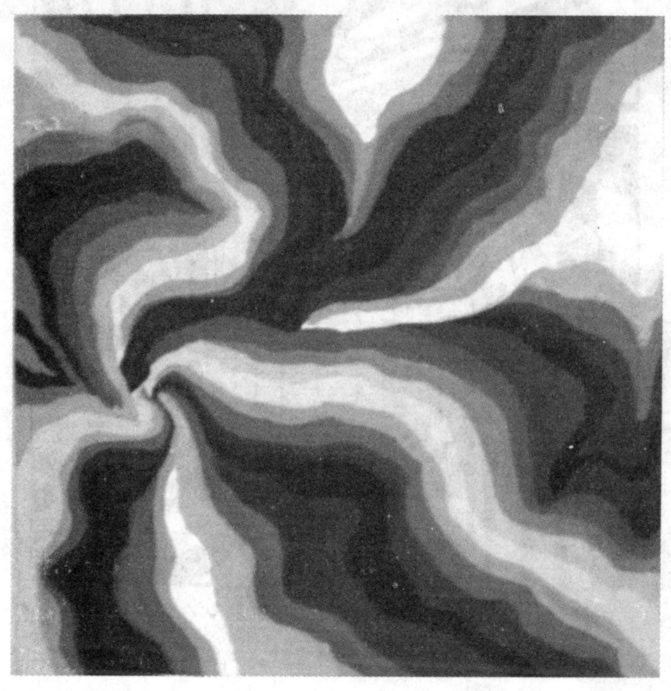

图 5-6

5. 多心式发射构成。

多心式发射构成即以整个点进行发射构成，其中有的发射线是互相衔接的，它们组成了单纯性的发射构成。这种构成效果具有明显的起伏状，空间感也很强。下图所示的都是多心式的发射构成，其不同之处在于一个采用了非对称形式，而另一个采用了带旋动势的发射，其发射线应用了疏密渐变方式，使作品具有明确的节奏感和韵律感。(图 5-7)

## 二、发射骨架与基本形的关系

发射骨架与基本形的关系，归纳起来有如下三种形式：

(1) 发射骨格内纳入基本形。这和在重复式渐变骨格内纳入基本形是一样的，只是一般基本形只能纳入简单的发射骨格中，而且必须突出基本形的排列。按有作用性或无作用性处理均可。

图 5-7

（2）利用发射骨格线引辅助线来构筑基本形。这一类将突出发射骨格和基本形排列，其基本形融于发射骨格之中，突出发射骨格造型而不起破坏骨格的作用。这是它与纳入基本形的不同之处。辅助线可以由骨格单位内引，也可以脱离骨格单位引，可任意选择。

（3）骨格线或骨格单位自身作基本形，使基本形就是发射骨格。这一类将完全突出发射骨格，无须纳入任何形式，也无须引任何线，骨格本身就很完美。骨格线作基本形，实际上是骨格线变宽，呈放射状成群联合。这种骨格线应简单有力。骨格单位作基本形，就是把骨格的空间用黑白交替填充，呈现出一正一负的黑白形，明确地显示出放射骨格，发射构成的设计可以归纳出上述的五种表现形式，但在具体实践中，往往都是多种形式结合应用，而且还时常采取各种不同手法交错构成。以此来丰富作品的表现力。

发射构成形式在广告及现代美术中的应用如图 5-8。

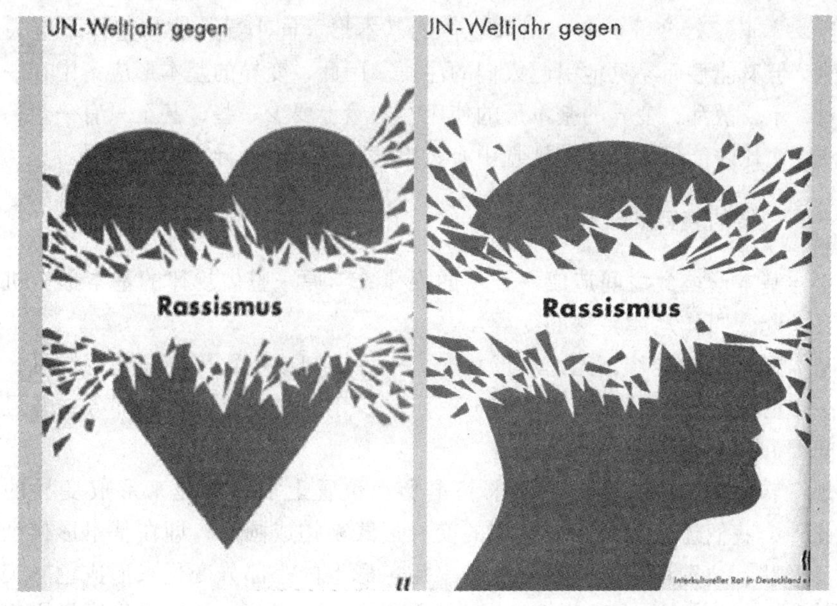


图 5-8

## 第四节 变异构成形式及其创造

变异是规律的突破，是在重复、近似、渐变等构成形式的规律中，有意识地出现一个或数个不规律的基本形或骨格单位，以此突破规律性的单调感觉。

变异是在保证整体规律的情况下，小部分与整体秩序不合但又与规律不失联系，这一小部分就是变异的部分。当然，变异的程度视具体情况而定，有的时候是规律中极轻微的偏差，而有的时候则与规律有相当大的差异。但不管是何种程度上的变异，都应该以不失去与整体规律的联系为原则。要打破设计中的一般规律，可采用变异方法和变异元素，以引起人们视觉上的注意。

变异的现象在自然形态中也是普遍存在着的。例如绿叶丛中一朵红花，是一种色彩上的变异现象；黑夜的空中，繁密的群星与一轮明月也呈现为一种变异的形式；在无边的戈壁滩上骆驼队与有节奏变化的沙浪，也具有鲜明的变异意味。在诸多的自然景观与生活现象中，都不同程度地存在着不同形式的变异因素。

我们知道，世界上一切事物存在及其关系都是相对的。变异也不例外，它也是相对而存在的，具有比较中的相对性。在具体的设计中，如果大部分基本形都保持着严整的规律，那么其中的一小部分相对违反了规律，这一小部分就是变异基本形了。变异的基本形和规律的基本形大同小异，它与整体不应失去关系性，但又能显而易见地引起人们的注意。因此，变异的基本形应集中在一定的空间，不要散乱；变异的基本形的使用在数量上要少一些，甚至只有一个，这种强反差对比才能形成强烈的视觉中心，以达到基本形变异突出的效果。

## 一、规律的转变和延伸

变异基本形彼此之间造成一种新的规律，与原来整体规律的基本形有机地排列在一起，叫作规律转移的变异。

基本形规律的转移，无论从形状、大小、方向或位置等方面进行均可，只是有一点必须注意：转移规律的部分一定要少于原来整体规律的部分，并且彼此之间要井然有序。

规律转移中的位置变异，要求基本形在位置上加以变化来形成变异的构成。此外，我们还可以采用色彩上的变异形式来构成画面，即在基本形排列的大小、形状、位置都一样的基础上，采用色彩上的小部分变化来形成色彩突出的变异视觉效果。它也能够创造出与基本形大小、形状、位置变异同样突出的效果。(图 5-9)

图 5-9

## 二、规律破坏

这种变异的方法是指变异的基本形之间无新的规律产生，无论基本形的形状、大小、方向或位置等各方面都无自身规律，但是它又融于整体规律之中。这就是破坏规律。破坏规律的部分也应该是以少为好。其效果简洁、大方而有力，具有很强的现代感。(图 5-10)

图 5-10

## 三、形象异化

可以是从一个形异化成另外一个形，也可是具象形象变形，可以使形象压缩、拉长，也可以扭曲或局部夸张、改变质感、投影变异等等。其形象既变化又含蓄、若隐若现，别有一种趣味，装饰效果独特。特别要注意的是变异的基本形与整体不应失去关系性，但又不同。才能具有较强的趣味性和智慧的美，并形成强烈的视觉中心，以达到基本形变异的突出效果。(图 5-11)

在平面设计中，构成的秩序性是形式美的重要因素。例如在变异构成中，相同骨格的排列、形象的重复、方向的一致或色彩的统一等等，均具有构成的同一性，发挥着调和的作用。如果在其中加进少数与此不相一致的因素，便可起到对比的作用，并可使作品更加活泼多变。但是，为了达到预期效果，在构成中还必须处理好构成要素其它诸方面的关系。例如异质形象的分布位置，既要安排好它的疏密变化，又要处理好它上、下、左右的穿插，使画面在整体上形成较好的平衡关系，并使人感到丰满变化，有时还要体现画面的节奏和韵律

图 5-11

以及形象分布的呼应关系。

变异构成形式在广告中应用非常多，它往往能使画面达到出其不意的效果，视觉中心突出，特别易记忆，故而有人称这种方法为广告出其制胜的法宝。

## 第五节　对比构成形式及其创造

对比是一种自由的构成形式，它不以骨格线为限制，而是据形态本身的大小、疏密、虚实、显隐及形状、色彩和肌理等对比因素而得以构成的。

对比是针对调和而言的。古希腊哲学家赫拉克利斯曾经这样说过："没有高低就没有和谐，没有男女两性的对立就没有生命。"宇宙学家说，宇宙的基础就是对立的结合：明和暗、冷和热、干和湿。有时这种结合的某一因素占优势，有时指针又指向相反的一面去。世界就是这样永无止境地变化着、运动着。这说明了一个道理：多样统一的因素体现了人类生活和自然界中对立统一的规律，对比即存在于对立统一之中。"多样"反映着事物的差别，而差别也就包含着许许多多的对比因素。差别又体现了客观事物的诸多特性，如形的大小、方圆、高低、长短，质的刚柔、粗细、强弱、轻重，势的疾徐、聚散、动静、进退等等。这些都可以造成对比状态而构成具有多种美感的形式。从总体来说，协调是求近似，而对比则是求差异。

我们在前面几节中所分析的构成形式，其中都包含着对比因素的运用，但由于它们都有完整的规律控制着，因其对比都是有限度的。虽然在变异一节中已经存在着明显的对比，但也是在相同中求不同，而这种不同也只是程度上的不同而已。我们这里所讲的对比，则在不同中显示差异和近似。当然，对比也是相对的、有伸缩性的。对比可以是强烈的，也可以是轻微的；可以是模糊的，也可以是显著的；可以是简单的，也可以是复杂的，并不限于极端相反的情形。换句话说，对比其实就是一种比较。由于比较而使互异的地方加强、近似的地方明朗。其前提是必须有一个对比的参照系。在生活中，我们说某人个子很高，那么他周围的人一定要矮于他，或者是他和你想象的正常个子相比较显得很高。这说明对比必须要有一个参照对比系统或者说具体群体；无参照系的单一的个体是无法构成对比的。

对比的目的是为了取得一种美的关系。因此，对比和协调是不能对立的，而应该是统一的。也就是说，对比和协调是一个互相依赖的整体，应该在对比之中求协调，在协调之中求对比，如同在相同中求差异、在差异中求相同一样。要想在对比中求得协调，对比的双方或多方一般应有一个因素相近或相同；或者互相渗透，你中有我，我中有你，但又各自保持自己的特征。

### 一、对比基本形的协调

我们知道，任何基本形只要处于相异的状况都可以发生对比，如粗细、长短、大小、黑白、软硬、方圆、曲直、规则与不规则、收缩与扩张等等；也就是说，任何相反或相异的形状都可以形成对比。这些对比因素如何才能达到协调呢？

（1）保持一个因素相近或者相同。例如方与圆形状完全不同，对比强烈，但如果有一个共同的因素黑色，那么对比中就有了协调。

（2）彼此相互渗透。甲乙丙三方对比强烈，但甲中有乙丙的成分，乙中有甲丙的成分，丙中有甲乙的成分，那么三者就会既有协调又有对比了。

（3）利用过渡形。在对比双方中设立兼有双方特点的中间形态，使对比在视觉上得到过渡，也可以取得协调。如黑与白是强对比，如果再加一块灰色就会协调，灰的层次越多，则对比越柔和。

（4）利用有秩序的渐变，也可以达到调和的效果。

## 二、对比构成形式

1. 方向对比。

在基本形有方向的情况下，如大部分基本形的方向近似或相同，而少数基本形方向不同或相异，就会形成方向排列上的对比。凡是带有方向性的形象，都必须处理好方向的关系。如大雁或天鹅的飞翔、马群的奔跑、人群的运动等等，都具有方向性。即使采取几何图形的构成，对于长方体或线群的排列也会产生方向性的变化。既有变化就存在着对比的关系。以线群的排列为例，如果在画面中全部按同一方向进行平行排列，便会感到缺少变化和对比；相反，如果线群的运动方向完全是垂直交叉的，则对比太强，缺少一致性的因素，也会使人感到不协调。假如使线的构成按照一定的韵律有节奏地渐次变换方向，其效果就会更好一些。

2. 位置对比。

基本形在画面内排列时，空间不要太对称，应该注意上下、左右空间的均衡，在不对称中求得平衡，从中可以得出多种疏密对比。

3. 空间对比。

虚空间与实空间的对比，就是底与图的空间对比。当图少底多时，底包围图；而当图多底少时，图包围底，当图底面积相等时，虚形和实形同时突出，感觉上一会儿看到实形，一会儿又看到虚形。假若虚实形不仅面积相近，而且形状相同，则会出现更强烈的虚实相争。

当我们仔细分析后便会发现，虚与实是同等重要的，画黑就是画白，画白也就是画黑。一般来说，图少时应注意图的平衡，图多底少时应该注意底的平衡，而当图底相等时，则应该注意双方都平衡。

具体地说，空间对比的处理，主要应从空间、疏密、大小、方向、明暗等方面来进行。我国画论在讲到中国画的空间处理时，提出要“密不通风，疏能跑马”，非常形象地阐明了空间的对比关系。在平面构成中，画面必须留有一定的空间，才能突出主体，增强作品的深度感和美感。

4. 聚散对比。

在平面构成设计中，与空间对比密切相关的是聚散对比。所谓聚散对比，也就是密集的图形与松散的空间所形成的对比关系。这是每幅作品都必须处理好的一个重要问题。在画面构图中，设计要善于安排好形象间的疏密关系。处理这种关系，应考虑四个方面的问题：其一，要有主要的密集点和次要的密集点；其二，密集点可以是以点为中心的密集，也可以是以线为中心的密集；要处理好密集构成的外形，既能使人感到完整，又要使密集图形互有穿插和变化；其三，要使主要密集点与次要密集点之间产生一定的联系，使各个形象的相互关系有一定的呼应；其四，密集形象的运动发展趋势要形成一定的节奏和韵律感。

5. 大小对比

这里所说的大小对比，是指整幅构图中的大小排列上的对比关系。大小对比较容易表现出画面的主次关系。在设计中，比较主要的内容和比较突出的形象一般都处理得较大些，并与较小的形象部分形成强烈的对照，更加突出画面的重点。在画面中大部分都是整块的东西时，来一点小的形象进行并置，也会产生突出的对比效果，可以使小的形象得到加强和突出。

总的来说，在平面设计中如果缺少对比的因素，在形式上一般都会令人感到平淡乏味。而对比的应用会使画面在统一中表现差别，把物质映衬得更鲜明，突出醒目。(图 5-12)、(图 5-13)

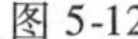

图 5-12

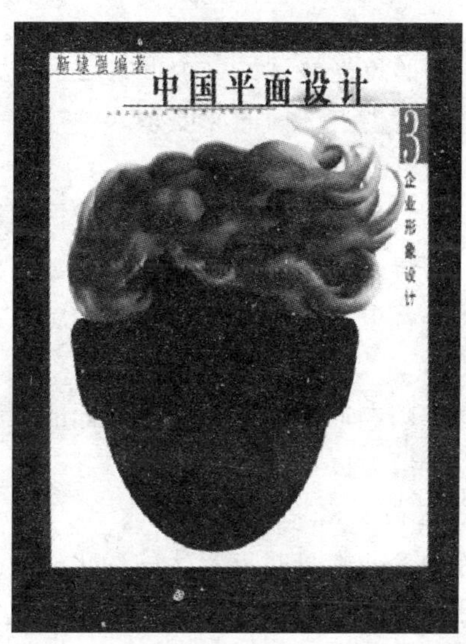


图 5-13

## 第六节　空间构成形式及其创造

空间是物质存在的一种客观形式。我们一般所说的空间概念，是指一种具有着高、宽、深的三次元的立体空间。对于物象而言，立体也就是它在空间中实际占据的位置，它从任何角度都可以观看。这种空间形态也叫物理空间。而我们在平面设计中所谈到的空间形式，主要是针对平面中的形给人视觉上的各种感觉而言的。这种感觉到的空间形态是具有平面性、幻觉性的；同时，它还具有矛盾性。换句话说，在平面艺术中，空间感只是一种假象，或者说，三度空间是二度空间的错觉，其本质上还是平面的。

平面空间，指二次元空间，也就是由长与宽两种单元因素构成的空间。我们在前几节中所分析过的正负、消失、减缺等形态特征，都是在平面空间中的存在形式。

幻觉性空间，指平面中的立体感，也就是以面为单位，由几个面的组合而得到的高、宽、深三次元的空间感觉。同时，不同形态的线和肌理的重复和渐变排列，亦会产生出幻觉性的空间。

### 一、平面上形成空间感的因素

1. 重叠。

一个形象复叠到另一个形象之上时，就会产生一前一后或者一上一下的感觉，这就产生了平面的深度感。

2. 大小变化。

在我们的生活经验中，由于透视的原因，物体在人们的视觉中会产生近大远小、近清楚远模糊这种变化感觉。同样，视觉中平面形象的基本形的大小变化愈大，就愈会产生一种空间深度感。

3. 倾斜变化。

由于基本形的倾斜变化在人们的视觉中会产生一种空间旋转的效果，所以倾斜也会给人以一种深度感。

4. 弯曲变化。

因为弯曲本身具有起伏的变化，因此在平面的形象中如果有类似弯曲的形状，就会产生有深度的幻觉，从而造成空间感。

5. 肌理变化。

前面曾说过，在人的视觉感受中，物体是近看清楚、远看模糊，所以粗糙的肌理比细密的肌理有更近的感觉，因而肌理的变化也可以形成视觉上的空间感。

6. 明度变化。

由于透视的原因，近处物体明度对比比较强烈，而远处物体一般消失在背景明度之中，因此就显得比较柔弱。所以，明度变化也具有深度感，即：和背景明度相近的物体有隐退之感，和背景明度差异大的物体则会有突进之感。这就是由明度的对比变化而造成的形的空间感。

7. 投影效果。

由于投影本身就是空间感的一种反应，所以投影的效果也能形成一种视觉上的空间感。

8. 透视效果。

在真实的空间中，由于人的视点是固定的，视野是有限的，无论在何种情况下，人的眼睛都只能看到物体的三个面，并且是愈在前面愈大，愈在后面愈小，所以透视关系也可造成空间感。

9. 面的连接。

在平面设计中，面的连接可形成体，面的弯曲可形成体，面的旋转也可形成体。而体是空间中的实体，因此，能够形成体的面都具有视觉上的空间感。(图 5-14)

图 5-14

## 二、矛盾空间

矛盾性的空间实际上也是一种错觉空间、幻觉空间，矛盾空间是在实际空间中并不能够存在的空间形式，利用平面的局限性以及视觉的错觉，可以形成在现实中无法存在的空间，就是所谓的矛盾空间。

反转形是矛盾空间的一种形式。这些图形的构成可以使人感知到两个互相逆转的形象。这一图形有人称之为"阿尔巴斯图形"：在两个连接在一起的立方形的中央，有一个狭长的小平行四边形有时你觉得这个四边形属于下边立方体的左侧，那么下边的立方体是向前凸出的；有时你又觉得它属于上边立方体右侧，则上边的立方体向前凸出，下边的凹进去。据作者说，这种捉摸不定的空间判断包含着某种"宇宙的秘密"，也有人称之为超三度空间的"四度空间"。阿尔巴斯曾任教于德国的包豪斯学院，这种"图形"是他研究"几何抽象艺术"的结果而创作的。作为一种独特的空间形式，这种矛盾空间往往能够产生新鲜的、意想不到的视觉效果，我们可以利用这一视觉原理构造新的造型形式。

在平面设计中，为了表达空间的立体效果，可以按照透视学的原理，采取将平行直线集中消失到灭点的方法来表现空间感。但在平面构成中，有时却故意违背这些原理，有意识地造成"矛盾空间"。由于这种空间透视存在着不合理性，而且有时还不容易立即找出其矛盾所在，这样就会使观者捉摸不定，增加其欣赏的兴趣。(图 5-15)

图 5-15

怎样才能构成矛盾空间呢？一般来说，我们可以从以下几个方面着手：

（1）共用面。大多数矛盾空间的构成，都是采用共用面的形式因素来完成的。所谓共用面，是将两个不同视点的立体以一个共用面紧紧地联系在一起，以此构成视觉上既是俯视又是仰视的空间结构，给人一种闪动不定的错觉。

（2）前后错位。这种方法也是矛盾空间构成中较为常见的。我们可以利用前后左右的错位连接，使画面产生一种矛盾的视觉因素。

（3）矛盾连接。矛盾连接的方法，是利用直线、曲线、折线在平面中空间方向的不定性，使形体矛盾地连接起来。它使原来平面化的形变成了空间立体性的，而实际上这仅是一种错觉。

以上我们对矛盾空间的几种构成形式的分析，目的是为了更深入地理解和掌握它们。在实际运用中，这些方法常常是融为一体的，不能机械、单一地使用某一方法。

**练习与思考**

1. 从英文 26 个字母中选取一个或两个字母作单位群化练习。

2. 选择二个不相关的形用渐变的形式使其成为有关联的谐调组合。

3. 选择二组自然对象作对比构成（注意大小、位置、正负、疏密等对比因素）。

4. 以长方形或正方形为基础，只允许切割移动，作动物变形。

5. 选择一运动照片，试作抽象夸张变形，促使其意义升华。

6. 联想 10 种以上与圆形有关的具体物象，并把它们组合在一个画面中，使画面具有近似、和谐又生动有变化之构成。

7. 任选两个不相关形象，运用联合、结合、重合等合成手法，构成一个新的、具有超现实意义的完整的独立形。

8. 根据树叶和鸟的图形进行变异想象，画出由树叶渐变到鸟的过程，要求自然、连贯。

# 第六章 平面设计基本表现技法

**本章提要：** 传统的表现方法，线描与版印风格，效果图表现法，写实绘画风格表现法，几何抽象风格表现法，照相写实风格表现法，超现实风格表现法民间风格表现法，反传统的表现技法等。

## 第一节 表现方法与技法的意义

当设计在头脑中形成，需要用视觉化手段传达给他人，表现技法帮助视觉创意得以具体的实现，反过来说，不掌握表现技法再好的创意也无法得到好地体现，从而会直接影响信息传达，这便是学习和掌握表现技法的目的。这里“表现”即是：体现、展现、实现。也就是把平面广告形象运用视觉艺术语言体现出来呈现给观众。掌握各种设计表现方法和技巧是广告设计者必备的专业素质。

表现方法和技巧好比一种交流的语言方式，掌握好了就可以把心中之意得心应手地表现出来，或清润或浑重，使作品具有作者的鲜明个性和感人的艺术魅力。技法必需在多实践体验中掌握。

不论古今中外，一切技法都是前人经验的总结，好的技法总是反映了艺术的客观规律，它使青年人少走弯路并迅速地掌握科学的方法，但技法又是多样并存的，不断发展的，我们不仅要知其一，还要知其二、其三，要善于举一反三灵活运用，并发展升华。成功者往往是遵循由无法到有法，又从有法进入无法的过程。无法是法中的大法，不先掌握初步的基本方法，就难以进入具有无限创造力的无法境界。很多艺术家在这方面作出了榜样，他们既不是食“古”不化，也不是食“洋”不化，而是用现代人的眼光重新认识传统，把艺术推向更高层次。

各种表现方法和技巧的形成取决于两个方面，一是不同工具材料性能造成的效果；二是主观表现手法不同造成的效果。得心应手地运用一定的表现方法和技巧，视觉化地表现出较为完美的设计构思，其中包括造型、色彩、质地、结构、比例等诸多因素。每一种表现技法都有其独特的个性，适用于不同的表现内容，初学者在运用技法的同时还要注意到内容与形式的完美统一。并且在脚踏实地的学习技法的同时还要充分发挥情感性主观能动作用，在实践中继续开创出新的表现方法。

## 第二节　传统的表现技法

为学习方便我们将其分为传统的表现方法与反传统的表现方法两大类，先来看一看传统的表现方法。

### 一、线描与版印风格

线描是最快捷的造型方式，也是我们最熟悉的造型方法之一。线的表现由于粗细、长短、刚柔、曲直、工具不同都会给人带来不同的心理感受，广告设计表现可根据表现对象的需要考虑选用不同线型表现。

均匀线是一种粗细均匀、挺拔有力、无明显的起笔收笔痕的线。有如国画中的“铁线描”，用以表现形象，其线条流畅自如，均匀整齐，具有规整之美。顿挫线是一种讲究起笔落笔，用笔有急有缓，有轻有重的线。有如国画中的“兰叶描”，用以表现图案，笔力顿挫，风劲有力，富有动态感。抖动线是一种具有自然的起伏、凹凸、粗细、顿挫、波动的线。用以造型，自然生动、富于个性，既有变化又有整体线型特征。复合线是一种由两条或两条以上、不同粗细的线复合而成的线，或一粗一细，或二粗一细等，在传统图案的表现中又称“文武线”。用以加强图形的视觉印象，充分发挥线的表现力。

工具可以是钢笔、毛笔、铅笔、麦克笔等，也可以用版画的形式，在板上刻好后再转印到纸上。作者运用刀和笔等工具，在不同材料的版面上进行刻画，可直接印出多份原作。可分为：凸板，如木版画、麻胶版画；凹版，如铜版画；平版，如石版画等。铜版画因所用的金属材料以铜版为主，故得其名。15、16 世纪时开始在欧洲流行。制作方法有干刻法、腐蚀法、飞尘法等，以腐蚀法较为普遍。石版画由 18 世纪末孙纳菲尔德发明的石印术基础上发展而来。作者先用含有油质的药墨在石版或特制的铅皮上作画，然后在版面上涂一层酸性阿拉伯树胶。因为版面上画有药墨部分只接受水而拒油墨，根据油与水不相容的原理构成印刷版面。可复印多张并完全保持原画的精神。

木版画也称木刻，用刀在木板上刻画，再用纸拓印出来，是中外版画的最早形式。使用的木板有梨木、黄杨木、白桃木等。以凸线为主构成白多于黑的画面者，叫阳刻；以凹线为主构成黑多于白的画面者，叫阴刻；也有阴刻、阳刻混用者。运用多块木板套印出两种以上颜色的作品，称为套色木刻。又因拓印使用的颜料性质不同，分为油印木刻和水印木刻等。过去木刻多用以复制绘画作品，绘、刻、印三者分工，称为复制木刻。现代木刻由作者自画、自刻、自印，充分发挥木刻所特具的艺术效果，称为创作木刻。在教学中为了方便也可用纸板替代木板做出各种效果。

图 6-1 是世界著名版画家柯勒惠支的作品。

图 6-1

## 二、效果图画法

设计专业常用效果图的表现形式，如广告插画、服装效果图、建筑效果图等。效果图的表现工具一般有毛笔、麦克笔、水粉颜料、水粉纸、水彩颜料、水彩画纸等。

效果图的表现技法很多，常用的形式有钢笔淡彩、铅笔淡彩、毛笔淡彩等。表现起来有快捷便利的特点。

1. 马克笔表现法。

马克笔色彩丰富、表现快捷，画面生动、豪放，具有独特效果，可单独表现，也可与彩铅、水彩结合使用。使用时注意先浅后深，均匀涂出成片色彩，用笔准确、快速，不宜反复改动。表现整齐边线时可先用物体遮挡，画后揭开。用色时注意不要过于艳丽。

步骤一：用铅笔或钢笔画出底稿轮廓线条。

步骤二：先画出画面大体阴影和明暗关系，注意层次和变化。

步骤三：再根据色调画出主体色彩。

步骤四：表现细部，加重画面阴影和暗部，调整画面。

2. 钢笔淡彩表现法。

钢笔淡彩是钢笔和水彩结合的一种快速表现方法，画面透明、清快。钢笔稿一般线条不多，主要表现轮廓和转折。色彩则注重“淡”，表现大体色调和深浅、冷暖变化即可，用色不宜太多，并注意画面的留白，以营造明亮、淡雅的画面效果。

步骤一：用钢笔起稿。

步骤二：画出画面大体明暗关系及基本色调，注意层次和变化。

步骤三：近景及远景的表现。

步骤四：刻画细部及调整画面。

3. 水粉表现法。

水粉画是用粉质颜料（称水粉颜料）和水调合绘成。传统上宣传广告招贴都是用水粉表现，所以水粉色也称广告色。水粉颜色一般不透明，运用得恰当，能有厚重和轻快兼而有之的效果。可画在各种画纸上，也可画在木板或布上。

水粉画干画法如油画，湿色画法如水彩，是一有前途的画种。水粉画的作画方法与油画相似，都是从暗部画起，逐渐提出亮部，色彩覆盖力强，便于在画面上进行塑造。

4. 漫画表现法。

传统漫画是一种具有强烈的讽刺性或幽默性的绘画。画家从政治事件和生活现象中取材，通过夸张、比喻、象征、寓意等手法，表现幽默、诙谐的画面，借以讽刺、批评或歌颂某些人和事。现代漫画受日本、中国台湾等地影响，大多采用插画形式并用电脑辅助做出许多优美的画面。由于漫画这种形式为群众喜闻乐见，故也常用来做广告宣传的表现形式。

5. 综合表现方法。

一般在实际应用中，我们很少会只用一种工具，而是综合运用多种工具，利用它们各自的表现特点，丰富画面的效果。常见的是彩铅和马克笔，彩铅和淡彩及水彩和马克笔等的结合使用。彩铅色彩丰富适合表现细部和肌理材质，马克笔和淡彩适合表现大面积的色彩及金属反光等特殊材质。可在熟悉工具性能后，根据自己画面需要来选择工具的组合使用。

效果图表现是广告插画的必备基本功。

### 三、写实绘画风格

这里的写实，应该是相对的，因为绘画本就不是还原自然。这里的写实基本是指将现实可能发生的真实的人、物、场景采用绘画表现的艺术手法进行描绘的一种表现方法。像早期的海报大师 19 世纪的朱尔斯·谢雷克、土鲁斯·劳特雷克等，他们的作品就是以再现生活为主要方式的。中国的广告也有很长的写实风格历史，这种方法需要较为深厚的美术功底。

### 四、几何抽象风格

几何抽象风格集中地体现了现代主义精神，它的理论与实践来自 19 世纪世界上第一所完全为发展设计教育而建立的学院——包豪斯学院，包豪斯学院创造的几何抽象设计风格成为现代设计的范本。也是设计史上一个重要的里程碑。

### 五、照相写实风格

照相写实风格兴起于 20 世纪 70 年代的美国，又名超级写实主义。其主要特征是利用摄影成果做客观、逼真的描绘。R. 马丁在 1974 年的超级写实主义展览的目录中写道："超级写实主义把人置于照相机的视线下，很客观地把物体的影象呈现出来。"这些画家先制作平面的（两度空间的）照片形象，然后再把这两度平面的形象移植到画布上来。照相写实主义根据现代哲学中的距离论的观念，认为传统的写实主义是注入了作者的主观激情的，是一种主观的写实或人文的现实，为观众所了解的可能性较小，而不含主观感情、用大家共同的眼睛（照相机）来观察和反映，则能为更多的群众所了解，传达的范围也就更普遍。因此，照相写实主义的作品使人感到严峻、冷漠，有自然主义的味道。但作为美术运动，照相写实主义含有积极的因素：利用照相机拍摄照片，可以把充满着光和运动的现代城市的景象凝聚在一瞬间；照相写实主义的作品常常把对象放大到 5 ~ 10 倍，改变日常事物的尺寸，造成一种异乎寻常的美学和心理效果。此外，具有严峻和冷漠感的形象，能传达出当代西方社会人与人之间的疏远、冷漠和无人情味，并且为商业广告开辟出一条新的途径。

### 六、超现实风格

西方现代超现实主义绘画，造型准确、逼真，20 世纪 70 年代在国外流行，后用于表现商品形象，进行商业广告也大受欢迎，用炳烯颜料，纸张细腻，刻画深刻。超现实主义受达达派、柏格森的直觉主义和弗洛伊德的精神分析学等影响，把现实观念与梦境幻觉及本能潜意识等结合起来，不受逻辑和现实的制约，用非理性的联想来指导并表现原始的冲动和主观的意象，以达到超现实的境地，具有一定的象征和隐喻。达利是超现实主义的核心人物，西班牙著名画家。他用精湛的写实技法，使超时空的逼真形象具有一定的象征性和隐喻性。他的深远透视使画面的二度空间创造出具有三度空间的多层次立体感。他的超现实主义风格和表现技法被广泛应用于招贴设计。西德的著名招贴设计家岗特兰堡的作品中对这一风格有较为显著的承传。

### 七、民间风格

民间风格是伴随着人们生活的历程长期积累沉淀的民族艺术精华，我们所处的是一个高度现代化、信息化的时代，但设计师们从来也没有忘记传统艺术与现代平面设计的结合，并且升华为对国家文化艺术精神的继承，赋予其新的活力和新的生命。

中国艺术早有“师古人”与“师造化”之说。传统艺术与民间艺术博大精深，其中的贴花、剪纸、皮影等等，各具特色。具有很高的平面设计艺术参考价值。

## 第三节 反传统的表现技法

反传统的表现方法和思想观念，就是打破规律，勇于创造。其实我们的民族本来就是一个勇于开拓进取的民族，反传统的表现技法与其说是源于现代设计思潮，还不如说是我们民族本身具有的素质，三国时就有曹不兴“误笔成蝇”、晚唐有张璪不拘成规“双管齐下”。艺术的生命力就在于创新，在广告表现技法的实践与探索中，尽可能解放思想，大胆创新。相同的表现效果，有时可以用更简易的方法获取；同样的方法，可以尝试取得新的更好的表现效果，即所谓画无定法，但需注意表现手法与内容，题材风格的协调统一。

## 一、吸附法

这是将墨汁、水彩色、水粉色或以松节油稀释后的油画色彩倒入水中，作其自由浮动、交融、散开，当出现理想的水色浮纹时，及时将生宣纸或吸水性较强的纸覆盖于水面，瞬间即逝的水色浮纹即被吸附于纸面上，呈现出具有韵律的装饰纹理，这种纹理自然生动，徒手难以画出。做出的画面效果即可直接用来做底纹，也可根据画面的需要局部利用，构成有意义的画面。参看同学所做吸附法应用实例。（图 6-2）

图 6-2

## 二、吹流法

它是将稀释后的水粉色、水彩色或滴入适量稀液后的油画色，倒在纸面光洁抗水性强的纸上，并将纸作不同方向和多角度的倾斜，使水色、油色自然地流动、融合、渗透、扩散，形成谐调而富于变化的纹理。

流彩，也可以在湿润的色底上，将水色、油色或清水滴于画面，并根据需要将纸倾斜，让色彩任意流动，形成纹理。也可用空心竹管，“吹”出纹理。

还可以在未干的色纹上洒水或洒盐，利用化开的水渍或盐渍产生冰花般的纹理。(图 6-3)

图 6-3

### 三、防染法

防染，是利用油质、腊质颜料或明矾、白粉、胶质等物质不易染色的特性而产生特殊效果的表现方法。

油质防染可用油画色、油画棒、蜡笔描绘对象，当用水粉、水彩等水性颜料上色时，油质色描绘过的地方不为水性色所染，从而与水性色所染的画面形成斑驳陆离的特殊效果。

胶质防染是以胶水画出应防染的线条或形象，然后再以粘着力较强的色彩进行描绘。色彩干后，即用水冲洗去掉胶质，原来用胶质描绘的线条或形象即以“飞白”显现出来。胶质防染需用纸质结实、纸面光滑的纸。

### 四、拓印法

拓印，表现为粘拓与捺印两种形式。

粘拓，又称对印。它是将不同特性的颜色，如水彩色、水粉色、油画色、水和松节油调合等，将其绘、洒、泼在玻璃板上，并因“色”利导，稍加整理，即将纸放平覆盖于玻璃板上，用手或棕刷适当加力按捺数遍，将纸揭起，纸上即印出玻璃板上的水色纹理的隐约、含蓄的图案形象，根据画面的具体情况和构思，加以巧妙的整理，使纹理与形象虚实对比、水色交融，更富装饰情趣。

捺印，如同“盖印章”。首先要选“印章”，“印章”可分为自然的和人造的两大类。自然类指身边随处可见的具有凹凸的纹理和美的外形的自然物，如树叶、花瓣、麻布、窗纱、丝瓜筋、手印、指纹、乒乓球拍、瓶盖、硬币、藕断面等等，将其涂上颜色，捺印在画面上。另一种人造的“印章”是根据需要用橡皮、萝卜、石头等刻制而成，再转印到画面中来的，如盖图章同样道理，印制的画面有一种不同于手绘的肌理斑驳的特殊效果。（图 6-4）

### 五、喷绘法

喷绘，是以一种雾状的细小的“点”表现图形的方法，具有细腻柔和的装饰效果。曾经一个时期喷绘的工具有专业的喷笔，需安装上小电动马达使用。然而对于初学者做练习往往用简单便捷的工具替代即可：只需一个牙刷，蘸上所需的颜色，在窗纱上轻刮，即弹漏出细小的色点。调整牙刷与画面之间的距离和用力的大小，即可控制色点的大小和疏密变化。

要使喷绘按设计需要表现图形，则需用雕空的喷绘遮挡板。喷绘板的制作是将设计的图形描绘在纸板或较厚的纸上，将需喷绘的部分雕空。如多色喷绘，则一色一板，并在每一色板上标出对位记号。喷绘时将色板依对位记号放在喷绘的位置上，并在雕空部分进行喷绘。也可以用自然的树叶等遮挡，可以喷绘出自然逼真的图形。

喷绘的应用可根据设计需要，既可先“绘”后“喷”，也可先“喷”后“绘”，也可完全不用手绘而依靠“喷”来完成。（图 6-5）

### 六、拼贴法

拼贴，是利用照片、画报、有色纸、布料和其它物质材料，巧妙利用其图形、色彩、纹理质地等拼贴成图形的表现方法。

纸质材料的拼贴分为硬边与软边两类。硬边是指用剪、切、裁等方法，其边缘整齐，具有整齐美。软边是用撕纸的方法，其边缘出现毛边，具有自然美。

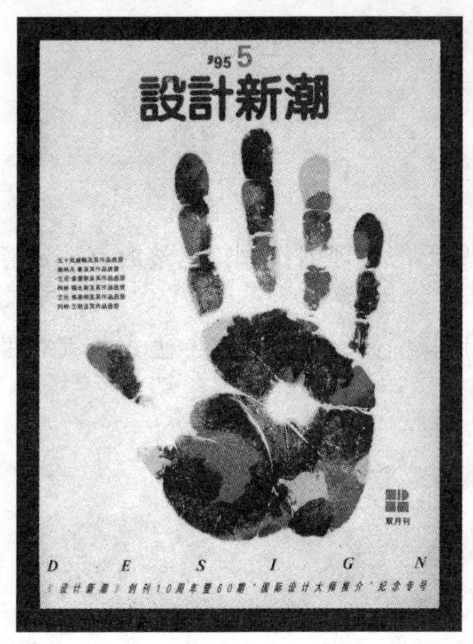


图 6-4

图 6-5

### 七、熏烧法

以点燃的蜡烛熏烧画面，使其获得一种独特的肌理效果。

### 八、复印机再创造

我们生活中一般是利用复印机进行日常办公，但在艺术领域早就有复印活人的先例。所以完全可以用复印机复印任何现实中的实物，参与画面创作。试一下即使是一块抹布，印出来也会很好看的。

利用复印机处理作品可以更好地概括黑白灰关系。比如：想把一张彩片变成一张高反差黑白画，最快的方法就是通过复印机复印，因为复印可以大幅度提高反差。一次达不到效果，可以多印几次（每印一次必须将刚印出的那张拿出来做原版再复印），为了减少复印次数，每次都要手绘修改加工一次原版，直到满意为止。

## 练习与思考

1. 表现技法与内容的关系如何？

2. 马克笔表现法体验。

3. 钢笔淡彩表现法体验。

4. 水粉表现法体验。

5. 漫画表现法体验。

6. 木板或纸板印风格体验。

7. 民间剪纸风格体验。

8. 先做各种肌理练习，再根据因物象形的原理创作一较完整的有一定意义的画面构成。

9. 选择几幅图片进行“破坏”（如用揉、撕、烧、刮等手法）使其获得一种破坏后的新意和美感。

# 第七章 设计创意的思维规律和美感成因

**本章提要：** 设计思维的规律，模仿型、继承型、反叛型，视觉设计经验积累的途径，视觉设计的形式美与美感创造，对称和平衡，比例和尺度，节奏和韵律，秩序感、肌理感、单纯感。

古往今来，形形色色的设计，究竟是设计师各显神通的结果，还是有规律可循？创意究竟是一时的灵感闪现，还是偶然之中的必然？我们认为，一个不知灵感源自何处的人，可不可能产生灵感是值得怀疑的，灵感应该是人各种经验沉淀后的厚积薄发。就像任何学科都有其规律可循一样，设计创意的产生也有其自身的方法和规律。

## 第一节 设计思维的规律

在人类各种思维中，对于解决问题最具有主动性的思维方式就是创造性思维。也就是用创造性方法解决问题的思维方式，创造性思维也是有规律可循的。对于设计者来说，掌握一定的思维方法和创作规律无疑是极为重要的。

类比大量的设计作品我们发现，有三种并存的指导思想对于各种设计创意的产生有较为明显影响：一是模仿型；二是继承型；三是反叛型。从而我们为大家理出了一条创造性思维的线索和规律，以期对设计者有所帮助和启发。

### 一、模仿型

模仿是一种最古老，生命力最强的设计思想，是人类最早的创造方式，可以说是创造的摇篮。

模仿型设计是从模仿自然开始的，它是原始社会依赖自然的经济形式的衍生物。人类曾有一个使用天然工具的时期，当直接依造双手和天然工具已不符合需求时，不得不创造了“人造工具”。他们首先从自然获取灵感，使人造工具具有与自然物（尖锐的兽爪、兽牙，锋利的蚌壳等等）相似，但具有更为有效、更为持久的功能。这与当时的思维水平是相一致的。

人类在发现和利用自然并改造自然的过程中，也创造了人自己，特别是高度发达的大脑和自由的手，从而进一步在更高层次上改造和利用自然，虽然采用了简单的机械原理，但功能与人手的功能十分相似，多数至今还在使用。这一例子生动地反映了模仿型设计思想的顽强生命力。在高科技时代，模仿的水平又有长足的进步，直至模仿人脑智能的计算机以及机器人的出现，我们还是没有完全摆脱模仿的设计思想。

功能的模仿必然带来形式上的模仿，以大自然为主要源泉的装饰美术更是如此。古埃及的装饰纹样多见卷草和睡莲，古希腊则常用百合花和棕榈叶，这和他们生息繁衍的自然环境是难以分解的。

无论从功能性还是装饰性看，模仿型设计思想并不是自然主义的，它包含着创造性思维“举一反三”的因素，是创造性的初级形式。且不说人类最初创造人造工具的伟大业绩，就是一系列以自然和现实为启示的设计，从不可能是自然物的重复和仿造。从发电机的发明，到原子裂变的利用，其创造性的意义是不言自明的。在形式方面，从卷草到埃及神殿的雄伟柱廊，从飞禽走兽到希腊神话的牧神“潘”，处处表现出内在规律、秩序感和人格的渗透以及超现实的理想。总之，模仿型设计思想。它虽然不是人类创造性的全部，但却是开端和基础。

### 二、继承型

继承也有模仿的意味，但原型是前辈的创造物，并蕴含着批判的成分，是模仿加改良的设计思想。设计史上，每当相对稳定发展的时期，这种设计思想就会成为主导。一种风格或样式持续百年以上的例子，在20世纪以前并不少见。

继承型设计思想的普遍性、持久性可以说是必然的。在历史平稳发展的时期，人们的生活方式、欣赏习惯有相当顽固的持久性，因此，照祖宗家法办事是极为正常的。在历史转折时期，激进派向左、保守派向右的引导，常常使继承型设计以折中的形式在夹缝中生存。因为处于中间状态的多数人更乐于接受和缓的改良，接纳剧烈变化则需要时间。例如中国近代服装史上，改良旗袍曾盛行数十年。旗袍原为满族妇女的服装，系直身的宽袍。20世纪20年代以后，经简化和改进成为靠腰贴身的轻便女装，从普通妇女到上流社会都广为流行，30、40年代曾与欧化时装同时受到欢迎。解放后崇朴素，欧化时装几乎在一夜间遭到鄙视，只有旗袍仍占有一席之地，甚至成为出国女服中最富有魅力和民族性的款式。从20年代到80年代，中国历史几经大起大落，但改良旗袍在服装中集民族性、时代感和女性化于一身，能为各种思想所接受，实为不多见的特例。

继承型设计思想不同于“复古主义”。后者明显的是保守、复旧的同义词。继承型强调批判的成分，反对照搬陈旧的，主张推出时代的和民族的。因为历史框架的转移、民族文化的演进，使今昔之间早已不能同日而语。中国在80年代的开放热潮中，确实出现过“彩陶热”、“敦煌热”、“汉唐热”，这是在“横扫一切”之后复苏，是在闭塞以后的喷发，一旦走上正常轨道，这些热流都会汇入时代的大潮，以传统形式与现代形式杂糅的折中方式出现。

### 三、反叛型

反叛型设计思想是认识论上的突变和跳跃，它总是伴随社会背景的重大变革而发生。例如，法国大革命的爆发，促使服装款式发生急剧的变化。讴歌贵族文化达三百年之久的华丽、夸张的服饰，遭受革命的平民百姓的唾弃，代之而起的是与他们理想的社会极为相配的简朴服装，与夸示贵族社会富裕、丰饶、典雅、优美的款式有极大的差异，进而促使注重自由与平等的平民社会，漠视权势，确认了自然之美的价值。如果说，继承——改良是缓慢的进化，那么，反叛则是爆发式的革命。

反叛型设计思想有显著的反传统性，往往指向与传统截然相反的方向。传统的设计思想总是和原有的生产关系相适应。在新旧转换时期，因为巨大的惯性使这不可能一夜间改弦易辙，所以总是矛盾重重。而少数先锋人物尽管有远见卓识，但也会受到保守思想的阻挠，于是，种种口号、纲领总是以“反传统”为旗帜，力图唤起社会的注意。例如，本世纪初功能主义的口号是“形式服从功能”，与古典主义的“形式至上”是针锋相对的。

同时，反叛型设计思想又有独特的新颖性。在司空见惯的大量传统设计面前，与之截然不同的新设计一旦出现，无疑是鹤立鸡群，引人瞩目。在1923年包豪斯的作品展览会上，最为人乐道的展览品之一，是一所完全以包豪斯的设计建成的示范住宅。室内厨房废除了在中间装设一张大工作台及另设操作室的传统形式，而代以沿墙设置更具效率的柜台式工作台，上下都有储藏柜。现代厨房实际上大都采用这种“革命性”的设计。

反叛型设计思想也有不稳定性。正与它的第一个特点相联系，这种不稳定性来自两个方面。一是外来的压力。保守思想的抑制，使得新的设计思想饱受磨难，以至出现起伏不定的过程。包豪斯在不长的历史中就曾受到指责，先是被迫迁校，后是被迫关闭，它的历史功绩，在大战以后才逐步得到承认。二是自身的不成熟。在完全没有先例的情况下，新设计也难免是“摸着石头过河”，同时，部分激进派也有着不太现实的理想。第一个使用玻璃幕墙的建筑师曾惨遭失败，因为室内像暖房一样的高温，使人无法居住。只有使用内墙隔热以后，玻璃幕墙的建筑才时兴起来。

以上三种设计思想模式，它们的综合结构既不是金字塔式的层叠构架，也不是螺旋上升的圆圈构架，而是纵横交错的网络结构。

## 第二节　视觉设计经验积累的途径

要想创作出好的广告作品，视觉设计经验的积累是必不可少的。有许多具体可行的方法供大家参考如下：

### 一、直接资料积累法

到大自然中去获取第一手资料，罗丹说：“不是生活中缺少美，而是缺少发现。”广告设计者要训练自己观察生活的能力，处处留意观察生活，从生活中发现那些未被别人发现的事物、事件，从哪怕是极小的、很不起眼的事情中发现美和获得创意，还应勤动手记录，用简练的线条记录形象，用简练的文字做补充等。记录的方式可以借助再现和主观处理相结合，再现是为了观察认识事物的自然特征，主观处理一是运用夸张法，对形象的特点进行夸大，使其特征更加鲜明，更具个性。夸张法是在真实性的基础上运用艺术手法的结果，是真实性与艺术性的统一。二是运用省略法，对形象去繁就简，省略无关紧要的细节和次要部分，保留主要的部分，使其形象更具有概括力。省略法是对形象的浓缩和提炼。

### 二、间接资料积累法

间接资料是别人直接经验的积累，对于我们自己来说是第二手资料。如书本、录像、幻灯、照片、电影、电视、戏剧、传统艺术、民间艺术和现代艺术等等，这些都是我们学习的间接资料。的确我们可以学习的间接资料有很多：从彩陶到青铜器；从石窟壁画到漆器装饰；从淳朴的民间图案到华丽的宫廷装饰；从古典园林到现代建筑；从东方绘画到西方印象派色彩；从蒙德里安的冷抽象绘画到康定斯基的热抽象艺术；从拜占庭艺术到现代派艺术……这些都是我们学习和借鉴的好范本。

此外音乐、文学也同样给我们的设计间接带来启示。

音乐与色彩有很多相通之处。音乐具有色彩的美感，悦目的色彩也具有音乐的节奏感。当我们听到高昂的音乐好像看到明亮对比强的色彩；听到低沉的音乐会想到深暗的重色调；柔和、优美的抒情曲可联想到某些浅淡、柔和的中性色彩，音乐与色彩产生的通感有着奇妙的艺术效果。如我们在著名民乐《百鸟朝凤》中听到的不仅是优美的鸟语，仿佛还见到形体各异的羽毛，鲜艳饱满的色彩。作为色彩的构思的训练，可以通过听不同的乐曲，然后用抽象的几何形和色彩构成来表达自己的感受。在实践中反复体会可以提高色彩的表达能力。

用文学语言来描述造型和色彩的例子也是不胜枚举。它能带给人以丰富的联想和想象，唤起形象的美感。如“遥看洞庭山水色，白银盘里一青螺”；“一道残阳铺水中，半江瑟瑟半江红”；“日出江花红胜火，春来江水绿如蓝”；“赤橙黄绿青蓝紫，谁持彩练当空舞”等名诗，其丰富性和形象性为我们带来了与色彩相关的启示。

### 三、联想与想象造型法

联想是由一事物想到另一事物的心理过程。具体可以称之为相似性联想，我们不妨用“迁想状物”、“借迹造型”、“借形造像”来说明这一造型途径。“迁想状物”就是由甲事物联想到乙事物。“借迹造型”与“借形造像”则是在“迁想状物”的基础上进行艺术加工，创作或设计出新的形象来。由此及彼，触景生情，是艺术家和科学家都不可缺少的本领。是任何科学仪器无法替代的。科学家和艺术家的联想都可能出现新的创造。牛顿从苹果落地发现了“万有引力”；怀素观公孙大娘舞剑悟得了“狂草”；盖叫天在香烟缭绕中悟得了盖派武打动作……想象和知觉、记忆、思维一样，是人的认识过程，但想象思维属于高级认知活动。

想象能对记忆表象进行加工改造，故而产生新的形象，或对从未经历过的事物，进行预见。可以说人离开想象就不能发挥创造力，特别是“创造想象”被称为“智慧活动的翅膀”、“创造活动的先导”，可见对创造性活动的重大作用。

创造想象和再造想象，是想象的两种主要类型。再造想象是根据描述创造出形象来，这种想象的创造性比较小。创造想象则更能独立创造出有价值的新形象，它是一种极积主动的创造过程。创造性想象也不是无规律可言，它其实也是日常经验积累的灵感式闪现，所有平时的知识面是产生创造想象的源泉。最简单的想象创造，就是在过去的感觉、记忆、经验的基础上利用各种新的方式，组合这些记忆与印象，从中产生出新的形象。这不是知觉的游戏，而是智慧的生起，一般构成想象形态的已知要素是人物、动物、植物、空间以及身边的所有事物，它综合过去，利用已知，探索着新的意识与形态。想象是通过已知走向未知的活动，每一个已知都伴随着一个新的未知而诞生，源于现实又超越现实，可见又不可见，不在乎追求的境界是否真实、合理，重要的是显示真理和创造美。这与科学家的想象活动有所不同，科学家要竭力证实他的想象是真理，是现实。艺术家则不一样，他不一定要用真实说明真实，用真理说明真理，而是通过虚构揭示本质，用假话说真话，以表面看似不能成立的谎言显示真理。这样的例子很多，本书后面优秀作品赏析中的美国杰出平面设计家格拉塞作品《劳动者形象》就是典型的例子：一双被捆绑的胳膊高高举起，向往自由的手与展翅欲飞的和平鸽重合，在现实当中这是不可能的，但艺术家却用这种现实看来的假，揭示了深刻的含义，造成视觉上强烈的冲击力。

目前，计算机设计艺术在国际上已经普及，设计家要做的电脑基本都可以做到。惟有人类的想象电脑做不到。所以，国外现代设计教育的主要目标是超越规矩，开发想象。据联合国统计，人类大脑的智力只开发了0.5%，绝大部分智能没有被调动和利用。想象课在国际美术教育中被高度重视，训练方式大致有两类：模仿式想象和灵感式想象。前者鼓励学生根据面前已有的实物，如一块石头、一个破电池、一个螳螂，或一堆碎玻璃等，从抽象结构的观察中想象，创造另一个新事物，也可称谓仿生想象。另一种空无依据，但限制目标，发挥灵感任其自由想象。两者训练目标都是为了开发创造力。不同的是前者限制想象的条件，不限制想象的结果；后者不限制想象的条件，但限制想象的结果。

#### 四、超越规则法

超越规则是改变一贯的作法，而不为任何已知经验和成规所束缚。美国的创造心理学家D·N·柏金斯曾举过一个例子：一般切苹果都是通过“南北极”纵切的，但他的儿子却沿着“赤道”横切，结果发现苹果中间有一颗五角的星形图案。这是孩子不知切苹果的“规则”而在无意中发现的。

克服心理“定势”，对于突破常规、开拓思维也很重要。“定势”即是“用老眼光看新事物”，它可能使我们因某种“成见”而对新事物持保守态度，影响思维的开拓。一旦排除这种定势的干扰，思维也会另辟蹊径。如用面包作木炭画的橡皮，用苏打饼干屑作水彩画的吸附剂，都可以说是一种开拓性的思维。

印象派和后期印象派对于前人的超越是历史地开拓了色彩艺术的新天地。

他们受光学的影响，画中完全避免使用黑色和深棕色。他们认为，物体和物体之间的空间，没有彼此孤立的轮廓线，只有光谱式的色彩间隔；他们发现色彩中的补色关系、冷暖关系等，故而印象主义的绘画，进入一个色彩感觉的新世界。

1917 年，现代艺术从杜桑的“小便池——泉”以后，现代艺术从此开始，西方的艺术家们认为，杜桑建立了艺术的新规则。于是，打破传统加上绘画，使用“现成物体”的装置艺术、活动雕塑、大地艺术等接踵而来。杜桑的艺术观念好像是 20 世纪现代艺术的新源头，至今对西方影响深远。一个观念的建立，一个新创意的出现，是一个艺术家的新的起点。

为此，美国当代艺术教育十分注重艺术观念的训练。美术史，美术理论，创造观念，技法教育，即使不学艺术的学生也可以来美术系选修。艺术学院的学生，除基础训练外，积极开发独立的自圆其说的思考和创作，教授们也努力塑造学生独立的富有创意的思维体系和作品。

课上大都进行艺术讨论，先由学生申述自己作业的想法和主张，然后其他学生和老师提出问题，学生再作答辩。这样，不仅提高了学生的分析问题能力、演讲能力，更重要的是开拓了学生的思辨能力和创意能力。教授像走廊里的雕塑，学生可看可不看，学生时时处在独立研究的状态中。包括小学教育，也不一味照搬书本，常常调动学生自己运用思想探索事物的兴趣。学生自由、自信、自我尊重、自我实现、超越规则、标新立异自然成为了他们的时尚。

正因为人类有永不满足的心理，文明的脚步才永远不可能停止，从这点来看喜新厌旧未必不是件好事。人类常被习惯所困扰，所以，每一个新创意都是在新旧观念的比较中诞生的，新创意永远需要不断更新的观念。

中国民间艺人讲：“艺术无正经，只是图新鲜。”回首东方艺术发展历程，真正的艺术家都不愿做“好古”者，而要做“开今”者。“借古”只是手段，“开今”才是目的。古人可师之处是基础，但重在能变化；能变化，才能“借古开今”。故黄宾虹言：“法从理中来，理从造化变化中来。”

具有超越规则的价值，就是伟大创意的起点。艺术不可能有惟一真理，它只在创造一个又一个标准，探寻一个又一个真理。因而艺术总是在不断超越中前进。

## 第三节　视觉设计的形式美

视觉设计的形式如何才是美的？从哪些角度欣赏它的美感？如何创造美感？这是专业和非专业的人士都普遍关心的问题。视觉设计的形式美感，一是作品呈现的美，一是观赏者对美的感知。尽管人人都有健全的眼睛，然而视觉设计效果最深刻最真实的秘密，却是仅靠眼睛所看不清的，它需为心灵所把握，还要经过美感的训练。艺术美感无论对于欣赏者还是对于创造者，都是至关重要的。

视觉形象按一定的规律排列组合，可以构成具有美感的画面美。过去，常称之为“形式美规律”或“形式美法则”。由此推理，既为“法则”，就是通向形式美的捷径。但有人提出，老鼠和臭虫都是严格的对称，毒蛇的花纹也无与伦比，而我们却无法由此得到美的感受。同时，许多非传统的形态和现代设计作品，处在传统的美与丑的交界线上，它们却有一种超越常规的表现力，未见得不是形式美。可见，形式美是个复杂而深广的命题，不是几条规律能够涵盖。这里所讲的构成规律，是指构成中组合方式的一般规律，它是与形式美相关的重要方面，但不是形式美的全部。

### 一、形式美感的最高形式——和谐

和谐一向被认为是美的基本特征，也是最高形式。但要说明的是这里的和谐并不仅指表面的平和宁静，而是指画面各组合元素之间的谐调关系，从这个意义上说并不是只有古典艺术才算和谐，现代艺术由于它与时代合拍，各元素关系协调，同样是和谐的。由此说来，构成的完整性主要取决于是否和谐。但对和谐的本质却有两种不同的理解。

一种观点认为和谐就是协调一致，因此常常与“调和”混同，视“对比”为不和谐，因而用一致性、相似性来解释。另一种观点认为，和谐是“不协调东西的协调一致”（毕达哥拉斯学派），是一种具有辩证思想的理解。显然，后一种理解更接近事实。

不协调东西的协调一致可以具体为：多样性的统一；协调与对比。

在自然界的千万种形式里，人最欣赏的，就是那些天然和谐的东西。黑格尔在《美学》第一卷里，曾举过一个例子：一个孩子把石子丢进水里，惊讶地发现层层扩散的水波是很美的。在平静、均质的水里，同心圆的逐层扩大的确是和谐的。圆的相似和半径的渐大渐小以对立统一的形式共存在一个形式里。其他如雪花的结晶、螺的涡线、向日葵籽的排列等等，都具有多样性统一的性质。和谐包括“多样化”与“统一性”两个对立面，在完整的构成里，它们总是共存的。

“调和”是由相似、相同、相近的因素有规律的组合而来，把差异面的对比度降到最低限度，构成的整体有很明显的一致性。黑格尔把调和称为“整齐一律”，他认为，整齐一律一般是外表的一致性，说得更明确一点，是同一形状的一致的重复，这种重复对于对象起统一的作用。“对比”是以相异、相悖的因素组合，各因素间的对立达到可以接纳的高限度。

传统美学偏重于强调调和，而现代设计偏重于追求不对称、不平衡和粗犷强烈的对比，造成视觉的刺激与注目。其实二者很好的结合才满足人的视觉需要。和谐是包含着对立因素的统一。和谐不是单调，而是调和中包含着对比。总之可以概括地说：和谐的画面应该是多样中追求统一；协调的基础上追求对比。

## 二、对称和平衡

美国的托伯特·哈姆林在《20 世纪建筑的功能与形式》中说：“在视觉艺术中，均衡是任何欣赏对象中都存在的特征，在这里，均衡中心两边的视觉趣味中心，分量是相当的。”值得注意的是，他所说的“分量相当”而不是“分量相等”，因此，均衡中心两边的分量可能相等，也可能是相近。这样，就可以按“等量”和“近量”来区分不同的均衡。

1. 对称。

当均衡中心两边的分量完全相同时，也就是视觉上的重量、体量等感觉完全相等时，必然出现两边形状、色彩等要素完全相同的情况，也就形成了规则的镜面对称，这大概是人类掌握得最早的一种均衡规律，可能与人身体的对称形状有关。左右对称由于等量等形的镜面反射效果，一般都处于相对静态中，就象天平两边等重以后的情况。建筑、家具等整体的设计这种情况很多，平面的装饰图形来说，这种中心得到加强，两翼形成配合的情况也很多，尤其是传统图案中大量运用，它给人以稳重、大方、端庄、典雅的视觉效应。

2. 平衡。

又称“动态对称”或“不规则均衡”，中心（支点）两边分量仅仅是相近，而不可能完全相同。特别是支点已不可能在正中，而是偏向一侧，所以被称为“动态对称”。那种袒露一个肩的晚礼服和我国藏袍的袒臂穿用法，都属于动态对称。

不规则均衡的原理虽然清楚，但却无法象左右对称那样作定量的设计。所以，这种平衡的把握需要更多的经验和感觉。中国的太极图就是典型的实例。平衡较之对称的形式在视觉上多了些变化。

## 三、比例和尺度

比例和尺度都是在造型和构图上必然涉及的问题。

1. 比例。

按说比例应该是严格的数学概念，但是，在设计中究竟什么样的比例才是真正美的比例，却没有那么严格。相对而言，有两种比例形式在实践中证明是应用最多的。

(1) 等差数列比。指一件设计中的各个线段的长度以及面的分割，都与一个基本数字有关系，递增或递减，它们之间的差是相等的。如渐变图形即是这样的例子。

(2) 黄金比。又称黄金分割，是将一个线段分割成 a（长段）和 b（短段）时，它们之间的比值是 1∶1.618。按此比例作几何图，即可得到一个准确的黄金矩形。这一比例在文艺复兴的艺术以及建筑中得到较多的应用。信纸、邮票、纸币也多用黄金矩形。在黄金矩形中，又包含着一个正方形和一个倒边黄金矩形，利用这一系列边长比为黄金比的正方形，又可以做出黄金涡线来。

2. 尺度。

尺度在构成中指整体的尺度恰当；整体与局部、局部与局部的尺度关系恰当。如果一个孩子戴着过大的帽子、宽阔的广场建立过小的纪念碑，都是尺度不当。有的书上把这一规律称为"权衡"，意即权衡尺度。

权衡尺度的标准首先是人，并与使用直接相关。例如要求与人体直接联系的用品设计，在尺寸上要与人体相适应。许多国家都对本国人的头形、脚形、体形进行标准化测定，以使相关用品的设计尺寸标准化。例如日本利用脑电波测定和照相记录，得出床宽、翻身与深睡关系的一系列图表，求得单人床的科学定量值，最低宽度是 70 厘米，最佳宽度是 90～100 厘米。再如我们一日三餐使用的碗，它的尺寸与人手的尺寸是相适应的。人类手掌长度约在 16～20 厘米之间，拇指与中指的距离是 20 厘米左右，手掌宽度约 7～10 厘米。从原始社会到明清，碗的尺寸高 5～7 厘米左右，口径在 10～16 厘米，底径在 5～7 厘米之间，很适合手的使用。

形式感也要求对设计的各部分尺寸加以慎重的权衡。它多取决于"尺度感觉"和"尺度经验"。同一形状在不同尺度的情况下，不但改变了大小，甚至会改变性质。对各部分在形式上所发生的作用，也有重大影响。例如，20 世纪 70 年代国外把平面构成直接装饰到建筑物的外表，直至屋顶。为人熟知的东西以巨大的尺度装饰在意想不到的地方，直接改造了环境，而且出奇制胜。而中国帝王的袍服为了"自我扩张"，往往是宽袍大袖，以至无法行动。它的作用与其说是服装，不如说是一面旗帜。又如服饰中作为西装"优雅细部装饰"的领带，一般都只用细小的花样；用于"包装"头部的头巾，则常用色艳花大的装饰，以求突出。

对比会影响尺度感，使大的更大，小的更小。恰当利用这一原理，可以增加尺度的丰富。在云岗、龙门等石窟造像中，中央造像巨大，四壁造像小巧，在视野不能充分展开的窟内，主像在周围小像的反衬下，发生“巨化”变形，增加了神秘，崇高的宗教气氛。

**四、节奏和韵律**

节奏和韵律在原理上与音乐、诗歌有许多相通之处，但一般又缺乏量化的可能，也无法像音乐的曲谱或诗歌的格律那样有近乎公式的程式，因此，在理论上，一般都重原理和性质的阐述。

1. 节奏。

节奏指一定单位的有规律的重复或形体运动的分节。设计的节奏，是建立在重复基础的空间连续分段运动，并由此表现出形体运动的规律性。有人认为，节奏是美的基本形式。这种说法虽然不够全面，但至少说明节奏在形式美中的重要性。

节奏在时间延续方面的特征，包括历时性、共时性和时序循环三方面。如果从形式规律的角度来描述，可以分成重复节奏和渐变节奏两类。

（1）重复节奏——由相同形状的等距排列形成，无论是向两个方向、四个方向延伸还是自我循环，都是最简单也是最基本的节律，是一种统一的简单重复，像音乐的节拍一样，有较短的周期性特征。也就是说，同一形状重复出现的间隙是短时间的。它的典型形式是散点二方连续。

（2）渐变节奏——渐变节奏仍然离不开重复，但每一个单位包含着逐渐变化的因素，从而淡化了分节现象，有较长时间的周期性特征。在形状的渐大渐小、位置的渐高渐低、色彩的渐明渐暗以及距离的渐近渐远……一系列表现形式中，就像音乐的力度记号（渐强 <、渐弱 >）一样，发生柔和的、界限模糊的节奏，组织为有序的变化。虽然这种变化是渐次发生的，但强端和弱端的差异仍可能很明显，而且高潮迭起，是流畅而又有规律的运动形式。如果我们把简单的重复节奏比喻为跳跃，那么，渐变节奏则可比喻为滑翔。

渐变节奏在平面构成中有最典型的表现，因为复杂多样的形态在这里简约、还原为最基本的几何形态和标准化的色彩，其中的结构就像剔除肌肉的骨骼一样显露出来。

2. 韵律。

为了说明的方便，许多地方都把韵律比喻为诗的音韵和词的格律。音韵是一种相近、相似的组合规律；格律是长短句的抑扬顿挫。总起来看，韵律是既有内在秩序，又有多样变化的复合体，是重复节奏和渐变节奏的自由交替。因此，它的规律往往隐藏在内部，表面现象则是一种自由的表现，往往使我们难以把握。以传统二方连续图案为例，我们可以看到，那里有重复但不刻板；有渐变，而又自由。重复和渐变交替置换形成若干层次的节奏复合。它就是韵律的典型。

## 第四节　视觉设计的美感创造

画面形式美感的创造，是用线条、构图、色彩、肌理等视觉本体语言创造出一种可感的视觉审美境界，是艺术作品产生感染力的奥妙所在。

### 一、力量感

力量感是任何艺术形式都追求的美感要素。表演艺术的动作，播音艺术的声音等都追求力度，画面造型的力度表现在形态本身的力度感以及形象的生命力，中国最早的文艺理论书中就称好的艺术形象为力象，“六法”里讲“气韵生动”，气韵就是鼓动万物的生命力。中国画对线的要求如“入木三分”、“如锥画沙”、“绵里藏针”、“贯气顺畅”等都是“力”的具体体现。中国传统建筑的飞檐、京剧的造型等无一不是力象的体现。

生命力是形态的本质，自从地球上有了人，人就从不满足于周围的客观存在，总是在改造周围的一切以适合自己的生存和发展。俗话也说，人往高处走，水往低处流。所以向上、奋发、积极富于理想、永不停止就是人类的本质力量。正因如此，从力的角度去认识欣赏形态，成为人类特有的知觉本能。这种认识不仅对于具象形态，对抽象形态也同样有意义。

人的平衡感以水平和垂直的方向定位，视觉一般对水平和垂直的形态有稳定感。但是，当垂直定向明显增强，与地球相离的自由端直线上升，那么，向上运动的张力就会显露出来。因此，比例上明显伸长的直立矩形，三角形等形状，就有较强的向上运动的张力。

哥特式建筑可以算向上运动的典型形状，它在直立矩形之上，又加上一个锐角三角形，甚至是塔尖林立，使我们不由产生“上升”的共鸣。时装画的人体，总是夸张体长，以至达到九头身、十头身，也是突出的例子。

力度感还表现在形态对外力的反抗上，形态要勃勃有生机，如向上性，克服引力，拔地而起感；向光性，争取能量感；扩张性，争取空间感等。

量感包括物理的量和心理的量，物理的量就是大小、多少、轻重。而心理量既不是对物理量的估测也不是对物理量的心理描述，而是形态由于结构正确而给人的一种结构严密不松散、结实、浑然一体的感受，以及由力度带来的扩张感、速度感、运动感等。广告设计作品形象由物理量感和心理量感共同构成画面给人以视觉冲击力。

### 二、空间感

在造型中空间感包括物理的空间和心理的空间，所谓物理空间是实体所包围的，可测量的空间，这是一般人都能认识的空间范围。心理空间即没有明确边界却可以感受到的空间，它也是由形态限定所致。

平面中的空间，是指形体之外的空余部分，或形体的进深感等。前者主要表现为图与底的视觉规律，后者由平面透视规律造成。

中国画有“计白当黑”之说，体现了空间在画面当中的作用。另外，画面的空间可以与主体形成对比，以突出主体。并给人透气、舒畅感，符合人的视觉活动规律。

一般来说，近大远小是空间的基本规律，如实地表现，深度感就十分强烈。但是，像我国汉画那样的“平视体”，人物大小相仿，仅以高低不同，也能看出远近关系的例子并不少见。在人们还没有完全掌握透视的时候，曾经直觉地意识到这种规律。在民间剪纸、木版年画中，就有许多生动的例子。这种“平”的趣味，在现代壁画和壁挂中，又得到弘扬。

### 三、秩序感

不能绝对地说秩序就等于美，但可以说秩序是产生美的必要条件。人需要秩序是天性，在毫无头序的环境中生活，人会痛苦不安。人需要条理，形也需要条理产生美感。格式塔心理学实验表明：当一种简单规则的图形呈现在人们面前时，人们会感到极为舒适平静。当让一群被试者画出自己认为最美，最愉快的图形或线条时，他们画的都是那种最简捷规则的线，让他们加以改变，他们则会把这些线加以延续和重复。相反，让他们画认为是最丑的线，他们都画成乱糟糟、毫无组织、缺乏连续性的线。

纵观自然界的规律也可发现，葵花籽的排列、树的年轮、动物的皮毛、开放的花朵，螺贝的组织关系等无一不充满了秩序之美。故而现代设计强调整理形态，如渐变、发射、群化、特异、对比、统一等，都是整理形态使之产生美的方法。

### 四、稳定感与运动感

稳定感包括物理稳定与心理稳定。物理稳定指物体的重心垂线必须落在支持面内，心理稳定指视觉上看上去安定平稳，如对称图形，平衡图形。在设计上还表现为图形、色彩、位置与现实产品的合理性，如化妆品的包装多用淡柔粉色，食品包装大多用暖色系，药品包装大多用理智的冷色等。

运动感也是一种画面美感形式，不妨把稳定感理解成一种和谐的美，把运动感理解成一种动荡刺激的美。运动感常造成一种反常规的动感，广告设计常利用之引起人的视觉注意。形的运动感和稳定感并用，往往更能增加其感人魅力。

### 五、肌理感

肌理的特征，一是每独立单位极小，二是独立单位呈群集状星罗棋布，形成多而密的组织形态。肌理在造型中的作用，一是可解除单调，避免大平面造成的单板感，使画面智慧、耐看，呈现一种丰富的美感。二是肌理有大小、平滑、粗糙、软硬等不同的形态、特征，带给人以不同感受，如柔软感、细腻感、粗硬感、光亮感等丰富多彩。在日常生活中纺织面料的质地、建筑墙面的质地、陶瓷工艺的表面处理，以及平面设计中各种肌理的创作方法，都是人们对肌理美的认识、追求和利用。

### 六、单纯感

单纯的定义应该是简捷明快不单调。单纯不等于简单，而是形象简捷，寓意丰富，这个概念一定要明确。在教学中常碰到有些同学能观赏写实绘画，而无法欣赏设计图形，认为就几根线，几块面的造型很简单，这是不正确的认识，图形与文章一样，妙在以极少的要素表达最多的信息。单纯图形的特点，一是形的单纯划一，二是色的量少而视觉上丰富，三是构图上的规律和合理性。单纯图形的优势：最醒目，视觉效果最好，最便记忆，最便加工。

### 七、整体感与意境美

整体感是重要的艺术规律，画面整体美感体现在：

（1）形式符合内容的要求，即内容与表现形式的统一。

（2）造型特征的统一，主次得当，不琐碎杂乱。

（3）色彩的统一和谐。

（4）表现风格和手法的统一。

（5）局部与整体的牵一发而动全局的关系。

这里所说的意境，是指文艺作品用艺术语言创造出的一种艺术境界，能使观者通过想象和联想，有如身临其境，在思想感情上受到感染。

于设计作品而言，设计师要创造意境，必须着意于作品具有启发，引导欣赏者进行丰富的想象和联想的力量，这种力量一旦形成，欣赏者就会凭借它展开想象的翅膀，达到理想的境地，于是作品才能发挥其熏陶、感染、潜移默化的精神作用。视觉艺术作品创造意境，主要是作用于人的“通感”，通过视觉作用到身体和心理，如梅是酸的，雪是凉的，大的形体使人敬畏，小的形体使人怜爱等。另外画面的整体感也容易使画面传达出一定的意境，如统一的蓝紫色调给人以冷静、深远的意境，整体的红黄色调传达给人以秋意盎然的意境等。

**练习与思考**

1. 设计的思维规律及其联系。
2. 通过各种途径丰富自己视觉设计经验获得创作灵感。
3. 画面构成的美感成因有哪些形式。
4. 在画面上如何创造有感染力的意境?
5. 如何使画面乱中有序？创造画面秩序感可产生哪些好的效果?
6. 分析一幅优秀广告作品，主要从画面的形式美感方面加以分析。

# 第八章 平面设计色彩基础原理

**本章提要：**色与光的关系，光源色与物体色，色彩的三属性，色立体的实用价值，色彩的混合原理，色彩的对比原理，色彩的调和原理，色彩配置方法归纳，色彩的表现功能与心理效应。

## 第一节 色彩基础原理概述

色彩存在于人类生活的各个领域，在那些赏心悦目的色彩中人们获得了美的享受，但是它是怎样被人的视觉所感知的，如何才能发挥色彩的最大效应，这是初学者急于知晓的问题，也是平面设计中的重要课题。

首先我们得区分颜料和色彩两个不同的概念：颜料是指色料本身，如从吸管里直接挤出的未经配制的颜色可称为颜料。而色彩是指按一定的美的原则混合、组合及合理配置的颜色关系。当然直接利用颜料、油漆、染料也可以画出颜色，但如果没有相关的色彩知识，缺乏合理的搭配，画面上只会是一堆堆互不相关的颜料，就难以达到所需的视觉美感。

我们知道人的视觉之所以能看到物体的形，感知到人自然的色，是由于光的作用。并且人类的视觉现象必须具备光、物和人的眼睛这三个条件，这一节我们从以下三个方面论述色彩现象：色与光的关系、光源色与物体色、色彩与视知觉。

### 一、色与光的关系

生活中大家都有这样的体验：夏日的海滩，碧空万里，蔚蓝的大海，金黄的沙滩，身着五颜六色服装的人们，在阳光下，呈现出夺目绚丽的色彩，充满迷人的魅力。但当黑夜降临，灯火俱灭之时，这一切都会黯然失色，只有当灯光再明或黎明来到，才能使万物重现色彩，并被人感知。这些事实使我们知道色彩现象关系到二个方面：一是色与光有关联，二是色彩与美的组合有关。唤起人类色感的关键在于光，让我们先从物理学的角度认识一下光与色的关系。

光是客观存在的物质，在物理学的定义中，光是一种辐射能。这种辐射能是能引起视感觉的，人眼所能见到的那一部分，是电磁辐射能的一种特殊的种类。电磁波峰之间有长短，这一距离我们称为波长。

光谱，是复色光通过三棱镜和光栅分解成的单色光所排成的光带。如：日光经分解得到红、橙、黄、绿、蓝、靛、紫七色的光谱。可见光的波长大约在400～700nm。太阳光以大致相同的比例包含着这些波长的光，故视觉产生的白光无色的印象。如果是早、晚的太阳光有可能出现紫红或橙红色调，那是因为太阳的三种主要辐射能（红外辐射、紫外辐射、可见辐射）能占有不同比例而产生变化的缘故。

一般光能辐射的方向是直线运动的，当光从一种介质传播遇到第二种介质就会出现折射、反射、透射等形式。

1. 光的折射。

当光辐射出现折射时，因波长不同造成折射率不同，呈现不同色相（红、橙、黄、绿、蓝、紫）顺序的光带。早在17世纪英国物理学家牛顿就已证实。用下列方式试验：通过狭长裂口的阳光进入暗室，在光的通道上放置三棱镜，在三棱镜中，白光射线分散成光谱色彩、散开的光射线投到屏幕上，显现出彩虹般的光带（连续的色带从红到橙、黄、绿、蓝、紫而排列）。如果将白光分成光谱这一现象用一聚光透镜收集起来，这些色汇集后又变成白光。由此而知，太阳的光是这些色光的混合。各种色是因为其波长的折射率不同而产生的。

图中这些色彩是由折射而产生的（它是分离色彩的物理方法之一种），用棱镜分光的各色，用光度计测定波长和色的关系如下：

| 色彩 | 波长（nm） |
|---|---|
| 红 | 700—610 |
| 橙 | 610—590 |
| 黄 | 590—570 |
| 绿 | 570—500 |
| 蓝 | 500—450 |
| 紫 | 450—400 |

光的波长不同，给予人的视觉感知就不相同。波长决定光的种类。光的物

理性质的另一个因素是振幅，即光振动的幅度。振幅与光的能量有关，振幅越大光照越强，振幅越小光照则弱。振幅之差给予人的视觉以明暗的区别。

由此而得知光与色的关系，即色彩现象是观察者通过眼及相应的神经系统对可见辐射所形成的知觉形态。这种知觉形态就是人眼所感受到的色。

如进一步将光谱分成两个部分，再用聚光镜将这两组分别收集起来，并将其两种混合色彩，再互相调合，我们将看到的会是白色。互相调和后变成白色光的两种色光称为互补色。在可见光谱中如果将一种色相，譬如说绿拿出来，将剩下的5种色光混合，获得合成色将是红色。如果将红色分离出来，将剩下的5种色混合后就成绿色。这二个色从颜色角度来看都是其分离出来色的补色。因此可以说每一种光谱色相是所有其他光谱色相混合色的补色。

这就告诉我们，不同波长的光互相混合时，虽然会产生颜料混合时的色彩变化，但所不同的是：色光的混合色越多，合成色的明度越高，故称为加色混合。而颜料的混合色正好相反。混合色越多，合成色的明度越低，故称减色混合。（图8-1）

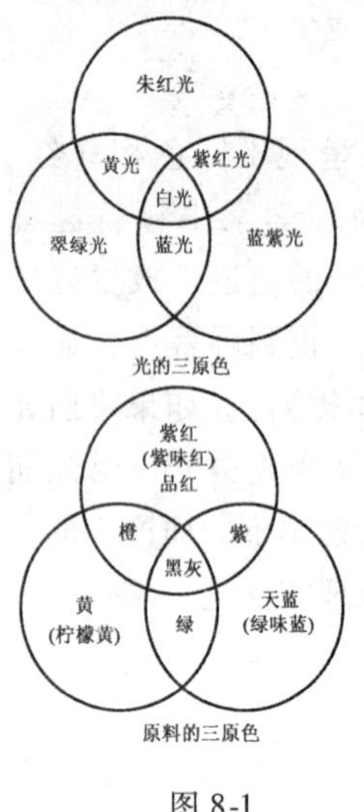


图8-1

2. 光的反射和透射。

物体同是接受白色光，但我们看到花是红的，叶却是绿的。这是因为花从全部波长的光中，吸收了其他的色光只反射出红色光，而叶只反射了绿色光。物体如果反射全部的光，则会呈现白色；如果全部吸收，则呈现黑色。蓝色表面是因为物体吸收全部长波和中波长的光，只反射短波长的光，因而看起来是蓝的。黄色表面是吸收了白光中短波长的光反射出较长的波长的光。反射的性质包括色调性质及视觉特征，色的呈现是随着反射和吸收的比例而变化。

色不仅是这种反射光，通过彩色玻璃纸的透射光也可感觉到色。如交通信号灯和彩色玻璃之所以呈红色，是因为它只透过红光，吸收其他色光的缘故。

## 二、色彩与视知觉

当进入人眼的光，通过眼球壁最深层的视网膜被感受传到大脑皮质中的视觉中枢，人就产生了色彩和形象的感觉。因为在视网膜上有无数视觉神经细胞，分为感觉色的锥体细胞和感觉明暗的杆体细胞，人眼对色彩的感受就是经由这两种细胞通过视觉神经传向大脑，使大脑能判别色彩差别产生美感的。

色彩的感觉是依靠眼的功能，属于生理现象。但这种生理作用通过感觉的冲击波会对心理产生连锁反应。感知色彩的首要条件是光，在心理物理学中的定义："光是观察者通过眼及相应的神经系统对辐射能形成的知觉形态"。这就包含了观察者的意识因素。当然在许多情况下，一般人是无意识的心理作用，但色彩确确实实在影响着人的情感、性情和行为。

例如，冬天走进橙色、咖啡色调的房间，会让人有温暖之感，夏天走进绿、蓝色调的房间则会有凉爽清新之感。冷暖感属于皮肤的温度知觉，着色如何以感到冷与暖呢？之所以看色时有冷与暖的感觉，这是由于知觉的感情作用并且与视觉的心理体验相关。冷与暖的区别感受是视觉经验积累作用于大脑、感觉加以联想而成的。人们还有这样的体验：参加会议（特别是政治会议）会有一种庄重、严肃的气氛；来到追悼会的会场则会产生静穆哀悼之感；而参加宴会婚礼另有一种欢悦、喜庆的情调。我们常常把红色看作火焰、旗帜的象征；蓝色看作水或冰、永恒、理智的象征。这些联想又包含着明确的观念，将会导致爱憎更强的反应。

色彩有冷和暖十分明显的心理区别效应，这种区别的能力也是人的视觉经验积累而得的感觉加上联想形成的辨别能力。视觉同时追求具有冷色和暖色的双重效应，看多了冷色需要有点暖色，而看多了暖色又需要点冷色。这种追求就是人的心理、生理的补充调和，色彩满足心理、生理需要，就是调和美。

人们对色彩的喜好度有共性也有个性，依个人的生活经历、文化层次、性别差异、职业特点，对色彩有明显的不同喜好与选择。另外有人对某种色有特别的心理反应，对外伤痛苦体会特别深的人对与血色相关的红色就可能会有特别的恐怖感。各种色彩带给人的感情与人的经历联想有关，联想作用与象征性因素也影响人们对色的喜好程度。

### 三、光源色与物体色

作为视觉现象的色彩是通过光刺激眼睛而产生的视知觉，色彩之所以呈现不同差异，取决于光进入眼内的过程。视觉现象必须是有光的作用，物体的存在和健康的人眼（视觉），这是认识色彩的完整过程。

1. 光源色（light source color）。

光源色是指各种不同的光源发出来的光色，是照射物体的色光。一般我们把自行发光的物体称为光源。如：太阳、白炽灯、霓虹灯、蜡烛的光焰等等。从光源来看，太阳光一般呈白色，月光呈青绿色，日光呈冷白色，白炽灯呈橙黄色……了解这些对于色彩表现很重要。

2. 物体色（object color）。

物体色是物体表面反射了光而呈现的色，又称为表面色（surface color）。

物体的表面色具有反射和吸收不同光波的特性。因此不同的物体反射和吸收光波的波长不同，所呈现的物体色就各异。譬如，在白天，能看到白色的纸、白色的花，是因为该物体具有反射一切光波的特性，全部反射而不吸收，所以我们就看到的是白色的。而灰色则是把各种波长的光合作少量吸收，剩下的再反射出来，所以看上去就比白色略暗，如果看上去是黑色物体，那是由于该物体具有吸收一切光波的特性，所以看起来呈黑色。

研究表明，红色物体是反射以红为主的色光同时也反射橙色和紫色光，它所呈现出的红色是这些色光综合在一起而引起的红的色感。将红颜料的反射光通过棱镜后，光分散为红、橙、紫这样的光谱，而黄稍带绿和蓝的色消失看不到，所以，红色物体是因为它吸收了剩余光而反射出照射光中的以红为主的几个单色光混为一个红色的感觉的复合光的色。

总之，因客观因素（光源的光谱成分，物体的固有物理特性）和主观因素（人的视觉生理机制）中的任何变化都将产生不同的色彩感觉。

## 第二节　色彩的基本性质

### 一、色彩的分类

我们所处的世界本是一个彩色的世界，在五光十色的城市风光与自然动植物中，色彩是千差万别，几乎没有相同的。只要我们略加注意就能在我们周围辨别出很多不同的色。白色的墙红色的瓦，浅蓝色的书本，深绿色的钢笔，豆绿色的衬衣，姜黄色的帽，灰红色的毛衣，紫色的裙等等。但这也只是一个大概，各种看似相同的颜色之间不知又有多少差别。色彩学实验证明人眼辨别色彩差异的能力，对色相（红或蓝）的色类区分大约可达 200 多种，对明度（明或暗色）辨别大约可达 500 种。对鲜艳的色或暗淡的色感的辨别，因色类不同，人体可达 700 种左右，另外把不同的色搭配起来，因辨别时，看的人和看的条件不同，大体上又可达 200 万至 800 万种。可以说是无数多的色。如果再加上这些随着表面色本身的物体的光泽、材质等区别，其色彩更是变化无穷。因此将这些色彩作系统地分类整理是很有必要的。

1. 无彩色系。

是指颜料中的白、黑和由这二色按不同比例混合而成的各种深浅不同的灰色，按其深浅等间隔排列构成系列，称无彩色系列，也称黑白系列。我们将这个色所具有的明暗程度叫明度。

从物理学的角度来说，黑白灰并不属于色彩范畴，它不属于可见光谱，因为它们只具有一种特性，那就是明度。但是又不能硬性把它们排除色彩之外，因为在色的搭配上它们是不可或缺的。

在颜料的各种色彩中加入白色能使深色逐渐变浅，白色加得越多，原色就越浅越亮，加入黑色能使颜色变深，加入灰色能使鲜艳的色变为不艳的中性色。可以看出，黑白灰在人的心理等方面都表现出具有“色”的性质，呈有色之态，它们在颜料的混合变化中，有着非常重要的作用。

黑白灰也具有表达情感的特性和象征性，这些我们将在后面详叙。

2. 有彩色系。

“彩色”是指光谱中的红、橙、黄、绿、青、蓝、紫所呈现的各种色，都属有彩色系。

有彩色也有各种不同的明度，同样是红的系统色，浅红色亮、深红色暗。反之色相不同，却可以有明度相同，如果我们将有彩色按从黄到紫依次排列也可以得到一个明度阶段。

有彩色系的颜色都具有三个基本特征：色相、明度、纯度。它们是色彩的三大要素，也是色感觉的三属性。熟悉和掌握色彩的三特征，对于认识色彩和表现色彩是极为重要的。

## 二、色彩的三属性

作为色彩都存在色相、明度、纯度上的差别，当色彩运用于设计组合中，它们还会有大小面积差、形状差、位置差等因素。

1. 关于明度。

明度是指色彩的明暗程度，即光度或亮度，绘画上称素描关系，它是色彩因受光程度不同而产生的明暗变化。一个颜色由明到暗由浅到深可以划分为很多色阶，产生不同的明暗层次。在一个色中加入不同量的白或黑色混合其明度也会改变。白颜料属于反射率高的色，将其他颜料混入白色，可以提高混合色的反射率，也即提高了混合色的明度，混入白色愈多，明度提高愈多。黑颜料是属于反射率极低的物体，在其他颜料中混入黑色，可以降低混合色的反射率，稍加一点，反射率就明显降下来，也就降低了混合色的明度。黑白与不同明度的灰色，可以构成有秩序美的明度序列。

在可见光谱中，红、橙、黄、绿、蓝、紫色彩本身作相互比较时，在明度上也有区别。黄色是一个很浅的亮色，紫色近似于黑色。色带呈现不同程度的深浅面貌。掌握好明度变化的关系，能处理好画面的深浅变化，把握主次与色彩的层次。

为了判断色彩的明度，需要有一个衡量明度的标准，即明度色标。这个色标制作的方法是：选黑色作 0 度色标，白色为 11 度色标，再用黑与白混合出 9 个不同明度。每两个色之间的明度差要求均等的灰色，按序排列，即是从 0 度到 11 度的明度色标。并且可用这一色标序列来表现具有明暗推移的秩序构成。(图 8-2)

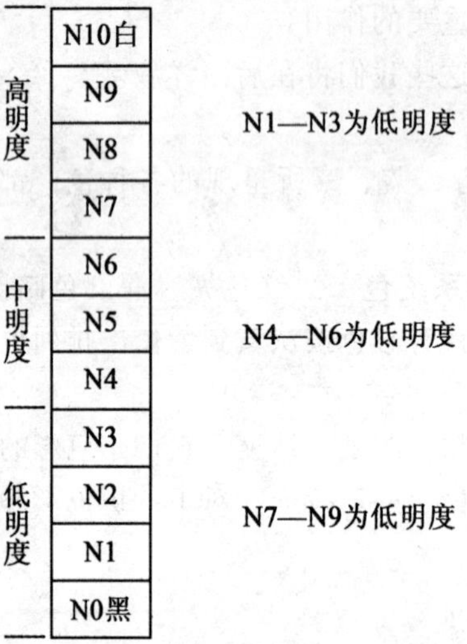

| | |
|---|---|
| | N10白 |
| 高明度 | N9 |
| | N8 |
| | N7 |
| 中明度 | N6 |
| | N5 |
| | N4 |
| 低明度 | N3 |
| | N2 |
| | N1 |
| | N0黑 |

N1—N3为低明度

N4—N6为低明度

N7—N9为低明度

图 8-2

2. 关于色相。

色相是指颜色的相貌，确切的说是根据不同波长的光，对眼睛的感受不同，形成色彩的区别。它是色彩显而易见的最大特征。所谓红、橙、黄、绿，每个字都代表一类具体的色相。

在红色系中，玫红、大红、朱红、橙红、紫红都标明一个特定的色相。特定色相之间的差别也属于色相的差别，如果再用红色系和其他有彩色系调配出其他颜色，这些颜色之间的差别也是色相的差别。如果将大红加灰色，会混合出很多鲜艳程度不一的红灰色，有些红灰色还容易误认为灰紫色，但从波长角度来看，它们的色相依然是相同的。

色相的感受主要是波长来决定，只要色彩的主波长相同，色相就相同，主波长不同就体现出色相的区别来。在“光与色”一节里，已经讲过波长与色相的关系，这里要强调指出的是，色相并非等同光波。色相是眼分辨光波的结果，所以光波差不能完全等于色相差，就光波而言，差距最大的是 780 红光与 400nm 的紫光，但从视觉来说它们同属于接近视觉极限的色光。色相感因此比较接近。色彩学家们把红、橙、黄、绿、蓝、紫、红紫等色相连起来构成色相环，所依据的就是这一视觉规律，而不是纯光学规律。讲色相主要是用来区别色彩，培养准确识别色彩的能力，便于在设计色彩时能正确地认识和组织配色。

3. 关于纯度。

纯度指色相纯净和饱和的程度，也有艳度、彩度、饱和度等提法，含意基本一致。在光源色中是指可见光辐射波长的单一程度。

可见光辐射如果波长混杂就会看不出任何色相感，其色彩纯度为零。一般视觉对红色光感觉最敏锐，因此红色相的纯度在有彩色中显得特别高，对绿色光波感觉相对就低一点，其余色相的纯度居两者之间。另外就是一种颜色除了明度之外，也还有鲜艳与不鲜艳的差别，不掺杂黑白灰和其他色相的颜色，其纯度基本就是饱和状态，色彩纯度越高颜色越鲜艳，越能充分发挥色彩的固有特性。当颜色纯度高到饱和状态时就是该色的标准色，一般从锡管挤出来未经调配的颜色就算是标准色。

在一般光照下，各色相的物体在纯度最高时都有特定的明度，视觉上可以感受到。假如明度变了，纯度就会下降，这亦是视觉的生理条件所决定的。色彩的明度和纯度并不是一致的，明度强的不一定纯度就高，如红色加白越加多明度越高，但纯度就越低。因此，颜色纯正而饱满就是色彩纯度的最高标准。

有色物体色彩的纯度与物体的表面结构有关，如果物体表面粗糙，光线的漫反射作用将使色彩的纯度降低。如果物体表面光滑，色彩的纯度就越高。水粉色为什么湿的时候，色泽觉得鲜艳，而干了以后会有色彩变灰的感觉？这是因为颜料是由分子颗粒组成的，湿的时候颜色分子颗粒之间的空隙被水填满，表面看上去光滑，减少了漫反射的白光掺和，所以彩色的纯度看上去高。颜色干了，水分被蒸发，颜色颗粒显露，表面变粗糙了，所以色泽就变灰暗了。

总之，纯度是根据色相和明度而定的。高纯度色相加白或加黑，不但改变了这个色的明度，同时也降低了该色的纯度。

### 三、色彩的相关要素

1. 关于面积。

客观物象，无论是点、线、面、体，一旦在视网膜上成像，都得占有面积，没有面积就不可能成像，没有面积也不会有立体感，那么视面积是色彩存在不可缺少的形式。视面积的大小对色彩心理的影响，也是不可忽视的。

人对色彩的感觉及感情反应，因其面积大小不同所形成的差别是明显的。视面积大，心理作用强，视面积小，心理作用弱。例如，1 平方公分的黑，清晰干净；1 平方公尺的黑，严肃暗闷；100 平方公尺的黑，阴森、恐怖、消极和莫名其妙。

2. 关于形状。

从理论上说，客观存在的物体及视网膜上的成像，都有一定的形状。如：方形、圆形、三角形、多边形、偶然形、自然形、动植物的形状等。

聚集的形：正圆形、椭圆形、正方形、长方形、梯形、五边形、六边形、三角形等。

聚集程度最高的是正圆形。这些形可使得色彩更加集中鲜艳。

分散的形：自由形、网形、线形、点形、雾形等，分散程度最高的是雾形。这些形可使得色彩鲜艳度减弱。

3. 关于位置。

色彩在平面上及空间里，都占有一定位置。当眼睛看到该色彩时，必然在视域内占有一个位置，从客观位置来说，会有上、下、左、右、中、偏之分；从位置关系来看，还有距离远近、邻接、重叠等。

关于位置，还有个距离视点远近的问题，一般来说，近大远小，近强远弱、近清楚远模糊。色彩的位置对人的视觉心理的影响是极大的。

4. 关于肌理。

当我们感受色彩时，同时感受着色彩表层的触觉质感，这物质材料的表层的纹理我们称之为肌理。

在生活中，金属、石头、木材、泥沙、纸、布绸绒等都有各自的肌理。色彩附着在这些不同肌理上会带来不同的感受，影响着色彩的表达。

## 四、色立体

1. 色立体的概念。

图 8-3

色立体是球状的色块组成。色立体是以色的三个基本属性（色相、明度、纯度）表示三个维区，借助于三维空间形成的一个立体。(图 8-3)

色立体的中心轴由无彩色构成，顶端为白，底端为黑，中间按等明度差排列为不同明度的灰色。色立体的水平面是以中心点为圆心的色相环，同水平面上各色的色明度相同，离中心轴远的色纯度高，离中心轴近的色纯度低。也称外层色为清色，内层色为浊色。

如果把色立体以无彩轴为中心纵剖切开，就会出现一对色的同色相的明度剖面图。明度剖面图的色阶越往上走，明度越高，越往下明度越低，我们把明度高的色称为明色，把明度低的色称为暗色，把中间明度的色，称为中明色。

在配色中，一种色调取决于明度和纯度关系的倾向。在明度关系中，不论是无彩色还是有彩色，凡是以明度高的色配置就叫明调或亮调。凡是以中明色配置为主的就叫中明调；凡以明度低的暗色配置为主就叫暗调，在纯度关系中：把纯色及在纯色中加了白或黑的色，叫清色。在纯色中加了灰色的色，叫浊色。如果将明度和纯度一起来看就会有明清调、中清调、暗浊调等等。实际上，凡有色的物体，除了色的三属性以外，正如上节所述还有其他一些要素，还有从光泽的程度、透明性、材质感等物体表面质感带来的属性，与色的三属性的表示一样，有时也常表现为完全不同的色感，在设计中须予以注意。

色立体当中的一片，红、橙、黄、绿、蓝、紫像光谱色一样顺序变化，再加上红紫色系列就可以再循环变化至红，这种环状的排列叫做色相环。

2. 蒙赛尔色立体。

蒙赛尔是美国色彩学家，长期从事美术教育，早在 1915 年就发明色系表，出版《蒙赛尔颜色图谱》。1929 年和 1943 年又分别经美国国家标准局和美国光学会修订出版《蒙赛尔颜色图册》。蒙氏色谱是从心理学的角度，根据颜色的视知觉特点制定标色系统。目前国际上普遍采用该标色系统作为颜色的分类和标定的方法。

蒙氏色体系是由色相 H（Hue）、明度 V（Value）、纯度 C（Chroma）构成。色立体的中心轴由无彩色系从白色到黑色分为 11 个等级。色相环主要由 10 个基础色、10 个中间色组成。

红（R）、黄（Y）、绿（G）、蓝（B）、紫（P）、黄红（YR）、黄绿（YG）、蓝绿（BG）、紫蓝（PB）、红紫（RP）。这 10 个色即是色环的基础色。为了作更细的划分，每个色相又分成 10 个等级。各色相的 5 号色，是该色相的代表色。每种色相都分出四个色阶。全图册共包括 40 个色相。这些色相仅靠语言表达是难以说清的。蒙赛尔创造了符号表达法，任何颜色都可用色相·明度/纯度，即 H·V/C 表示。

如：5R4/14

“5R”说明是第 5 号红色相，即红色的代表性色。“4”说明 5 号红的明度位置在中心轴的第四阶段且纯度为“14”。无彩色系色相用 N 来标记，如 N5 表示明度为 5 的中性灰色。

3. 奥氏色立体（三角色立体）。

奥斯特瓦德，德国的物理学家，也是很有造诣的染色学家。1921 年出版《奥斯特瓦德色彩图册》，后来被称为奥氏色立体。奥氏色立体特点与表色方法：

（1）复合锥形的立体结构，属封闭式的色立体。

（2）奥氏色立体上的各色也有严格准确的表示法。其色立体的中心轴也是由非彩色系构成，自白到黑共计为 8 个明度阶段。上为明色，下为暗色，分别用 A、C、E、G、I、L、N、P 八个英文字母表示。每个字母表示该色的白色及黑色含有量。色立体的结构是以明暗系列为三角形的一条边，其顶点为纯色。奥氏色相环有 8 个主要色：黄 Y、橙 O、红 R、紫 P、蓝紫 BP、蓝 B、绿 G、黄绿 YG，各主要色再分三个色相，共编成 24 色色环。在色环上穿过圆心相对称的色相各成互补色。

色的表示法：各色的色相号/含白量/含黑量。

4. PCCS 色立体。

PCCS 色立体是日本色彩研究会 1966 年发表的日本色研配色体系 practical color coordinate system 的简称。是以在教育范围内应用为主要目的的色彩体系，吸取了蒙赛尔和奥斯特瓦德两体系的长处，配色方便。

PCCS 明度色标分为包含白和黑在内的 9 个阶段，分别用 1.0；2.5……9.5 表示。由 24 色组成。选择各色相的标准色，在标准色与无彩色间做等间隔排列，无彩色标为 0，随数字增大，饱和度也增高，用 1S；2S；3S……9S 来表示色彩的饱和度。

这个体系最有特色的是由色调来表示色。色调是指色的明暗或强弱的调子。在同一色相内考虑色时，依明度和纯度的关系可以有：淡薄色调、浅调、亮调、亮灰调、中间调、鲜艳色调、暗灰色调、深调、浓郁色调。

5. 色立体的实用价值。

色立体相当于一本“配色词典”。在色彩的使用上，色立体色谱可提供几乎全部的色彩体系，帮助你丰富“色彩词汇”和配色方案。

由于各种色彩在色立体中是按照一定的秩序排列的，有利于寻找出色彩的组合规律。色立体在色相秩序、明度秩序、纯度秩序组织得非常严密的体系中，指示着色彩的分类、对比、调和等一些规律。

色立体还有利于色彩名称的鉴定，色彩的科学管理，便于生产上标准化、统一化。如果建立一个标准化的色立体色谱，那么对于色彩的使用和管理将带来方便。只要知道某种色彩、标号，就可以从色谱中迅速正确地找到。

在学习过程中色立体帮助我们认识色彩规律，在实际工作中，色立体只是作为配色的工具，科学的工具不能代替艺术的创作，因而在实践中还要灵活运用色彩以发挥其最大效用。

## 第三节　色彩的混合原理

我们把色光混合大致分为加色混合、减色混合与中性混合三个类型。

### 一、加色混合

加色混合属于投照光的混合。将光源体辐射的光合照一处，可以合照出新的色光。例如面前一堵石灰墙，没有光照时，它在黑暗中，眼睛看不到它。墙面只被红光照亮时呈红色，只被绿光照亮时呈绿色，红绿光同时照的墙面呈黄色。这黄色的色相与纯度均在红绿色之间，其亮度高于红，也高于绿，接近红绿亮度之和。由于投照光混合之后变亮了，所以称为加色混合。

从投照光混合的实验中可以知道：朱红、翠绿、蓝三种色光是原色光，原色光双双混合，可以混出黄、青、紫红三种间色光，一种原色光和另外二原色光混出的间色光称为互补色光。例如翠绿与紫红、蓝与黄、朱红与青等，三组都是互补色光，互补色光依照一定的比例混合，可以得到白色光。

### 二、减色混合

减色混合指色料的混合。色料混合之后形成的新色料，一般都增强了吸收光的能力，削弱了反光的亮度。在投照光不变的条件下，新色料的反光能力低于混合前的色料的反光能力的平均数，因此，新色料的明度降低了，纯度也降低了，所以称为减色混合。

减色混合分色料的直接混合与透明色料的叠置。一般来说手绘作品用的都是色料的直接混合；印刷用的是色料的叠置方法。

### 三、中性混合

中性混合指混成色亮度既没有提高，也没有降低的色彩混合。中性混合主要有色盘旋转混合与空间视觉混合。需要多实践才能掌握这一色彩应用技术。

把红、橙、黄、绿、青、蓝、紫等色料等量涂在圆盘上，旋转之后呈现浅灰色。把品红、黄、青涂上，或者把品红与绿、黄与蓝紫、橙与青等互补色料涂上，只要比例适当，都能旋出浅灰色。在色盘上，红与黄旋出粉橙色，青与黄旋出黄绿色，红与蓝旋出粉橙色。

我们站在铁路上，可以看见眼前的两根铁轨伸向远方，最后消失在地平线上的一点。如果两根铁路轨各有各的色彩，经过一定距离，铁轨合一了，两种色彩也会合成一个新的色彩。形的合一称为形体透视缩减，色的合一称为形的空间视觉混合。

## 第四节　色彩的对比原理

### 一、色彩对比的概念

“对”有双数，互相面向的含意。“比”有挨着、较量、找出异同等含意。当两个以上的色彩放在一起，比较出清楚可见的差别时，它们的相互关系，就称为色彩对比关系。

“两个以上的色彩”是色彩对比存在的第一个条件。

所谓一个色彩指的是具有面积、形状、位置、明度、色相、纯度的色彩单位。这种单位两个以上才能称之为对，否则就没有比的可能。

“放在一起”是色彩对比存在的第二个条件。

这里所说的一起，包括时间上非常接近还包括空间上尽可能接近，几乎在同一视域内，只有在时间与空间意义上的一起才容易准确地发现异同，才能充分显示出应有的对比效果，相反色与色的距离较远，视觉印象就会淡漠甚至消失，比就失去意义了。

从概念的角度来说，基本相同的色彩放在一起应称为色彩的同一或重复，而不是对比。在构成色彩对比的诸条件中，色彩差别是最基本的，色彩的对比关系是普遍存在的。这是因为：

首先，在同一光源照射下，空间万物或是同一物体不同部位在受光的角度、距离和受光的强度影响下，它们的反光的明度、纯度就会不一。如果所照光源变化，它们的反光会更加千差万别。

其次，发光体与反光体分布在空间各处，它们与感光的眼睛的距离、角度位置各不相同，即使它们反射与吸收光相同，也会产生不同的色彩感觉，这也是色彩差别无处不在的原因。

再次，发光体处在运动变化之中，因此也造成了色彩的变化。例如：太阳的光照，因地球的自转与公转会出现早、日、昏、夜四时和春、夏、秋、冬四季的变化。地球上万物受阳光照射的角度、距离变化，色彩也会不同。印象派画家正是用眼睛观察到瞬息万变的色彩世界，发现了色彩对比关系产生的色彩组合奥秘。

最后，眼睛随人而运动，眼睛的感觉还随人的生理及心理状态的变化而影响色彩感觉的变化。当然眼睛对色光的感觉有极大的适应性，包括明适应、暗适应、有彩适应，而色光的明度、色相、纯度有无限的可分性，当眼在适应之前可能看不出差别来，而适应之后，就能分辨清楚，这又是色彩差别感无时不在的原因。

由此可见，任何一个称得上单独的色彩只是些大体相同的色光刺激眼睛的结果。它之所以被发现，是因为它的周围还有些不同的色光刺激眼而形成了与之不同的色彩感觉。由于这些不同色彩的对比关系才能看见对比着的双方的色彩，假如眼前漆黑不见五指，这就意味着视觉功能的丧失。换句话，只要眼睛能看见点什么，就意味着色彩的存在，同时意味着色彩差别以及色彩对比关系的存在，这就是色彩存在对比关系的普遍性意义。

## 二、色彩错视与幻觉

这是色彩普遍对比时的二种情况：

1. 同时对比。

同时对比是依色彩对比的概念，将二个色放在一起同时能观看。它们因色幻觉的关系发生对比而起变化，这种因色彩对比发生在相同的时间称同时对比。同时对比的结果使相邻比较的两色改变原来的性质感觉向对应方面发展。例如：把同一个颜色放在不同色相的底色上，这一色的色相会随着底色的变化给人以不同的色感。红底上的灰方块呈绿味灰色，而绿底上的灰色呈红味灰调。同一灰色在各色相底上能略带有背景色的补色味。这是色彩对比时的错觉所在。

同时对比是因为眼睛对任何一种色彩并置时，同时要求出现它的相对补色。如果这种补色还没出现，眼睛就会自动调节将它出现。正是这一原因，色彩和谐与基本原则中包含有互补色的规律。

颜色的同时对比，可以得出如下规律：

（1）亮色与暗色相邻，亮者更亮，暗者更暗；艳者更艳，灰者更灰，寒者更寒，暖者更暖。

（2）当不同的色相并列时，其色感都倾向于将对方推向自己的补色方面。

（3）补色相邻时，由于对比作用，各自都增加了补色光，色彩的鲜明度也同时增加。

（4）同时对比效果，随着纯度增加而增加，相邻之处即边缘部分最为明显。

（5）同时对比作用只有在色彩相邻时才能产生，其中以一色包围另一色时效果最为醒目。

同时对比的效果在从事色彩构图艺术实践时，可以运用适当的方法将其配色效果按需要加强或抑制。

加强的方法：

（1）提高色彩的纯度。

（2）使对比两色建立补色关系。

（3）运用面积对比。

抑制的方法：

（1）改变纯度，提高一色的明度。

（2）破坏互补关系。

（3）采用间隔、渐变的方法缩小面积对比关系。

2. 连续对比。

当我们看过一种颜色后立即再看另种颜色，由于前一种色的影响会改变后一种色觉，一种色因为它色影响与单独看它时显得有所不同时，就是连续对比现象。例如先注视红色，后看紫色，则不见紫色而成蓝绿色感。或者将一鲜艳色块放在白纸上，凝视一会拿开，在白纸上会感觉出现刚才所看见颜色的补色，这种现象也叫视觉残象。

一般连续对比经稍长时间的视觉休息，错视影响就会消失，而同时对比的错觉影响无法经过视觉休息来消除，因为它们始终同时被看见。人的眼睛注视会疲劳，强烈刺激久了会不适应，视锐度会下降，这说明视觉生理需要有节奏。在戏剧、电影、展览及服装表演等艺术色彩设计中就是利用这些对比作用安排色彩的间歇和高潮，烘托主体为欣赏和宣传服务。

## 三、色的易见度

是指色彩的清晰程度。在白纸上画黄色图形或是黑色图形，哪个看来更清楚？当然是白底上的黑形清楚，能清晰看到形时叫视认度高，相反，看不大清就叫视认度低。一般图与底的色差大，视认度高，色差小视认度则低。影响色彩易见度的关键是明度差，比如，图形色和底色色相如果不同，但明度近似，那么，界线就会模糊；如果是同一色相，只要有明色和暗色搭配就能清晰辨认。一般明度、纯度强对比时，易见度高。明度、纯度弱对比时，易见度低。易辨认和难以辨认的二色列表如下。

视认度高的色彩搭配：

| 顺序 | 1 | 2 | 3 | 4 | 5 | 6 | 7 | 8 | 9 | 10 |
|---|---|---|---|---|---|---|---|---|---|---|
| 底色 | 黑 | 黄 | 黑 | 紫 | 紫 | 蓝 | 绿 | 白 | 黄 | 黄 |
| 图形色 | 黄 | 黑 | 白 | 黑 | 白 | 白 | 白 | 黑 | 绿 | 蓝 |

视认度低的色彩搭配：

| 顺序 | 1 | 2 | 3 | 4 | 5 | 6 | 7 | 8 | 9 | 10 |
|---|---|---|---|---|---|---|---|---|---|---|
| 底色 | 黄 | 白 | 红 | 红 | 黑 | 紫 | 灰 | 红 | 绿 | 黑 |
| 图形色 | 白 | 黄 | 绿 | 蓝 | 紫 | 黑 | 绿 | 紫 | 红 | 蓝 |

有关视认度的问题，在决定广告招贴、招牌、包装等设计配色时是极端重要的。

## 四、色的膨胀、收缩与进退感

在同样距离观察一列色时（如夜空中的霓虹灯），感觉红色好像是近在面前，而蓝色好像退在后面，这种跳到前面的色叫前进色。退到远处的色叫后退色。一般像红、橙、黄暖色系的色是前进色，像蓝、绿、紫冷色系的色是后退色。从明度来讲，明色看较靠前，暗色看较靠后，从色相来讲，纯度高的色在前纯度低的色靠后。平面设计中适当使用前进色和后退色可给人有色彩的距离感或层次感。

由于前进色有看起来比实际大的感觉，所以又叫膨胀色，看来远去的后退色，又因其收缩性看上去比实际要小故叫缩色。也就是说，暖色及明色看起来大，冷色及暗色看起来小，留意一下报纸杂志的文字组织，不难发现白地上的黑字看来小，而黑地中的白字看来大，这是因为白色具有膨胀性，黑色具有收缩性的缘故，服装设计配色中，往往利用这些错视原理，弥补和修正人体的不足。

综合起来，色彩的前进与后退、膨胀与收缩感有如下规律：暖色、高纯度色、大面积色、亮色、对比色一般都具有膨胀、前进感；寒色、低纯度色、小面积色、调和色、暗色一般具有收缩、后退感。色彩在生理上、心理上的前进与后退，膨胀与收缩的错视，对于实用色彩效果有很大影响。

## 五、色彩的特性与所形成的对比关系

色彩的对比除具有普遍性外，由于色彩间的差别还因性质程度与效果的不同而变化万千，色彩的千差万别说明了特殊性的色彩成千上万，彼此不同，其构成的对比关系也必然各具特点，都有其他色组对比无法代替的特点与效果，这就是色彩对比关系的特殊性所在。

我们知道：非彩色的特性主要在于明度变化，非彩色系之间可形成非常多样的明度对比关系；有彩色系同时具有明度、色相和纯度的特征，有彩色系之间可形成更加多样的明度对比、色相对比、纯度对比以及综合对比等关系；在有彩色系与非彩色系之间，也可形成非常多样的明度对比、纯度对比及综合对比等关系。此外色彩间还会有冷暖、进退、张缩、厚薄等差别，可形成冷暖对比、进退对比、厚薄对比等。这些性质的对比都有别的性质对比所不可能有的对比效果。这些差别就构成了色彩之间的对比特性。

以上种种对比都会因差别大而形成强对比，因差别小而形成弱对比，因差别适中而形成中等对比等。在同性质对比内每一程度的对比也有其他程度对比所不可能有的对比效果。

## 第五节 色彩的调和原理

### 一、色彩调和的概念

“调和”也称“和谐”或“多样统一”。它是形式美的基本规律和高级形态。它指事物和现象的各个方面的配合和协调，多样化中的特殊的统一。从调和的字义上来说“调”包含着调整、调理、调配、组合等意思，“和”可作和一、和谐、融洽、有条理、恰当、相辅相成等解释。布鲁诺认为，整个宇宙的美就在于它的多样统一。他说：“这个物质世界如果是由完全相像的部分构成的就不可能是美的了，因为美表现于各种不同的结合中，美就在于整体的多样性。”

色彩调和这个概念和一般事物的调和概念一样，包括两种基本类型：一种是各种对立因素之间的统一，对比着的色彩，相反或者相成；另一种是多种非对立因素互相联系的统一，形成不太显著的变化，也是调和色彩关系。如音乐中利用谐音原理使两个以上的音按一定规律同时发音，形成和声一样。对立或调和，都要在变化中见出多样统一的美。因此，艺术家总是追求一种“不齐之齐”，在参差中求整齐，使人感到既丰富、又单纯；既活泼、又有秩序的多样统一之美。

### 二、色彩调和的基本原理

色彩调和决定色彩的美感和这美感是否被社会承认，历来的艺术家与色彩学家均提出了不少见解。我们将调和的基本原则归纳为以下六个方面：

1. 视觉生理角度的调和。

“调和感觉是视觉生理最能适应的感觉，是视觉生理的平衡。”从生理角度来看，要求色彩调和是满足视觉的生理平衡。当眼睛看过亮色光之后，在一瞬间会出现暗色残象，这是视觉生理出现不平衡的结果。当眼睛看温和阳光下的一般景色，看红黄绿等配色适当的色调或看中等明度的灰色，都不会出现视觉残象，说明此刻的视觉生理是平衡的。生理学家赫林曾说：“中间灰色在眼睛中产生一种完全平衡的状态。”也就是说，眼和大脑需要中间灰色，缺少了它就会不安稳。有些色彩学家把一些世界公认的优秀油画作品的用色，依其面积比例涂在色盘上，一经旋转，发现转出的是中间灰色。这就说明：这些优秀油画不仅局部看来是和谐的，而且总的关系又保持着视觉生理平衡。当然还有更多的世界名画其色彩总合，并不是中间灰色，而是具有较明显的色相倾向。

这些作品更能激励观者，能使作品与观者在感情上产生共鸣。装饰配色也普遍存在这种情况，这说明，有色相倾向的色彩与观者的某种感情需要是统一的、协调的。当然，这里就不止是生理的需要，更属于心理的需求了。

关于调和有“调和是对比的反面，与对比相反相成”、“调和等于秩序”、“调和就是近似”等观点。这些都是有关色彩和谐的规律，也是色彩调和的基本原则。从上述三种观点来看，可以认为，其一，互补色配合、对比着的色配合是调和的。因为人在看某一色时，总是欲求与此相对应的补色来取得生理平衡。其二，秩序是一种调和，就自然景物的明暗光影、冷暖、灰艳等相互关系都有一定的自然秩序。色立体三要素，也是按照一定秩序排列制作而成。因此，在色立体中，凡有秩序方向所选择的配色都会是调和的。其三，近似也具有调和感，它是在视觉上既不过分刺激，又不过分暧昧的配色。配色好像谱曲，没有起伏的节奏会显平板单调，一味高昂紧张又会杂乱无章，因此配色的基本法则应该是在变化中求统一，统一中求变化。

以上是色彩美感的生理学原理，实际上是色彩配置的总效果与视觉生理反应之间的调和，它不仅要求色彩配置不应过分刺激也要求色彩关系不过分柔和、平淡。要求对比与调和的恰如其分。

2. 视觉心理角度的调和。

调和是色彩与审美需求的统一。能引起观者审美心理共鸣的配色是调和的。人对色彩除了生理需要之外，不包括功能及精神的需求，从实用角度说，这也是色彩产品的“供”与色彩需要者的“求”之间的调和。因为人是复杂多样的结合体，不同时期不同地区不同民族不同个人对色彩的喜好偏爱不尽相同。不同的色彩配合能形成不同的情调，如富丽华贵、优美典雅、热情兴奋、含蓄沉静、欢乐喜庆、朴素大方等。当配色反映的情趣与人的思想情绪发生共鸣时，也就是当色彩配合的形式结构与人的心理形式结构相对应时，那么人们就很自然地感到色彩和谐的愉悦。因此，设计配色，必须与人的视觉心理满足基本一致，必须研究和熟悉不同对象的色彩喜好、心理特点来进行色彩设计，做到有的放矢。

3. 关于色彩与形状的统一调和。

在一幅绘画或设计作品里，形状和色彩的功能是同时发生作用的，就是说，形状和色彩的表现力应该是相辅相成的。如红、黄、蓝三种基本原色，和它们对应的有三种基本的形状正方形、三角形和圆形。约翰斯·伊顿指出：正方形同红色相对应，红色的重量感和不透明感同正方形的静止、庄重的形状相一致。三角形的本质是三个交接的对角线，它同一切有对角线特点的形状相一致，如长斜形、不等边四边形。锯齿形以及由它们引申出来的形状，它那尖头的角产生一种好斗和进攻的效果，尖锐、醒目它是有思想的象征。在色彩中，它的无重量特点同明澈的黄色相称。圆形，是在一个平面上从特定的一点出发，沿着一定的距离进行持续移动。同三角形所产生尖锐、紧张的感觉相比，圆产生一种松弛的、柔和的运动感觉，圆形包括了一切具有弯曲的、循环特点的形状，不停移动着的正圆同色彩中的透明蓝色相一致。

概括地来说，正方形象征着静止的事物，三角形象征着思想，而圆形则代表着处于不停运动的精神。

如果要寻找同间色相适应的形状，可以为橙色找到不等边四边形，为绿色找到一个球面的三角形，为紫色找到一个椭圆形。色彩学家碧莲认为橙色暗示长方形，绿色暗示正六边形，紫色暗示椭圆形。特定色彩同相应形状的对等关系包含着一种类似比较。当色彩和形状在它们的表现中统一时，它们的效果就是加色法。能发挥色彩的最明显的特征。一张主要由色彩来决定其表现的构成，应该从色彩上着手去发展它的形状；而一张强调形状的构成，则应从形状去考虑它的着色。总之，色彩的配置，常常是为着形象的创造、表现与美化，所以不同的形状应配以不同的色彩并把形象表现到恰到好处，是作为衡量色彩调和美的标准之一。

4. 关于色彩构图的完善与调和。

构图又称经营位置，意谓作画时应重视画图的构图设计和色彩的布局。它是绘画、设计中艺术技巧的一个组成部分。色彩构图即是将二种或二种以上的色彩进行配置，使它们能共同来创造一种明晰的和有特色的表现效果。色相的选择、它们相互的形式、它们在构图中的位置和方向、它们的面积和它们的对比关系等，这些都是色彩表现的决定性因素。

构图本身是一种表现形式，要求具有形式美。比如重心的安定美、布局的匀称美、比例的同一美和变化美、主次的条理美与节奏美以及各种色彩在空间位置关系上的相互依存、相互呼应的有机组合。处理好这些色彩调和的形式美要素，才能构成和谐的色彩整体。前面讲的色彩的对比与调和也是色彩构图的基本法则，表现色彩的多样变化主要依靠色彩的对比，使变化的多种色彩达到统一主要依靠色彩的调和。下面就色彩构图的一般法则分条概括如下：

（1）色彩的均衡。

色彩的均衡，就是各色彩在构图时布局的中心、平衡的问题。

绘图中色彩的放置与方向在画面构图中是至关重要的。如蓝色放置在视域的顶部、底部、左侧或右侧，它起的作用是不同的。底部的蓝色是重的，上部的蓝色则是轻的；顶部的红色起到一种沉闷的、紧急的重量感，而在底部时，却作为一种坚固的事实而起作用；黄色在顶部时产生一种毫无重量的效果，在底部时其效果就像一种被拴住的有浮力的物体。色彩分布的平衡是构图中最重要的目的之一，因为重心问题是人的视觉习惯决定的，也是一种心理表现。平时所见之物，静止的或运动中的人都保持重心，才能产生安定感或美感。色彩构图的重心，主要是色彩所表现的形象重心。色块的注目性，色彩对比的效果以及几种主要冷暖色相在构图上的平衡性至关重要。色彩构图的均衡，包括大小不一的色块在上、下、左、右、中间等位置安排上的疏密有致、相互呼应，使欣赏者的兴趣中心与色彩构图的中心相吻合。色彩的均衡，其原理与力学上的杠杆原理相似。在色彩构图时，各种色块的布局应该以画面中心为准向左右、上下或对角线作力量相当的配置。

另外，在色彩构图中，不同位置、形状、性质的色块给人的“重量感”是不尽相同的。如上所说，同一蓝色在构图中位置不同感觉就会不一样。在形状方面，形象完整，面积较大的色块有重感，人、动物及有运动感的物体量重，反之则轻。在色性方面，深暗、鲜艳、对比强烈、暖的色块感觉较重，而浅淡模糊、对比弱、冷感的色块感觉较轻。以上这些都是探讨色彩构图均衡时应注意的因素。一般“重量感”大的色块在布局上离重心或中心近一些。而“重量感”轻的色块离重心或中心距离远一些，这是色彩均衡的基本原则。

（2）色彩的呼应。

色彩的呼应是指色块在布局时同其他色块的上下、前后、左右诸方面彼此相互呼应。色彩的呼应主要有二种方式。

一种称之为局部呼应，是指同类色或对比色以一种形式（或大小、或疏密或聚散）反复出现，能产生色彩布局的节奏韵律感。如在深色底上的数个浅色点与一个浅色点的呼应。单个点会显得孤立，这即是同种色块空间距离上呼应的关系。

另一种为全面呼应，通过在画页中各种色彩混入同一种色素，使各色产生一种内在的联系。它是构成主色调的重要方法，也是使强对比色彩调和的手法之一。

色彩的主从是指画面上主色宾色之间的关系。所谓“五彩彰施，必有主色，它色附之”，各色的配置根据构成的主题分出宾主。其一般规律为：主色的面积不一定最大，可是它发挥关键性的作用；主色一般多用在重要的主体部分，以加强对观者的吸引力；主色一般配以对比的鲜艳色。色彩的宾主是相对而言的。没有宾色就无所谓主色，主色的力量是由宾色烘托产生的。例如大片深色上的浅色，大片浅色上的深色，大片调和色中的对比色都能引成主色。某一色块主色明确与否与构图的布局有关。一般情况下，越接近画面中心位置，色块就越容易构成主色。宾色的选用和明暗、灰艳的处理都应依主色来调节配置。

5. 关于色彩与内容的表现统一调和。

表现作品的内容抒发设计者的感情，这是构图、造型、文字、色彩与技法等表现形式的共同任务。形式与内容的统一，是作品成功的条件，也是“形式”应用成功与否的重要标准。前面要求色彩与构图、形象等表现形式的统一，其实质是要与它们所想表现的内容及抒发的感情统一。例如用红色表现火的形象，可以给人以真实而温暖的心理联想；用绿色表现植物的形象，容易使人感受到植物的生命力，感受到植物欣欣向荣，清新可爱。前者抒发作者火一样的热情，后者表现对生命的赞颂。假如两者的色彩倒换，所见的将是绿火、红草。而绿火不可能使人联想到真实的火，只可能想到传说中的巨火与鬼火，阴冷，恐怖、充满邪气。红草也表现不出草的旺盛的生命力。却有奇热、大旱及神话般的联想。

色彩对人的直接作用是生理作用，但它的形象、构图，以及色相的倾向性，却能借助印象、象征等因素同时影响人的精神思想与感情，也就是说，色彩的生理作用与心理作用，常常是无法分开的。只有色彩与表现的内容和情感统一才能充分展示色彩的魅力。而与内容、感情相冲突的色彩，只可能是不调和的色彩。

6. 符合目的性的调和。

色彩实用，并追求实用的效率，是设计色彩的一大特点。我们追求色彩与形象，构图的统一是为了追求完整的视觉和形式美；我们追求色彩与内容的统一，是为了追求完整的艺术美和精神美。实用目的不同，要求有不同的色彩配置，以符合产品的内容要求和审美需求的统一。例如，人在不同的环境中，对色彩有不同的要求：工作时要求服装色彩耐脏；学习时要求服装朴素、大方；生活服装要求色彩美观、洁净；节日服装要求色彩浓艳、漂亮；夏日服装色彩凉爽为宜；而冬日服装则偏向色彩温暖等。所以配色必须考虑到实用性和目的性。再如室内的色彩设计，也可根据不同年龄、层次的人，选用不同的色彩：新婚的室内装饰，一般可选粉红色为主调或橙、咖啡色等暖色为主调，使室内具有喜庆和漂亮的格调；中老年的居室，可选中性偏暗的色调，使房间有安定、整洁的格调；儿童房间，一般选用明亮的色彩，具有活泼、可爱的格调。

配色既要符合产品的美观又要符合人们的审美要求。我们必须研究产品与产品接受者的多样又千变万化的审美要求，注意社会考察、科学研究又注意艺术探讨，找出其中的变化规律，使配色能够与社会消费者的实际需要和审美需求统一起来。可见，色彩调和是比色彩对比复杂得多的研究课题，它不是别的而是对比的恰如其分，是具体问题的具体分析，是多种对立关系的统一。

### 三、伊顿的色彩调和理论

约翰·伊顿1919年应包豪斯造型学院院长格罗彼斯之邀，前往执教，在色彩学方面的研究尤为卓著，为色彩设计理论奠定了基础，具有划时代意义，伊顿的色彩调和理论是在教学实践中得出的，对实践有具体的指导意义。

伊顿认为和谐的基本原则来源于生理学上假定的补充色原则，和谐色含着力量的平衡与对称，如果二种或更多的色彩混合后产生一种中性灰色，那么它们之间就是和谐的。

色彩的和谐可以由二种、三种、四种或更多的色调组成，并将这样的和谐称作二种色组、三种色组、四种色组等等。

伊顿关于色彩调和的理论，是用来表明一种和谐的配色理论并非试图来禁锢你的想像力，是要提供一种去探索新的、不同的色彩表现手段的指导。

### 四、孟赛尔色彩协调理论

孟赛尔色彩协调理论也叫定量秩序协调。作为基础的色彩协调法则，孟赛尔认为在色立体中，不论什么方向、什么系列选色，只要保持一定间隔就能够令色彩协调。

（1）垂直协调。明度变化，色相和纯度不变。

（2）水平协调。明度一致，纯度变化。

（3）斜内面协调。色相不变，明度和纯度变化。

（4）椭圆协调。纯度不变，明度的变化在补色间协调。

（5）横斜内面协调。明度和纯度变化，类似邻近色的协调色彩。

（6）螺旋形协调。先在色立体上自由作螺旋形，再按一定间隔取得各色相。当纯度高时，明度应降低。

（7）圆周协调。明度和纯度协调一致，色相变化，具有各色相的彩虹般的秩序感。

### 五、色彩配置方法归纳

如何能够配置出和谐而又具美感的色彩，这里给大家归纳总结出如下方法：

1. 从色相关系归纳。

从色相关系看如下方法可以达到色彩配置的和谐美感。

（1）无彩色系的调和。无彩色系的色构成的配色最容易调和，但是必须注意各色之间的明度变化，距离太近含糊不清，距离太远会生硬、刺激。一般采用有秩序间隔的方法，即在色立体的中心轴上取1/3/5/7/9或1/4/7/10/13。

（2）无彩色与有彩色调和。任何无彩色与有彩色相配都能调和。如果变化明度与纯度，就可取得较明快的调和。

（3）同色相调和。同种色相相配合时，必须改变其中之明度和纯度，在同种色相组合中，同一因素多，是较容易取得调和的配色，它具有色相单纯、朴素、柔和的特性，但容易单调。因此，除了采用有秩序间隔的方法外，常加以对比色点缀，以弥补不足。

（4）邻近色调和。邻近色相是相似较含混的，一般采用变化纯度与明度的方法来增加调和感。

（5）类似色相调和。类似色相较邻近色相略有变化，比较而言，有丰富、统一调和的印象。但是色相的类似也容易单调，要变化明度、纯度，才能形成生动的效果。

（6）中差色相调和。中差色相组合是处于类似色与对比色之间的配色。中差色相组合，在色调一致的情况下，如同纯度或同明度的配色，都能得到调和感。

（7）对比色相调和。对比色相组合因色相差大，在配色中必须增加纯度与明度的共性，以色调的一致性来促进调和。

（8）补色色相调和。补色色相组合是色相差最大的配色，调和的方法一般可参照对比色相的调和法，也可以用降低色的纯度的方法来增加调和感。

2. 从明度关系上归纳。

从明度关系看如下方法可以达到色彩配置的和谐美感。

（1）同一明度调和。同一明度的配色容易调和。同一明度同一色相的组合，要变化纯度。同一明度同一纯度的组合，要变化色相。同一明度不同色相、不同纯度的配色既调和又有变化。

（2）邻近明度调和。邻近明度的色相组合配色具有统一的调和感。明度变化单调，必须变化色相和纯度，增加对比。

（3）类似明度调和。类似明度的配色比较含蓄、柔和。一般以色相和纯度的略微变化来求其调和。

（4）对比明度调和。对比明度的配色比较明快，但较难统一，一般是增强色相与纯度的共性来调和。

（5）强对比明度调和。强对比明度的色相配合过于生硬，要运用色相和纯度的同一性来调和。

3. 从纯度关系上分析。

从纯度关系看如下方法可以达到色彩配置的和谐美感。

(1) 同一纯度调和。同一纯度的配色容易调和，但要变化色相和明度。同一纯度不同色相的配色，同一纯度、同一色相不同明度的配色，同一纯度不同色相、不同明度的配色都能取得调和。

(2) 邻近纯度调和。邻近纯度的配色也容易调和，但缺少变化，因此也要注意变化色相与明度。

(3) 对比纯度调和。对比纯度的配色可以色相的同一或类似、明度的同一或类似来增加调和感。

总之，在色彩构成的色相、纯度、明度三个因素中，凡是有两个因素同一或类似就可得到调和效果，凡是一个因素同一或类似，而其他两个因素有不同程度的变化，可得到有一定变化的调和。如果三个因素都缺少共性，那么配色就很难取得调和。

4. 从色调关系上归纳。

从色调关系看如下方法可以达到色彩配置得和谐美感。

配色形成的气氛或总的色彩倾向即主色调可以分成：淡色调与浓色调，明色调与暗色调，冷色调与暖色调，艳色调与含灰色调，紫色调、绿色调、蓝色调等等。在多色配色组合中，关键是掌握各色的倾向性，按照明确的主色调进行配色，这是配色调和的一种有效方法。在多色配色中，为使画面有主色调，可以运用这样二种方法：

(1) 在各色中都混入同一种色。如混入红、橙、黄等色构成暖调；混入蓝、紫构成冷调。

(2) 在各色中（或大部分色）中混入无彩色。如混入黑、白、灰等色构成暗调、明调、含灰调。

以上是运用一种色素的混入使大部分色彩之间发生内在的联系，增加了共性，这样就能有调和的效果。

5. 综合配置。

在实际应用中，很多时候是灵活掌握综合应用的，如果你的配色不理想，还可以尝试以下配色技巧：

(1) 渐变调和法。对比着的色相在构图中采用明度、纯度、色相级差递减渐变构成，都能取得调和，又称秩序调和。渐变调和可以是明暗渐变、色相渐变、灰艳渐变等。

(2) 空间混和法。对比的两色如果采用色点、色线，使强对比的各色相互交融，经过视觉进行空间混合，也能取得调和的构成效果。

（3）隔离调和法。在对比色中插入与双方都带有共性的色可以达到调和。如橙红和黄绿中插入黄。或是在对比色中插入与双方都不发生利害关系的中间色。如黑、白、金、银、灰。或者运用无彩黑白灰，光泽色金银来勾勒形的轮廓，增加互相联结的因素。

（4）比例调和法。多色对比时注意要扩大其中一色或同类色组的面积，使其中一种具有统一的色彩倾向，运用面积的对比来达到调和。如在色彩构图中，有一组对比色过分强烈，则可以缩小其面积；如果是几组对比色，则应以一组为主，通过色彩的主从关系，达到调和。如果配色中是冷暖两种调子，那么应该加强主色调和的倾向性，或暖色面积大，冷色面积小；或冷色面积大，暖色面积小。一般所谓“三色法”，即二暖一冷，或二冷一暖的配色方法可得到的色彩对比调和的效果。

## 第六节　色彩的表现功能与心理效应

装饰色彩的功能主要为设计内容服务，所谓“功能”即是指功效和作用，是指色彩的功效和它对视觉与心理的作用，包括它们在明度、色相、纯度、对比的刺激下给心理留下的印象及象征意义与感情特征。色彩对人们的心理产生影响，这种影响不论你是有意或无意，都在发生着作用。比如面对褐色暗而脏的墙作业时，你可能不会充分意识到色彩的负面影响，但在这样的色彩环境中潜意识会导致你精神无法集中，无法到达最佳工作状态。如果是在色彩杂乱、过于花俏的环境中，视觉神经不断受到刺激，会使情绪不稳定、焦躁，长期结果就会养成不适于细致工作的性格。色彩具有刺激感情，左右性格的力量，不论是有意、无意它都会干预我们的生活。另外对于色彩的选择组合及运用要恰如其分。比如，当你眺望大海，一片深蓝会使你心旷神怡，但那种蓝色如果用于室内装饰就会失去原来的效果而感到死气沉沉。为恰如其分地应用色，充分发挥颜色的视觉作用，下面将各基本色的表现功能及它们的情感特征作进一步的探讨。要注意的是，色彩这一方面的特性与民族、地域、文化等有直接的关系。

### 一、色彩的表现功能

1. 红色的功能。

在可见光谱中，红色光波最长，处于可见光的极限附近。它穿透空气时形成的折射角度最小，辐射的距离较远，在视网膜上成像的位置最深，给视觉以迫近感和扩张感，称为前进色。红色容易引起视觉注意，使人有兴奋感，易引人注目。由于红光传导热能，使人感到温暖，这类感觉经验的积累，给人以凡红色都温暖的印象。由于红色的注目性高，在宣传标语、广告中为最有力的宣传色、讯号色。另外，在我国还习惯于将红色作为欢乐、喜庆、胜利时的装饰用色。

美国神话传说中红色被认为是生命之色，红色的奶汁被认为有特殊疗效。

在自然界中，红色的花朵果实给人留有艳丽、充实、饱满的印象。鲜红色表示生命、热情；粉红色娇艳、柔媚；红橙色浓而不透明，具有纯厚、温暖感等。红色的功效作用是刺激的、旺盛的、能动的，具有强度和弹力。

由于红色刺激性强，也有些消极意义如很容易造成疲劳，使人烦躁不安，英语中有些词语表示红色不好的含义，如 See red（发怒）、redink（亏本）、redneck（乡巴佬）等。

2. 黄色的功能。

在可见光谱中，黄光波长适中，与红相比，眼睛要容易接受得多。黄色光能照明，早晚的阳光、大量的人造光都倾向于黄色，黄色光的光感最强，给人留下了光明、辉煌、灿烂和充满希望的印象，黄色的功效作用是醒目的。

在中华民族的发展历程中，在一个相当长的历史时期内，帝王都以黄色作服饰、家具、装饰宫庭的色彩，加强了黄色的崇高、智慧、神秘、威严的感觉。黄色的发亮感觉象征理解或智力。黄和智慧有关。黄色在宗教的表现是暗示光和信仰，在现代的表现上则暗示明亮、强壮、明朗、希望等。在自然界中，植物中的花有很多就是明亮的黄色，如，腊梅迎春、玫瑰、水仙、郁金香、玉兰、秋菊、杜鹃、油菜花、向日葵等，给人娇嫩、芳香的色感。另外，秋收的五谷、水果、精美的点心、蛋糕都呈现诱人的黄色，给人以丰硕感、甜美感、香酥感。鲜黄的柠檬给人强烈的酸的印象，黄是一个吸引食欲的色。

美国人喜欢日光浴，认为黄色表示容光焕发。人们用 Yellowpages（黄色页码）为商界人士提供信息。

黄色除了有积极意义外，有波长差不容易分辨，轻薄、软弱等的另一面，黄色物体在黄色光照下常有失色的现象，植物呈灰黄色，是衰败腐烂的征兆；人面呈灰黄色，被看成病态；天空昏黄意味着黑暗降临；云层灰黄，预告着风暴来临。因而黄色也有象征酸涩、颓废、病态和反常的一面。

但是黄土地、土豆，又给人朴实、浑厚的印象。

3. 橙色的功能。

在可见光谱中，橙色光的波长居红与黄之间，其色性也在二者之间，既温暖又光明。一般火温较高、传热较大时，不是红而是橙色。所以橙色较红色更暖，最鲜艳的橙色，应该是所有色彩中感觉最暖的色。

橙色在空气中的穿透力仅次于红色，注目性也相当高，具有明快的特色。因而也被用作讯号色、标志色和宣传色。同样也是容易造成视觉疲劳的色。

在自然界中，橙色或近似橙色的果实很多。如橙、橘、柚、玉米、金瓜、南瓜、木瓜、波萝蜜、柿子等。橙色也有引起食欲，给人以香、甜、略带酸味的感觉。具有充足、饱满、成熟、富有营养的印象。

4. 绿色的功能。

绿色在可见光谱中，波长居中，人的眼睛最适应绿色光的刺激，对绿色光波长微差的分辨能力最强，对绿光的反应最平静，它是使视觉最能得到休息的色光。绿色的表现力具有广泛的运用性。

在自然界中，绿是植物的色，绿色也是生命的色。绿色象征在日光照射下，从空气和水中吸取营养而成长的活力。因此，也是农业、林业、畜牧业的象征色。绿色的生命和其他生命一样具有从诞生、发育、成长、衰老到死亡的生命过程，而每个阶段会显现出不同的绿色。如黄绿、嫩绿、淡绿、草绿，给人以大自然活跃的青春感。有春天的印象，是生命力成长的起步；艳绿、中绿、浓绿有盛夏印象，表现成熟、健康、兴旺；灰绿、土绿、褐茶色意味着秋季，反映了收获；灰蓝绿、灰土绿、灰白绿、灰褐绿等色有冬季印象，反映了衰老和终结。植物的绿，不但给视觉以休息，还给人以清新的空气特征，有益于镇定、疗养、休息与健康。因此它也是旅游与疗养事业的象征色。绿色可以表现丰收、满足、静寂、希望，亦是知识与信仰的融合。黄绿接近橙色时，显得生气勃勃；绿接近蓝时，增添蓝色的精神意义。

5. 蓝色的功能。

在可见光谱中，蓝色光的波长短于绿色光比紫色光略长，蓝色光穿透空气时形成的折射角度大，在空气中辐射的直线距离短。它在视网膜上成像的位置浅，当红橙色被看作迫近色时，蓝色就是后退的远逝的色。蓝色很容易使人想到晴空、碧海、远山、冰雪，以及深远、透明、冷漠、流动、阴冷的印象。如果说红色与积极的、动的和热烈的气氛相关，那么蓝色则是消极的、静的，是内省的、含蓄的、暗示智力。蓝色适于表现停止成长，沉静、阴郁的冬天和背阴的地方。

人类所知甚少的地方许多是蓝色的所在。如宇宙、深海，古代的人认为那是神与水怪的住所，有神秘的印象，现代人把它作为科学探讨的领域，容易给人以冷静、沉思、智慧和征服自然的力量感。

蓝色的收敛性强，涂蓝色的面积或体积看起来比实际小。蓝色的服装，有稳定感，庄重感。深蓝色带有近乎黑色的表情。

在商业美术中，蓝与白一样不能引起食欲感，但表示寒冷，成为冷冻食品的标志色。蓝色可作食欲色的陪衬色。

6. 紫色的功能与表现。

在可见光谱中，紫色光波波长最短，眼睛对紫色光的细微变化的分辨力弱，紫中加黑成暗色时，等级更难辨别。紫色光不导热，也不照明，眼对紫色的知觉度最低，即使是纯度最高的紫色其明度也是很低的。紫中加白成明色时会有许多等级并表现各种各样的感情。

紫是黄的补色，其性质和黄色正相反，如果说黄色与意识相关，那未紫色象征无意识。无论是自然界还是社会生活，紫色较为稀少。因此紫色有神秘的印象，有高贵、优雅、神秘、华丽等感觉。

紫是表示虔诚的色。其暗色阴郁，暗示迷信或潜伏灾难，容易造成心理上的忧郁痛苦和不安。与此相反，明亮的紫色，表示理解，优雅美好的情绪，具有魅力。紫色的表现范围，从与孤独或献身相关的蓝紫到暗示神圣的爱及精神支柱的红紫，其明色表示光明面、积极性，暗色象征黑暗面、消极性。

7. 土色的功能与表现。

土色指土红、土黄、土绿、褚石、熟褐一类可见光谱上没有的混合色，它们是土地的颜色，深厚、稳定、沉着、寂寞。它们是动物皮毛的颜色，有厚实、温暖之感。如果视作表现劳动者或运动员的皮肤有健康刚劲之美。在自然界中它是很多植物的果实与块茎的色，充实、饱满，给人以温饱、朴素、实惠、不哗众取宠的印象。同时，它们还是岩石、矿物以及持久性颜料的色。坚实、牢固、持之以恒。

8. 白色的功能与表现。

白色是全部可见光均匀混合而成的，称全色光。白色明亮、干净、卫生、朴素、雅洁，白色没有强烈的个性，虽然糖盐醋酸都是白色，但无法使人想到甜、咸、苦、酸。单一的白色也不会引起食欲，但在引起食欲的色中少不了白色，因为它表现出洁净感又易与其他色形成配合。白又是冰雪的色，云彩的色，给人寒凉、轻盈、单薄的印象。

9. 黑色的功能与表现。

从理论上讲，黑色即无光，是无色之色。在生活中，只要光照弱或物体反射光的能力弱，都会呈现出相对黑色的面貌。

无光对人们的心理影响有二种：一是积极类。黑夜使人得到休息、安静、深思，黑色有坚持、准备、严肃、庄重、坚毅之感。二是消极类。如漆黑的地方，会有失去方向失去办法和阴森、恐怖、忧伤、消极、沉睡、悲痛，甚至死亡等印象。在两类之间，黑色还会有捉摸不定、耐脏、阴谋等印象。

另外黑色不可能引起食欲，也不可能产生明快、清新、卫生的印象。但是，黑色与其他色彩组合时，属于极好的衬托色，可以充分显示其它色的光感与色感。

10. 灰色的功能。

从光学上看，灰色居于白与黑之间，颜料上它是黑与白的混合，属于中等明度，无纯度及低纯度的色。

灰色同时是一种大众易接受的色，因为它和谐、大方、典雅、不张扬，又能很好地与其他色配合，故而是生活中的常用色。漂亮的灰色如带红味的灰，互补色按不同比例混合的各种灰色，有时给人以高雅、精致、含蓄、耐人寻味的印象。

从生理上看，它对视觉刺激适中，灰不眩目，也不暗淡，属于视觉最容易感到调和，也是最不容易感到疲劳的色。因此，视觉以及心理对灰色的反应平静。没有兴奋度，甚至有沉闷、寂寞、颓丧感。绚亮的色彩蒙上了灰，就显得脏、旧、不干净、不动人。表现出灰色的消极面。

11. 光泽色的功能。

光泽色是质地坚实，表面平滑，反光能力很好的物体色。主要指金、银、铜、铝等色，它们属于贵重金属的色，容易给人以辉煌、高级、珍贵、华丽的印象。用这些色，容易给人以时髦、讲究的印象。光泽色属于装饰功能与适用功能都特别强的色彩。

色彩的功能作用都在同它相邻的色和整个色彩调子关系协调的基础上产生其表现价值。因此选择配色中不仅是注意色的个性，还应考虑色和它色的关系。

## 二、色彩的心理效应

这里所谈的色彩的心理效应指人们在对色彩效果的观赏体验中产生的各种感觉。如凉爽、暖意、暗淡、明快、轻的、重的、华丽的、朴素的等。设计需要对此加以注意。虽然色彩引起的感情因人因条件而异。但是由于人类生理构造方面和生活环境方面存在着共性，因此无论是单个的色，还是几个色组合，在色彩心理感受方面对多数人来说，存在着共同的心理效应，由于前面对色彩的冷暖感等心理效应已有相应的分析，故而这里概要地从以下四个方面来简述之。

1. 色的轻重感。

色的重和轻的感觉来自明度差别，色调差别和饱和度的强弱。一般明亮的色感到轻，深暗的色感到重，色的轻重感主要由明度来决定。以无彩色轴 V5 为界，V5 以下明度越低，越有重感，高明度基调的配色具有轻感。在同明度色相时，纯度高的色感到轻，纯度低的较重。一般服装及室内的配色是上部明亮下部暗，即上轻下重，使人获得安定感。为了表现动感，在配色中可以上部用暗色下部用明色。

2. 色的软硬感。

色的软硬感与轻重感相似，与色的明度有直接关系。生硬与柔软的感觉来自明度和纯度的位置。明度为 V6 的是中性质，V4 以下明度越低越有硬感，V6 以上明度愈高愈有软感，但 V6 以上的明度变白时，软感又稍稍减少。凡是明度偏高的含灰色具有软感，明度较低的含灰色具有硬感。强对比色调具有硬感，弱对比配色具有软感。

3. 色的活泼与沉静感。

色彩情调的活泼与沉静的感觉与色相、明度、纯度都有关系，特别是受纯度的影响大。色相中，红、橙、黄有活跃兴奋感，绿、紫是中性，此外都有沉静感。一般地说，暖色系中越倾向红的色相，兴奋感越强；寒色系中越倾向于蓝的色相沉静感愈强。色相的纯度影响也较明显。以 R 为例，R8 作中性，R6 以下纯度越低沉静感越强。反之 R10 以上纯度越高兴奋感越强。明度方面，色的明度越高越活跃，明度越低越沉静，这样看来，给人以活泼感的色是暖色系中明亮而又鲜艳的色；富有沉静感的色是冷色系中暗而混浊的色。配色中，强对比色调有活泼感，弱对比色调有沉静感。

4. 色的华丽与质朴感。

色的华丽与朴素的感觉受纯度影响最大，明度其次，色相稍有影响，色的纯度与明度越高越有华丽感而越低越显得质朴。色相方面：红、红紫、绿有华美感；黄绿、黄、橙、蓝有质朴感，其余色相呈中性感。当然这并不绝对，如饱和度高的任意纯色都会有华美感。一般有彩色系具有华丽感，无彩色系具有朴素感。华丽感还与材料的光泽有关。配色中，纯度高并具有明度差对比的色调具有华丽感，其中以补色相配最强；低纯度或低明度弱对比的色调具有朴素感。

由以上的分析可以看出，对色彩的学习，首先需要从颜色差异的基础关系开始，并对于具有各种格调的颜色，它们组成的效果气氛以及对其配色所体现的表情加以理解。对于设计中选择什么颜色好，配色是否令人满意，怎样形成气氛情调等等问题，并不是简单地光靠理论能解决的，它主要在实践中根据自己要表现的目的灵活配色，反复体会或感觉。所谓配色设计，就是灵活选择运用这些单色或色相，来达到一定的配色要求和配色效果。

## 练习与思考

1. 作 24 色相环三个（明度变化为加黑、加白、加灰）。

2. 凝视一图片30秒之后，表达其色彩印象。

3. 分别对色彩纯度、明度渐变和色相渐变练习。

4. 从照片、绘画、图案、民间艺术品中选择色彩效果优秀的作品归纳重构。

5. 选择一个主色，以该色为核心，做6种色相对比调色构成。

6. 以红和蓝、绿为基本色，试研究其多种调和方法。

7. 听音乐，做音乐的视觉化色彩构成作品若干。

8. 选定一个画面，设定主色、副色、平衡色、强势色、透气色进行配色构图。

9. 选定一画面，以春、夏、秋、冬或男、女、老、少为题，分别做和睦的色彩练习若干。（每幅色相组成不少于三种以上）

10. 选定一自然植物、动物局部或一图片，分析归纳其色彩组成关系，并重构。

11. 用色彩分别表达出热情、沉着、活泼、华丽、朴素等情感的色彩特征。（每一种情感表达均为三种以上颜色组合）

12. 分别以四组色传达出不同行业商品的信息特征，如食品业、旅游业、化妆品、工业产品等。（每组不少于3种以上的色彩搭配，造型为抽象，并要求色与形能较好的统一）

# 第三部分 专业篇

# 第九章 平面广告视觉传播的心理原理

**本章提要**：广告视觉传播设计的理论基础是认知科学。视觉认知的领域涉及感觉原理和知觉原理两个层次，感觉原理部分包括格式塔理论、结构主义理论和生态主义理论；知觉原理部分包括符号学理论和认知理论。认知过程中的注意原理中对广告的视觉传播最有意义，观者的有意注意与无意注意，以及注意的动机与广告的传播效果密切相关。认知记忆也有其科学的规律，掌握消费者记忆的特点对广告的视觉传播设计有指导性价值。

## 第一节 视觉传播中的感觉原理

### 一、格式塔（Gestalt）理论

格式塔也称为完形心理学，格式塔（Gestalt）这个词来源于德语，意思是形式或现状。德国心理学家马克思·威尔特海默（Max Wertheimer）从动态画册手翻书受到启发，发现人的眼睛只收集所接触的视觉刺激，大脑负责把这些感觉整理成连续的图像。没有大脑把个别的感觉元素联系到一起，运动现象就不会产生。他认为知觉是感觉综合的结果，而不是个别的感觉元素简单相加的结果，整体不等于部分的相加。

格式塔心理学派进一步发展了马克思·威尔特海默的理论，对感觉问题作了大量的研究，他们提出了许多感觉的组合原理，这些组合原理是视觉传播设计的重要理论依据。

（图 9-1、图 9-2）

1. 图形和背景。

人们具有把感觉到的各种刺激组合为图形和背景关系的倾向，其中图形是

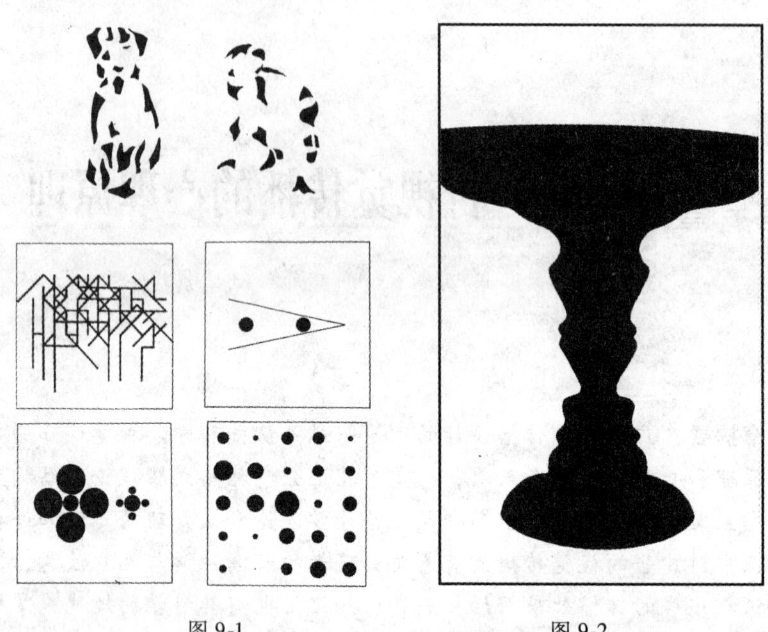

图 9-1　　图 9-2

知觉的主体，它是封闭的，是突出在前面的，因而常被人们清楚地知觉到，而背景则是模糊的、朦胧的，为次要的知觉对象。但随着注意对象的转移，图和背景会发生转换。例如，在画面有 ABC 三个字母，当我们注意 A 的时候，A 为图，而 B 和 C 成为背景；但我们注意 B 的时候，B 成为图，而 A 和 C 成为背景。这就是为什么在平面设计中，不仅要重视主题形象，也要注意空白和空间的形象，与中国传统绘画中“计白当黑”的视觉原理是相同的。

2. 相似性。

是指人们在认知视觉对象时，大脑会指示作出选择，选择最简单和最稳定的形象作为关注点，在形象的特征上共同性明显的对象容易识别为同类，色彩上色相、明度、纯度上相似的也容易归为同类。为了设计对象有鲜明统一的风格和个性，要使形式单纯和简洁，形象、色彩和其他特征上的相似性是至关重要的，否则容易给读者造成混乱。

3. 接近性。

受众具有自动组合视觉信息的能力，就像我们很容易把并肩走在一起的男女看成是一对恋人那样，在平面设计作品中，观众往往会把在空间上相互接近的图形、文字看成是一个有关联的组合。版面的图文编排的形式最能说明该问题，靠近图片的文字一般是该图的说明文。一段文案，行距大于字距，是正常的编排方式，读者阅读起来方便。如果行距小于字距，就会带来阅读困难。因为读者往往会把横向的排列错看成竖排。

4. 连续性。

连续性是指视觉对象的内在连贯特性。人们的大脑不倾向于选择直线运动中出现的突然或不寻常的变化，大脑寻求尽可能流畅的直线，这个直线可以是画面上的线段，也可以指几个物体排列成的直线。大脑把属于一条连续直线上的对象和不属于这条直线上的对象分离开来。这个原理广泛运用在版面的构图与编排上，合理的画面结构，连贯的图文编排，往往使受众的阅读更顺畅。

5. 封闭性。

图像阅读中的封闭性也是简化和记忆的需要，但人们遇到不完全的视觉图形刺激时，会有意无意地填补其中缺失部分，把它作为一个整体来识别。这样不仅将原先复杂的对象简化了，而且便于分类识别和记忆。封闭原则在广告表现中得到了广泛的运用，设计出不完全的或不完整的广告画面，使消费者自觉不自觉地填补不完全广告内容，使不完整的视觉形象更具有吸引力，而且还提高了记忆效果。

人有这样一种本能，善于将某些复杂的因素进行归类，将本无联系的视觉因素进行组合识别和记忆。格式塔将整体概念与形式、形状以及格局等概念融合起来，强调应把行为与经验作为有机的整体来研究，仅仅从局部进行分析是无法让人抓住本质的。一个视觉对象作为整体而言并不等同于部分的总和，实际上它超过了部分的总和。

## 二、结构主义理论和生态主义理论

在研究视知觉方面，结构主义理论和生态主义理论是在格式塔理论的基础上发展起来的，结构主义强调读者在感觉过程中眼睛的积极运动和大脑的状态。

1970 年哥伦比亚大学心理学教授朱利安·霍赫伯格发现，观察者的眼睛在扫描图像的过程中保持着动态，高速聚焦定影的形象在观者的短时记忆库中结合在一起，帮助大脑建立起一个景物画面。观者就是靠短时存在的眼部定影和大脑综合而成的完整画面建立起景物的概念，这种情况在不可能存在的形象识别时最能说明问题。

结构主义的理论实际上是对格式塔的改良，虽然研究者通过借助先进的视觉分析跟踪仪器，发现了视觉器官和大脑的互动状况，但是并没有解释眼睛中的定影图像和人们的经验和记忆之间的联系。

关于视知觉的生态学理论是美国康奈尔大学的心理学教授吉姆斯·J. 吉布森（James J. Jibson）建立的，他的研究认为：视觉认知的研究应该在自然的环境中进行，视觉并不像结构主义者认为的那样，只是由眼睛定影的大量形象组合而成的，而是由光线对视觉中物体表面的影响方式决定的，由光线随着观者在景象中的运动而发生的变化决定。随着环境视觉列阵的细微变化，大脑能自动校验物体的大小和纵深，无需有意识的计算过程。

生态主义的理论认为，人们比较两个物体大小的依据是它们在视网膜上的相对大小，物体越小，在视网膜上投射出的影像就越小。大脑能自动扫描一个景象，并将其划分为网格状。物体的尺寸和比例是不变的，而人们看到物体大小效果的原因是因为物体在视野中所占据的单元越多，它看上去就会离我们越近。根据生态主义的理论，判断物体的大小无需高级的大脑功能，产生大小和纵深感只是直接的感觉经验，不必经过大脑的计算。生态主义理论存在明显的缺陷，它忽视了人类的认知必须建立在经验、文化、语言等能力的基础上，这些对形成完整的视觉概念有着非常重要的意义。（图 9-3）

图 9-3

著名视觉心理学家阿道夫·阿恩海姆曾经指出：知觉活动所涉及的是一种外部的作用力对有机体的入侵，从而打破了神经系统的平衡的总过程。我们万万不能把刺激想象成是把一个静止的式样极温和地打印在一块顽强抗拒的媒体上面猛刺一针的活动。这实际上是一场战斗，由入侵力量造成的冲击遭到生理力的反抗，他们挺身出来极力去消灭入侵者，或者至少把这些入侵的力转变成最简单的式样。这样两种互相对抗的力相互较量之后所产生的结果，就是最后生成的知觉对象。广告图形的冲击力实际上就是这种“猛刺一针”的强力程度，正如阿恩海姆说的那种“具有倾向性的张力”。

## 第二节　视觉传播中的知觉原理

### 一、符号学理论

我们常常用语言来把握外部世界，用语言来进行沟通交际。人类使用的语言是一个符号系统，铃声一响，狗就产生唾液，这是巴甫洛夫做的有趣的实验。对狗来说，铃声就是“有东西吃了”的信号。巴甫洛夫把高等生物所具有的信号活动叫做条件反射活动。一位司机只要看见红灯，就会把车停下来；一只孔雀，只要看见花花绿绿的东西，就开屏展示它那美丽的“衣裳”，这些都是对信号的刺激作出的一种反应。

信号活动的生理基础是高等神经生物的第一信号系统。有了信号，当某个刺激出现时，转化为某种信号，并使之传播出去，产生一致的行动。信号活动只能局限在固定的时空场合，离开了特定情境，信号就变得毫无意义。因为信号所处理的是个别不关联的零星的表象或感觉。

符号是指可以代表其他事物的任何存在物。几乎任何行为、物体或形象在某些地方对某些人都有意义，如果在本身之外还有其他的意义的东西都是一种符号。选择每天清晨太阳升起的时候在天安门广场升起的五星红旗是一种国家形象的符号；奥林匹克运动会的五环标志是五大洲的象征符号；企业在产品和包装上标示的商标，是商品的或品牌的符号；调控城市交通的红绿灯也是符号。

著名的符号学家阿尔多斯·赫胥黎认为：你了解得越多，看到的就越多。如果一幅广告作品中包含着目标消费者能理解的符号，它的信息就会被理解和接受，而且很容易被人们记住。反之，如果广告视觉传达设计时采用了目标消费者不能理解的视觉符号，广告与消费者之间的沟通产生了障碍，广告信息无法被消费者接受和理解，广告的作用也就完全失去了。

古希腊哲学家和语言学家奥古斯丁（Augustine）认为，广泛理解的符号可以促进非语言形式的传播活动，符号是自然和文化之间的桥梁。瑞士语言学家费迪南德·德·索绪尔（Ferdinand de Saussure）和美国哲学家查尔斯·桑德斯·皮尔斯（Charles Sanders Peirce）虽然主要研究文字通过叙事结构传播的途径，但他们的研究对现代符号学的发展有很大贡献。符号学已经发展成为一种视觉形象的知觉理论，包括美术设计中的视觉符号，表演元素的戏剧符号学，研究人物色彩、服装、姿态和舞台表现的木偶戏符号学，电视及广告符号学，旅游符号学童子军制服和典礼仪式符号学，舞蹈、音乐、逻辑、数字、化学等领域中的符号系统研究，以及城市作为社会符号的城市符号学等等。

符号分为三种类型：图标型、索引型、象征型。

图标型符号最容易被解读，因为它们最接近于要表达的事物。这类例子包括男女洗手间门上的图形符号，计算机显示界面上用于删除废弃文件的垃圾箱图标，道路和场所标示方向和功能的指示标志等。

索引型符号的特征是与它所代表的事物或观念之间有着逻辑性或常识性的联系，而不是直接描绘原物。因此观众解读它们的时间要比图标型符号略长一些。我们常常是在日常生活中熟悉索引型符号的，比如海滩上的脚印表示有人从沙滩上走过，医生察觉到病人过高的体温往往表示病人已被感染，城市中令人窒息的空气告诉人们汽车发动机燃烧汽油造成了污染。

象征型符号是最抽象的一种，与它们表示的事物之间没有明显的逻辑性和代表性关联。相对于图标型和索引型两种符号，象征型符号需要一个学习的过程，受社会因素和文化因素的影响很大。例如，文字、数字、色彩、姿势、旗帜、服装、公司标志、音乐及宗教形象都是象征型符号。因为这类符号通常深深植根于一定的社会文化背景，他们的意义往往被代代相传。因此，象征型符号更容易激起观众的情绪反应。

著名心理学家罗兰·巴特（Roland Barthes）认为，语言文字符号的构成是叙事性的，词汇按照规则指定的顺序进行排列，语言符号传播是推论式的。而图形的传播是陈述式的、线性的，视觉形象中符号的表达方式各不相同，多数情况下取决于创作者的风格特征。虽然文本传播中的符号链是线性的，视觉形象传播中的符号链是非线性的，但是，诗歌却是例外的，诗歌的文字顺序也是非线性。正如古希腊诗人西蒙尼底斯（Simonides）所说，图画是无声的诗，诗意的图画会说话。

## 二、认知理论

认知心理学的研究结果表明，视觉过程并不像生态学研究方法所认为的那样，只是观者简单地目睹由光线结构的物体，而是他们积极地通过大脑活动达成一种知觉结论。

1. 知觉的一般特点。

人类的知觉具有一定的规律，早在20世纪初，心理学家们就开始了这项研究工作，例如在设计建筑、商品包装设计等方面运用人类视知觉规律产生了很好的艺术效果与经济效益。

人们通过感官得到了外部世界的信息，这些信息经过头脑的加工（综合与解释），产生了反映事物整体的心理现象，这就是知觉。换句话说，知觉是客观事物直接作用于感官，而在头脑中产生的对事物整体的反映。

知觉与感觉一样，是事物直接作用于感觉器官产生的，同属于对现实的感性反映形式。离开了事物对感官的直接作用，既没有感觉，也没有知觉。

知觉以感觉作基础，但它不是个别感觉成分的简单总和。知觉包含了按一定方式来整合个别感觉成分的作用，形成一定的结构，并根据个体的经验来解释由感觉提供的信息。它比个别感觉的简单相加要复杂得多，也丰富得多。在实际生活中，人们都以知觉形式来反映事物。

知觉依赖于感知的主体，即具体的、活生生的人，而不是孤立的眼睛、耳朵和鼻子这些感觉器官。知觉者对事物的态度、需要、兴趣和爱好，以及对活动的预先准备状态和期待，知觉者的一般知识经验，人的个性特点以及人的记忆系统中已经存储的信息，等等，都在一定程度影响到知觉的过程和结果。

根据知觉时起主导作用的感官的特性，可以把知觉分成视知觉、听知觉、触觉、嗅知觉、味知觉等等。例如，对物体的形状、大小、距离和运动知觉属于视知觉，对声音的方向、节奏、韵律的知觉属于听知觉。在这些知觉中，除了起主导作用的感官以外，还有其他感觉成分参加。

根据人脑所反映的事物特性，可以把知觉分成空间知觉、时间知觉和运动知觉。空间知觉反映物体的大小、形状、方位和距离。时间知觉反映事物的延续性和顺序性。运动知觉反映物体在空间的位移等。知觉的一种特殊形态叫错觉。人在出现错觉时，知觉的反映与事物的客观情况不相符合。

2. 知觉的内容和特点。

（1）记忆。

要形成准确的形象知觉，最重要的大脑活动是记忆。尽管人们对这个论断有争议，但记忆的确在观者与过去看到的形象之间建立起了联系。记忆有一定的规律，古希腊心理学家西蒙尼底斯最早发明的记忆术，就是通过事物的特征或顺序来提高记忆效果的。对形状、色彩、位置、特征等显著的视觉要素的规律性，人们可以使复杂的情形简单化，可以将看似没有规律的形态规律化，因为，经过整理和简化的对象有利于大脑记忆储存。

(2) 投射。

创造力强的人能够从云彩、树、岩石的纹理中找到感觉，发现其形式美感。心理学家经常为试验对象做罗沙赫墨迹测试，因为每个人对这些现状的不同解释能反映出他们的个性特征，一个人的精神状态能够“投射”到一个无生命体或一个一般性陈述中。同样是一个墙壁上的斑痕，有人会看出天空的云朵，有人能看出一张栩栩如生的人脸，这种视觉差异来源于不同的大脑活动。

(3) 期待。

当你走进一间国际著名公司的洽谈室的时候，你可能会期待豪华高雅的会议桌，舒适简洁的坐椅，安排周到的办公用品以及彬彬有礼的服务人员，因为在你的脑子里对这样的著名大公司有一个清晰的画面，所以，当你走进这家公司的洽谈室时发现并非是你所料，你会感到很意外。

(4) 选择。

人们在一次复杂的视觉经验中所看到的大部分内容都不是大脑自主加工的对象。比如很少人能意识到自己的呼吸，除非有意而为之。大部分的知觉是一种无意识的自发行为，大量的形象借此进入大脑，没有经过处理又出离大脑。大脑只关注景物中有意义的细节。每个人都曾有过这样的经验：你在熙熙攘攘的人群中寻找一个朋友，那些陌生的面孔几乎视而不见，当看到你要找的朋友的时候，你的大脑马上会锁定那个特定的形象，就好像黑夜里的一束灯光。

(5) 适应。

大脑倾斜于忽略观者日常生活中的习惯性活动带来的刺激。例如我们每天上班下班都必须经过的道路，我们骑着自行车无数次地来来往往，建筑物、树木、商店、川流不息的车辆，你的大脑已经不会在意身边的习以为常的一切。但是，如果我们去一个陌生的城市或环境，在不熟悉的环境中体验的视觉形象通常会让人耳目一新、妙趣横生。我们的视觉如果长期经受同一种刺激，大脑的活动就慢慢变得消极起来，新鲜的刺激会激发大脑的活动，当然我们对过分的刺激也会产生烦躁和倦怠之感。

(6) 显化。

假如一个刺激对某个人有意义，它就容易引起注意。例如，你的一位好朋友非常喜欢吃四川菜，那么每次只要闻到麻辣的味道，你不仅会想到四川菜，而且会想起这个好朋友。再比如，当你饿了的时候，就会注意到从别人家窗户里飘出来的做饭的香味。一个有造诣的艺术家或设计师，对自然界物体的形状和色彩的视觉感受要丰富得多。

（7）失谐。

在日常生活中，我们几乎很难做到一边读书一边看电视或听音乐，因为我们大脑的注意力只能集中在一件事情上。如果电视节目很有趣，或音乐的旋律很动听，你的书就读不下去。如果在电视节目或平面广告作品中，各种视觉要素之间缺乏有机的联系，或者各自为政，很可能会造成观者顾此失彼，甚至无法理解的信息失谐现象。

（8）文化。

文化背景影响着我们的行为举止、生活态度和社会行为，宗教信仰和社会传统也强烈影响着我们的形象知觉。这些图形象征、徽章旗帜、服饰发型以及城市建筑等视觉形象都具有个人和社会的意义。如果你能够理解作为特定文化组成部分的符号系统，你也就能理解使用这些符号的潜在原因。文化涵盖了道德伦理、地理位置以及个人生活中的方方面面，有相同文化背景的人群能够理解相同的视觉符号系统。

（9）文字。

视觉阅读是靠眼睛来实现的，但是有意识的思考绝大部分要依靠文字。文字和记忆技巧及文化背景一样，深刻影响着我们对直接形象或媒介形象的理解力和记忆力，文字是抽象思维和逻辑思维的最有效的符号系统，文字与形象相结合是最有效的传播形式之一。

视觉几乎是所有动物的生存手段，而且大多数的动物都是通过视觉来获取外界信息的，以用于寻找食物，维持生存，也是通过视觉发现敌人，逃避威胁，以求安全。但是，对于人类来说，由于人类有一种特殊的“观察”、“思考”能力，人类的视觉不仅仅是生存的手段，而且还是思考和丰富生活的工具。人有着最复杂的视觉系统，包括眼睛和脑的有些部分。当我们有意识地利用视觉观看时，眼的功能是作为脑的外部功能而活动的。除了眼睛结构外，在视网膜到视觉皮质之间的神经上，大脑还在做着不同阶段的选择，进行着信息的筛选和加工。系统使人能对周围环境中错综复杂的事物加以整理、归纳和了解，并且通过大脑进行印象记忆、储存。“看，不仅仅是视觉的一个过程，而且是思想的一部分，并且这思想将组织我们去看什么，以及影响我们怎样看，是否想看或不看。”

眼睛是人最重要的获取外界信息的器官，80%的外界信息是通过眼睛获取的。如果人类用视觉接受一个信息，而另一个信息是通过另一感觉器官接受的，并且这两个信息彼此矛盾，那么人们认为可靠的一定是视觉信息。人类的视觉是可靠的接受装置，人眼不仅能通过文字来传播信息给大脑，更能直接从形象中获取信息，形象本身是通过视觉直接沟通的。视觉信息质量具有清晰性、形象性、吸引力、最具刺激性等特点。

眼睛是光感受器，它的作用就像一架极精巧的照相机，眼球后面视网膜上的光感细胞感受光的刺激，引起神经质冲动，通过视神经传到大脑皮层，人就看到了物体的形象。视网膜中心是惟一具有敏锐分辨力的地方，由于它覆盖的面积较小，视域的其他地方则离视网膜中央越远越不清晰。观者能看见什么，取决于他如何分配注意力。阿恩海姆说过："我们总是在想要获取某件事物时才真正地去观看这件事物。"

（图 9-4）

图 9-4

## 第三节　视觉传播中的注意原理

引起注意，是平面设计重要的手段和成功的基础，设计的效果基本上来自注视的接触效果。有了注意，然后才能谈到理解、确信的效果。若不能引起注意，设计的诱导欲望、加强记忆、导致行动的功能就无法实现。

注意是心理或意识活动对一定对象的指向和集中。人们注意对象的某一瞬间内，我们的心理活动有选择地朝向于一定的对象，将意识集中在特定的对象或概念上，注意的时候心理活动不仅指向于一定的对象，而且还集中于一定的对象。

## 一、注意的两种形式

由于引起注意的因素不同，结果导致消费者对商品的注意方式也不同，形成两种不同的注意，即有意注意和无意注意。

1. 无意注意。

无意注意指事先没有预定目的，也不需要作意志努力的注意。无意注意是由于外界突然的刺激引起的。当外界刺激突然产生之后，立即引起主体的注意，并伴随着主体的情绪上的反应，如看电视时，对突然插入的一段商品广告的注意是无意注意。无意注意是指事先没有预定的目的，也不需要意志努力，不由自主地指向某一对象的注意。例如，消费者走在大街上，无意中看到某种商品，觉得不错，引起了对该商品的注意。

2. 有意注意。

有意注意是一种自觉的、有目的的，在必要时还需要一定意志努力的注意。有意注意是人根据主体意识的需要，把精力集中到某个事物上的特有的心理现象。其特点是主体预先有内在要求，注意力集中在已暴露的目标上。学生在吵闹环境中看书，消费者在嘈杂的商店里专心选购商品，都属于有意注意。

有意注意和无意注意均是视觉传播设计中必须研究的心理现象，但无意注意更要着重研究。因为在通常情况下，消费者往往对广告中所传播的内容、推销的商品并不知晓或不熟悉，对商品性能特点不了解，消费者没有预定的目的，这时只有通过一定的刺激才能吸引消费者的视线，引起消费者的注意，才能接收传播的信息，达到宣传的目的。广告界流行这样一句话：使人注意到你的广告，就等于你的商品推销出去一半。

## 二、注意的一般特点

注意是人的心理活动对外界一定事物的指向与集中。注意这种心理现象是普遍存在的，例如，司机开汽车，要全神贯注在操作上；射击运动员在比赛时，要屏气凝神瞄准目标；学生上学听课，要聚精会神地听教师讲解。人只要是处于清醒状态，就一刻也离不开注意。注意与人们的一切心理活动密不可分，它伴随着人们的认识、情感、意志等心理活动而表现出来。注意有两个基本的特征：指向性和集中性。

1. 注意的指向性。

表现的是人们的心理活动具有选择性，即在每一瞬间把心理活动有选择地指向于一定对象，而同时离开其余的对象。所谓集中性不仅是指离开一切与传播信息无关的事物，而且也是对与接受无关的，甚至有碍的活动的抑制，这样，被接受内容的重点才能得到鲜明清晰的反映。

注意的指向性显示，人们的认识上具有选择性，对认识活动的客体进行有意或无意的选择，在每一瞬间，心理活动有选择地指向一定的对象，而同时离开其他对象。例如，消费者在接受广告宣传的时候，他的心理活动不是指向与广告有关的一切事物，而是把广告宣传的内容从视听形象、文字图表等许多事物中挑选出来，并且较长时间地把心理活动保持在广告内容上。注意的选择性，就是把心理活动集中于某一事物，不仅是有选择地指向一定对象，而且离开一切局外的、与被注意对象无关的东西，并且抑制了与之相争的附加活动，以全部精力来对待它，以获得对某一事物鲜明而清晰的反映。例如，消费者在选购某种商品时，其心理活动总是指向该种商品，并集中在它身上，同时又离开其余的商品，以对所选购的该种商品获得清晰而准确的反映，从而便于确定买与不买。

2. 注意的集中性。

在同一时间内，人只能注意少数的对象，而不能注意所有的对象。集中注意的对象就能被清晰地意识到，成为注意的中心。当有意义的刺激成为注意的中心时，有关的感觉器官就会朝向它，以便更好地觉察它，把视线集中在该刺激物上，即所谓“举目凝视”，“心无旁骛”。消费者在接受外界信息时，只接受那些与自己固有观念一致或自己需要、关心的信息，回避那些与自己固有观念相抵触的或自己不感兴趣的信息。集中性就是使人的心理活动只集中在少数事物上，而对其他事物视而不见，听而不闻，并以全部精力来对付被注意的某一事物，使心理活动不断深入下去。

能够引起消费者注意的因素有客观和主观两个方面。前者是指新奇的、相对突出的、运动变化的刺激物及其对消费者感官的刺激。例如，新奇的商品、服装店里身着时装的活动模特对顾客的刺激就能吸引他们的注意。后者是指消费者已具备了购买商品的需要、愿望、动机以及对于某些商品的兴趣，就可能促成他们对于某些商品及其有关事物的注意。

消费者对广告的注意是从信息的选择开始的，人们生活在现实社会中，要接受许多这样或者那样的信息，人们对信息不是兼收并蓄的，而是有目的的，是根据自己的需要以及个人的偏好进行选择的，人类心理的这种选择功能是靠注意活动实现的。

### 三、引起注意的两种因素

一种是刺激物的深刻性，如外界强烈的刺激以及刺激物的突然变化；二是主体的意向性，如根据生活需要、生理需要，主体依兴趣而自觉地促使感觉器官集中于某种事物。

注意随刺激强度而变化。广告视觉传播设计就是利用各种刺激的手段和方法，激发消费者的购买欲求，使消费者在购买上有所反应，达到促成购买的目的。

1. 刺激。

刺激是一种心理现象产生的方式，即刺激物施加于感受器官的影响叫做刺激。人的一切社会活动，都是客观现实对人体作用的结果，都是通过刺激——思维、判断——反应的结果。

广告视觉传播设计作品对消费者的刺激，基本上可分为两种类型：物理性刺激和社会性刺激。物理性刺激既有商品的性能、用途、效果、质量等的刺激，又有图形、文字、形状、色彩、肌理这类形式因素对消费者刺激；社会性刺激指社会道德规范，社会群体对个人行为的要求，社会的风尚与流行等等。消费者受到这些刺激，便会产生对某种商品需求欲望，从而采取购买行动。刺激越多，欲求越大，购买可能性越大。

刺激的方式有两种：积极性的与消极性的。所谓积极性的，就是从正面进行号召，购买某种商品或劳务从中能得到什么利益、好处；所谓消极性的，就是从负面进行诱导，为避免某种不良结果必须进行正确的选择。

影响刺激的因素主要有以下几种：

(1) 生理因素的影响。

当刺激物过于强烈或者持续时间过久，神经细胞超过兴奋限度，就会引起抑制过程的发展。由于对刺激物的习惯性，神经的兴奋就会降低，即刺激过剩，注意力便会受到抑制或转换。

(2) 有一定的刺激强度。

人的各种感官并不是对任何刺激都发生反应，刺激强度太强或太弱均不能引起人们的感觉或注意。

(3) 注意结合对象的知识、经验。

刺激作用的大小，除取决于刺激物的性质和强度以外，与个体的个性、知识、经验也有重要关系。如果是过去熟悉、体验过的，就比较容易接受，反应快而深刻。

（4）调动受众的情绪。

情绪也是影响刺激效果的重要因素，受众的接受过程始于直觉反应，其过程为：被吸引——兴趣——联想——欲望——比较——依赖——行动——满足，从这个过程可以看出，除了行动这一环节外，皆带有浓烈的感情因素，唤起情感反应，是抓住受众注意力的最好办法。仅仅是理智性和知识性的宣传，难免有冷漠枯燥之嫌，甚至还会有“拒人千里之外”的感觉，很难达到吸引人的目的。因此要善于捕捉消费对象的情绪，使其关心，引起注意，制造一个愉快的气氛来加强吸引力。

2. 主体的意向性。

需要是指有机体在一定条件下，对客观事物的需求。心理学家认为需要是人们受到某种刺激的反应。这种刺激可以来自身体的内部，也可以来自外部环境。比如一个人需要买件毛衣，或许是由于受到其身体内部的刺激（感到寒冷），或许是由于外部环境的刺激（看到商店的羊毛衫挺好看，觉得自己也该有一件），由此产生了对毛衣的需要。人的需要总是在一定条件下的需要，是受社会条件、消费习惯、社会科技发展的状况等条件的影响的。消费者的需要一般分为两种，生理需要和心理需要。生理需要指维持生命和延续种族而形成的天然需要。如由于饥饿，人们产生了对食物的需要；为了生存，人们离不开水和空气。心理需要则是为了提高物质生活水平而产生的高级需要，心理需要是多方面的，如人们为了追求美的享受，对一些商品的要求不仅是结实耐用，而且要求其造型美、形式美、色彩美。

美国心理学马斯洛提出了关于人类需要层次论。马氏认为人类有五种主要需要，由低至高依次排成一个阶层，低层次的需求获得满足后，便向下一个高层次的需求发展，但各个层次的需要又总是相互依赖，彼此共存的。同时，又由于各人动机结果发展的情况不同，这五种需求在不同的人，其优势位置是不同的。高层次需求的发展，并不影响低层次需求的存在，只是影响行为的比重发生而已。

马斯洛所提出的五种需要层次是：

（1）生理的需要。包括衣、食、住、行、性等，这是人类最根本的需要，是维持生命的需要。

（2）安全的需要。包括自身的安全和财产的安全。如要求社会安定，生命与财产有保障，老有所养等。

（3）社会的需要。是指希望得到别人的关怀、爱护、异性的爱，也希望能在群体中与别人交往，被群体所接受。

(4) 自尊的需要。这是一种威望类的需要，即希望能提高自己的声誉、地位，又希望得到别人的承认与赞扬，受到别人的尊重。

(5) 自我实现的需要。这是一种希望自我发展最高潜力的需要，如希望获得某种学位，创造某种记录，完成某项工作等等。

中国有句老话："食必常饱，然后求美；衣必常暖，然后求丽；居必常安，然后求乐。"这生动地说明了人的需要是从低级向高级发展变化的，首先是追求满足生理上和物质上的需要，然后才是追求精神上的需要。

### 四、信息的意义

"信息是生活主体同外部客体之间有关情况的消息"，通过感觉器官——眼、耳、鼻、舌，先将外部客体的情况反映到大脑，从而接受到外界事物及其变化。我们生活在信息的海洋里，一时一刻也离不开信息，人们为了生存，更离不开衣、食、住、行所需的商品信息。

要使消费者对广告商品产生良好的印象，首先需要将商品信息传递给消费者。消费者对一个他将去购买的商品首先想了解的是商品本身的信息，即其功能特点和品牌名称。宣传的准则就是要告诉消费者，该商品能给他们带来什么好处和利益，同时，向消费者展示该商品与同类其他商品所不同的独到之处，从而激发他们的购买欲望。人们收集商品信息的目的总是和他们各自的需要有关。

消费者每天接触到许许多多商品信息，这些信息大大地超过了个人的记忆范围。因此，消费者必然有意无意地对所接触到的信息进行筛选，只选取那些适合他们需要的信息。快要当爸爸、妈妈的人，会急切寻找有关婴儿用品的商品信息；老年人则会关注健身延年的商品信息。只有针对性强的，与接收者有密切关系的商品信息，才能立即引起目标消费者的注意，唤起他们的潜在需要。

信息的意义不仅是信息要符合消费者的需要，而且信息的意义还是知觉理解的前提。没有意义的信息，是不能理解的，也不会被知觉。只有有意义的信息，才会真正被知觉，也才会引起视觉运动。如写着"危险"字样的指示牌，识字者马上引起警觉，而一个不识字的人，可能不会注意，最多只能凝视一下。若是一块无任何意义的东西，则对他们都不能引起注意。

视觉传达设计的本质可以说是有意义的信息的传达。设计正是借助含有各种不同信息量的图形、文字、色彩、质感，采用最佳的视觉程序（视觉语言）把有意义的信息快速、准确地传达给市场和用户。视觉传达的好与坏，它的功能价值、经济价值、美学价值的多少，在很大程度上取决于信息传达的速度以及所包含信息量的多少和准确程度。好的设计应根据信息的意义，注意有益信息的选择，主题要明确。如生活用品的广告，对于需要此类商品的消费者来说，商品信息才是有意义的主要信息。如果画面上使用人物形象不恰当，则会使消费者只注意到年轻美貌的人物或她的服装及装饰物，而有意义的信息，反而难于引起注意。所以视觉传达设计时决不能仅仅满足于视觉冲击力的成功，或只是给人视觉生理和心理上造成舒适和美的享受。那种单纯追求感官刺激，不能满足需要的刺激只会中断视觉的流程，或者引起误导，甚至带来视觉心理的反感。信息的意义对视觉的有益信息的选择是很重要和最起码的前提。

### 五、广告注意的动机

广告引起消费者注意的最终效果取决于消费者自己的心理与当时的情境状态，消费者对广告的注意的直接动机来自于商品的需求，由于这种需求的不同，就使人们产生了许多不同的态度，例如：对符合自己需求的广告表示喜欢，对不满足自己需求的广告不予注意或产生失望、气愤的情绪等等。消费者对广告的注意主要动机要从两个方面去分析：其一是在于广告能向消费者传递一定的商品信息；其二是广告的刺激形式非常独特，比较能引起人们的注意；其三是广告能供人们消遣，具有娱乐性。下面将分别讨论这几个功能：

1. 实用性动机。

广告可以向消费者提供商品的价格、名称、品种等信息，使消费者能够了解多种商品的情况，从而为其购买决策活动提供信息支持，因此它具有实用性。一般来说，较长时间或者较详细的广告信息可使消费者去学习、记忆这种信息，其价值也较高。例如：在某种能医治头发脱落的药品广告上，详细登载该药的研制过程，治愈了多少人，具体的使用方法等等。这就使消费者对该药品产生了极大的信赖感，从而达到促销的目的。

心理学家爱尔里西（Ehrlich D.）曾经作过这样一个心理学实验，他给新近买汽车的顾客呈现八种汽车广告手册，让顾客挑选他们自己喜爱的，结果发现，80%的顾客挑选他们自己买车的汽车广告，这个事例说明，人们不仅需要信息去选择商品，而且需要信息去支持他们的选择。

2. 刺激性动机。

心理学的研究表明，人们在现实生活中，总是在不断地去寻求新的信息，广告信息的新颖与刺激性正好满足了人们的这种心理需要。事实证明，那种设计新颖别致，语言优美、形象生动的广告是最容易引起人们的注意的。

3. 娱乐性动机。

广告的生命力就在于它不仅丰富了人们的物质生活，而且也为人们的物质生活、精神生活增添了乐趣。一则好的广告可以成为家喻户晓的口头禅，它可以寓教于乐，在人们的需求心理上，受众对有趣的、娱乐性的信息往往比较感兴趣，总希望在收听、观看等活动中产生快感，得到心理的满足。

## 六、引起消费者对广告注意的方法

广告界流行这样一句话：使人们注意到你的广告，就等于你的商品推销出去了一半。因此，正确地运用和发挥注意的心理功能，可以使消费者对广告产生注意，并引发购买的需求。如前所述，人们对广告的注意形式有两种。其一是有意注意；其二是无意注意。有意注意是有明显购买目标的注意，这些消费者将有意识地从广告中寻找到购买的商品信息。成功的广告就是要吸引这些人接触自己的广告，大多数人对广告宣传常常使用这一标准。成功的广告，在于设法使消费者对广告从无意注意变成有意注意，从而引发购买需求。例如贵州茅台酒在1905年在巴拿马世界博览会上获金奖，在这里立下了头功。博览会初始，各国评酒专家对其貌不扬、装潢简陋的中国茅台酒不屑一顾。我国酒商急中生智，故意将一瓶茅台酒摔碎在地上，顿时香气四溢，举室皆惊，从此茅台酒声名大振，成为我国名酒。我国酒商的做法，符合强烈、鲜明、新奇的活动刺激能引起人们无意注意的原理，取得了成功。下面就来谈谈在广告表现中利用注意的心理规律的一些对策。

1. 引起消费者无意注意的广告对策。

人们对广告的注意，通常只能依赖于无意注意，而无意注意的发生与刺激的外部特征和主体自身的状态有关。因此，为了增强广告效果，应从广告作品外部刺激特征和主体内部的状态，来提高消费者的注意效果。

（1）扩大刺激量。

形状大的刺激物比形状小的刺激物更容易引起注意，尤其介绍新商品的广告，应尽可能刊登大幅广告。例如，许多外国公司在我国报纸上刊登的广告，除有图文并茂的特点外，一般占有版面的1/3至1/2，甚至于整版。另外，利用路旁、楼顶上的巨幅广告牌做广告，也是经常用的。像北京建国门立交桥旁的一座高楼上立着“春兰空调”的巨幅广告，很容易引起人们的注意。当然，这并不等于广告篇幅越大越好，越大越能引起人们的注意，这里并不存在简单的直接增加的关系。

（2）增加刺激物的强度。

刺激物一定的强度，会引起人的注意。刺激物在一定限度内的强度愈大，人对这种刺激物的注意就愈强烈。不仅刺激物的绝对强度有这种作用，刺激物相对强度也有这种作用。因此，在广告视觉传播设计中，要有意识地增大广告对消费者的感觉刺激效果和明晰的识别性，使消费者在无意中引起强烈的注意。例如，在广告宣传中，采用鲜明的色彩或光线，醒目突出的字体或图案以及特殊的声响等等，都会有效地刺激消费者的视觉和听觉，使其心理处于一种积极的、兴奋的状态之中，引起较大的注意。国外的电视节目播出商业广告时，音量突出，正是利用强度原理。但要注意刺激强度不能超过消费者的感觉上限，否则可能会起反面效果。

（3）利用刺激物的动与静变化。

运动、变化着的物体容易引起注意。一般说来，动态广告，生动形象，立体感强，比静态广告更容易引人注意。如动画片的效果胜过幻灯片的效果；户外的霓虹灯，不仅其颜色鲜艳，引人注目，而且其图案的不断变化也容易使人注意。因此，在广告特别是电视广告中，应该特别注意画面动与静的结合。尽量利用动态画增强刺激，以引起观众的注意。例如，日本松下电器公司在北京设置的路牌广告，背景是用无数彩色小薄金属片编缀起来的，即使在人们不易感觉的极其微弱风力中，仍可以摆动闪烁，所以它比周围其他路牌广告更为显眼。当然，也不能动得过于频繁，使画面闪烁不定，这样容易使观众眼花缭乱，看不清广告内容。除了视觉容易受运动刺激的影响外，听觉也容易接受变化着的刺激，因此，广告播音员可利用声音的大小、快慢以及节奏的变化来吸引听众。静态的印刷广告不容易产生运动效果，但可以利用经常设计翻新等方式，来引起读者注意。

（4）利用刺激的新异性。

环境中新异的刺激容易引起人们的注意。如果缺乏新异性的刺激，人们就容易产生一种条件性的非觉察现象，这意味着新异性对广告注意有重要作用。广告的新异性通常表现在其形式和内容的更新上。一个有经验的广告主在宣传他的商品时，往往不是集商品的各种性能或特点于一幅广告中而长期不变；相反，他总是不断地在广告内容上更换介绍其商品的不同特性，以期达到广告新异性的目的，便于吸引人们的注意。

（5）增大刺激元素的对比。

刺激物中各元素显著的对比，往往也容易引起人的注意。在一定限度内，这种对比度愈大，人对这种刺激所形成的条件反射也愈显著。因此，在广告视觉传播设计中，我们可以有意识地处置广告中各种刺激物之间的对比关系和差别，增大消费者对广告的注意力。对比的方法有许多，比如，广告的大与小、动与静，音响、语音、语调的高低、轻与重，图案色彩的明与暗、深与浅等等，都是运用对比的方法。同时除了广告本身各种元素的对比之外，还有与周围环境的对比。这些对比都可以增大广告的易视性、易读性与易记性，保证消费者视觉听觉的流畅和顺利，引起较强烈的注意。

（6）合理安排位置。

不同位置可能产生不同的注意（准确地说是知觉）的效果。在大型超市，商品举目可望，而从人的胸部到眼部的高度是最能引起消费者注意的商品陈列位置。我国学者曾经探讨了观察者在阅读平面广告时第一眼所看到的位置和观察路线。结果表明，在观看中，第一眼所看到的字母，最集中在上方，最少是右方。印刷在报纸上的广告，什么位置最能吸引消费者的注意呢？国外调查的结果是：上边比下边、左边比右边更容易引起读者的注意。因此，广告的重要信息应放在版面中上部，这样更能引起人们的注意。再有，广告呈现的形状对人们的注意也有影响。一般认为高超过宽的广告要比宽超过高的更倾向于引人注意。另外，在空白或大的空间的中央放置或描绘的对象容易引起注意。例如，报纸上的整版印刷广告，虽然有强烈的显著效果，但由于近距离阅读却不甚理想，因为消费者的注意力被分散，出现视而不见的现象。

2. 引起消费者有意注意的广告对策。

广告仅仅引起消费者的无意注意是不够的，人们每天接受大量的广告信息是通过无意注意的形式实现的，但真正产生购买行为的却很少。成功的广告在于引起消费者的有意注意，或设法使消费者对广告从无意注意转变为有意注意。从我们目前消费水平来看，许多消费者对商品的购买尚属有目的、有意志的行动，因此他们经常是有意识地寻找、接收、了解有关商品的信息，采取适当的消费行为，满足自身对商品的需要。因此，引起消费者对广告的有意注意，就显得非常重要了。下面介绍几种引起有意注意的广告对策。

（1）增加广告的感染力。

在广告宣传中，刺激物的外部特征固然能引起人们的无意注意，但如果它反应的信息毫无意义，缺乏引起人们兴趣的感染力，引起的注意也是很短暂的，而且难以促成购买行为。在广告视觉传播设计中，有意地增加广告各组成部分的感染力，激发消费者对广告各种信息的兴趣，是激发并维持有意注意的一根支柱。在广告视觉传播设计中，新奇有趣的构思，富于艺术的加工，诱人关心的题材，都能增强广告的感染力。新奇有趣的构思，可以在引起消费者注意后，进一步激发其兴趣。

通过艺术表现，是广告视觉传播设计吸引消费者，并激发其兴趣不可缺少的手段。广告的艺术表现，包括创造完美有效的色调、字体、造型、构图言辞和意境。富于艺术加工的广告，往往能引起消费者愉快的心情，获得艺术美的享受。同时，经过艺术加工的广告，更能鲜明地突出广告的主题 。如利用色彩的远近感，构图虚实疏密的处理等手法，使广告的商品具有较强的形式感和真实感，能引起消费者注意。实践证明，广告视觉传播设计要引起消费者的共鸣与兴趣，必须善于塑造艺术形象，通过各种手法把自然的形象，赋予较强的生命力与诱惑力，才能较长时间地维持消费者对广告的注意，从而也满足了消费者心理美的需要。

诱人关心的题材，具有更强的吸引力、号召力和推动力，是维持消费者对广告较长时间的注意和留下深刻印象的重要条件。任何一个广告题材，如果不在某种程度上满足消费者当前的需要或未来的欲求，就不可能成为消费者注意的对象，即使有些广告本身的艺术形象具有引起注意的特点，也不能起到以较持久的和达到预想的广告效果。因此，在广告视觉传播设计中，选择与创立适合消费者心理欲望的广告题材，并把主题生动地展现在消费者面前，是加强广告效果的重要心理学方法。

（2）利用“悬念”引发有意注意。

在广告中运用“悬念”，是指通过吸引并诱导观众的好奇心理，在广告的开始阶段制造一个悬念，随着系列广告的发展，逐渐将悬念的结果公之于众。在报刊广告中，这种悬念常常会利用大片的留空，提示性的文案，引起公众的关心和注意。这种设计是利用了人类喜欢探究事物的好奇心，从而使人们的注意有意识地集中并指向广告，并不断注意有意识地集中并指向广告信息，以满足其自身的需要。现在许多电视广告中也常采用这种方法，它们一开始，有点像生活的片断，又有点像广告，但又不知道是什么商品的广告留给观众悬念，只在片子结尾才点出广告商品的信息，这样在整个广告中都能抓住观众的注意力。

（3）选用视觉冲击力强的广告媒体。

广告要想引起消费者的购买行为，应突出强调消费者的需求和利益点，重点介绍商品性能和特色，促使他们能进行比较、评价，从而做出购买决定。特点是当广告内容复杂、难懂，目的在于劝导消费者评价某种商品或劳务时，可多选用可视性好的广告媒体，便于消费者把注意力集中在广告画面生动形象的内容上。

## 第四节　视觉传播中的记忆原理

在广告宣传中，消费者对广告信息的记忆，是帮助他们思考问题、做出购买决定不可缺少的条件。广告应该具有帮助消费者记忆广告内容的功能，因为消费者接受了广告传递的信息后，即使对广告产生了良好的印象，一般都不会立即去购买。只有等他们产生了购买的需要后，从脑子里提取了存储的广告信息，才决定购买何种商品。如果商品难于记忆，商品信息不能存储到消费者的脑子里，广告的效果就不理想。因此，在广告视觉传播设计中，有意识地增强消费者的记忆效果是非常必要的。下面简要介绍与广告心理学有关的记忆的基本知识，着重探讨运用心理学知识，增强广告记忆效果的对策。

## 一、记忆特点

1. 记忆的形成。

记忆是通过识记、保持、再现（再认、回忆）等方式，在人们的头脑中积累和保存个体经验的心理过程。运用信息加工的术语讲，就是人脑对外界输入的信息进行编码、存贮和提取的过程。人们感知过的事物，思考过的问题，体验过的情感或从事过的活动，都会在人们头脑中留下不同程度的印象，其中有一部分作为经验能保留相当长的时间，在一定条件下还能恢复，这就是记忆。

记忆是一种积极能动的活动。人们对外界输入的信息能主动地进行编码，使其成为人脑可以接受的形式。心理学家认为，只有经过编码的信息才能记住。同时，人们对外界信息的接受是有选择的，只有那些对人们的生活具有意义的事物，人们才会有意识地进行识记。另外，记忆还依赖于人们已有的知识结构，只有当输入的信息以不同形式汇入人脑中已有的知识结构时，新的信息才能在头脑中巩固下来。记忆可分为有意记忆和无意记忆，短时记忆与长期记忆。

消费者的记忆是与其消费活动密切相关联的。消费活动的前提之一是消费者对商品发生一定的兴趣，在一定的兴趣引导下，对商品的各种功能与特征产生一种认识，并从这种认识出发，决定自己的购买行为和对商品的选择行为。

消费者对于广告所传达的信息的记忆有以下几种形式：

（1）形象记忆。

形象记忆是以感知过的事物在人脑中再现的具体形象为内容的记忆，它保存事物的感性特征，具有显著的直观性。例如某项关于洗衣机的广告，通过电视形象地展现在洗衣过程中衣物的揉洗情况，这就可以使消费者形成一个比较生动的关于洗衣机功能的形象记忆。这种形象记忆可以是听觉的，也可以是视觉的等等其他方面。

（2）语词逻辑记忆。

语词逻辑记忆的用词形式，以观念、概念为主要内容，具有概括性、理解性和逻辑性等特点。语词逻辑记忆是个体保存经验最简便、最经济的形式，它的内容无论在数量上还是质量上都超过形象记忆。语词逻辑记忆是人类特有的记忆。人们对自然、社会和思维本身的规律性的知识，都是通过语词逻辑记忆保存下来的。对于某类商品有研究的消费者常常通过对广告的语词逻辑记忆来加深对商品性能的了解，通过对某种商品的制造原理、工艺水平的认识与记忆从而进一步作出购买决定。

(3) 情绪记忆。

情绪记忆，是以个体体验过某种情绪或情感为内容的记忆，购买活动不像科学研究或是上班工作那样具有严格的程序与目标性，对一般的消费者而言，其购买活动具有很大的随机性，并且受情绪因素的影响。消费者在购买活动的过程中，常常会产生各种情绪，个体对这种情绪的记忆在一定程度上也影响着其消费活动。例如，去某高级餐厅吃饭，当时情绪非常好，对这种情绪的记忆就可以使客人经常光顾这个餐厅。

(4) 运动记忆。

运动记忆是以人们操作过的动作为内容的记忆。如对书写劳动操作和某种习惯动作的记忆。运动记忆在识记时比较困难，但是一经记住，则容易保持、恢复而不易遗忘。运动记忆是人们获得言语、掌握和改进各种劳动技能的基础。在有些广告中，常常要求接受者照着去做，由于广告接受者在接受过程中加入了自己的动作，这样就可以加深广告接受者对广告信息的记忆。

2. 记忆作用。

人们要产生并加强对事物的认知，要借助于回忆过去生活实践中感知过的对象、体验过的情感或有关商品信息的记忆过程。它在消费者的购买活动中，有净化认识过程、促进购买行动的重要作用，如果消费者对先前生活或购买经验在头脑中没有留下一些痕迹，那么必然会影响对商品的认识过程。对于商品广告而言，为了提高宣传效果，有必要在商品造型、色彩、商标、命名、包装、陈列等方面下功夫，例如：采用新颖的商品造型、鲜艳夺目的装潢色彩、对比强烈的橱窗陈列、传统特色的包装、简明易记的商品名称等等，均可以使消费者对商品有很好的记忆，从而达到宣传与促销的目的。心理学研究表明：消费者的购买决策过程可以看成是一个自我解决的过程，它由四个阶段组成：问题的认知、接受与评价信息、购买活动与购买后效果的评价。

## 二、广告的记忆过程

广告的记忆过程可以相对地区分为识记、保持、再认和回忆三个基本环节。

1. 识记。

广告识记是指消费者获得广告信息过程。广告识记是广告记忆过程的开始，是记忆保持的必要前提，要提高广告的记忆效果，必须有良好的广告识记。广告识记是一个开展的过程，它包括对广告信息进行反复感知、思考、体验和操作。新的广告信息必须与消费者已有的知识结构形成联系，并融合到旧的知识结构之中，才能获得巩固。但是，在某些情况下，当广告信息与人们的需要、兴趣、情感密切联系时，尽管只看过一次，人们也能牢固地记住它。

2. 保持。

广告的保持是过去接触过的广告印象在头脑里得到巩固的过程。广告保持不仅为巩固广告识记所必需，而且也是实现广告再认或回忆的重要保证。广告的保持是一个动态过程，在保持阶段，存储的经验会发生变化。这种变化表现在质与量两个方面：在量的方面，保持广告的数量随时间的迁移而逐渐下降；在质的方面，由于每个人的知识和经验的不同，加工、组织经验的方式不同，人们保持的广告信息可能有以下几种形式的变化：

（1）内容变得简略概括，不重要的细节将逐渐趋于消失；

（2）内容变得更加完整、合理而有意义；

（3）内容变得更加具体，或者更为夸张和突出。

3. 再认和回忆。

（1）广告的再认。

当过去经历过的广告宣传重新出现时就能够识别出来，这就是广告再认。例如，每临夏季，电视中就播放空调器的广告，当你从广告中重新认出你见过的空调器，就属于再认的表现。

对广告的再认，可能有不同的速度和不同程度的确定性。这取决于两个条件：第一，取决于当前出现的广告同已经体验过的广告相类似的程度；第二，取决于对旧广告的识记巩固程度。广告再认识要依靠各种线索来进行，如广告的某一部分或特点等。在广告再认发生困难的时候，就借助于回忆，或转化为广告的回忆。

（2）广告的回忆。

广告的回忆是指不在眼前的、过去经历的广告信息在大脑中重新出现印象的过程。广告的回忆有直接性和间接性之别。直接性就是由当前的广告直接唤起旧经验。例如，我们一见到松下电器的广告，自然就想起以前宣传松下电器优良技术的广告之词。所谓间接性，即要通过一系列的中介联想才能唤起对旧广告的记忆。

消费者对商品广告的记忆就是由以上三个过程组成的，三个过程按先后顺序发生，缺一不可。例如，一位消费者家里需要购买空调，他就会注意阅读报纸杂志上有关空调的广告，收看电视播放的空调广告，查阅有关空调方面的书籍，向懂行的朋友和同事请教，从而获得有关空调的种类、牌号、型号、性能、质量、耗电量、噪音量和价格各方面的知识，还有选购空调、安装和使用空调应当注意的事项等等。他把这些信息、知识、经验统统记下来（识记）、并贮存在脑子里，过了一段时间（保持），去商场选购空调时，他就能根据记忆中有关空调的知识挑选中意的牌子（再认和回忆），顺利地完成购买行为。

## 三、增强消费者记忆的传播策略

增强消费者对广告的记忆，是加强广告宣传效果的另一个有效途径。显然，消费者只有在记住广告中所宣传的商品信息的条件下才能对商品进行分析、比较和加以评价，也才能真正受广告的影响。增强消费者对广告的记忆效果的常用广告对策，有以下几种：

1. 减少记忆材料的数量。

研究表明，所需记忆的对象越少、越简单就越容易记住。为了使广告信息在更大程度上为消费者记住。就应尽可能地减少记忆内容的数量。我们也许见到过这样的情况：在一则广告中推出好几种商品。广告客户这样做的目的，大概是为了省钱，实际上这样做反而得不偿失。由于广告的内容繁杂，消费者很难对某几种或某一种商品有清晰的印象。因此，一则广告不宜同时推出多种商品。减少记忆材料的数量这一策略在构思广告标题时尤为重要。国外的一些广告研究者通过研究发现：少于6个字的广告标题，消费者的记忆率为34%，而多于6个字的广告标题，消费者的记忆率只有13%。可见，记忆的材料越少越容易为广大的消费者所熟记。德国一家打字机厂商在我国做的广告，标题只有5个字，“不打不相识”，非常简练，消费者很容易记住。因此，在广告视觉传播设计中，广告标题一定要精练简洁，切忌冗长晦涩。

2. 增加刺激的维度。

一个刺激的维度指的就是它的特性的数量。例如，一种颜色，颜色的深浅是一个维度，颜色的明亮度又是一个维度。要想增加人们正确辨认刺激的数目，应当设法增加刺激的维度，而不要只在单一维度上变化。在广告包装设计中，已广泛地利用这一规律。比如采用形意结合、形字结合、图形与色彩的结合等等办法来增加信息的传递量。这些结合的效果是缩小了广告与广告宣传的商品之间的距离，从而有利于诱发消费者购买的意向活动。例如“可口可乐”

路牌广告，就是把构图、线条、色彩、修辞等和谐地结合在一起，使匆匆而过的行人一眼便能抓住主题，留下深刻的印象，这是世界上公认的成功之作。

3. 利用直观、形象的刺激物。

利用直观的、形象的刺激物传播信息，能增强消费者对事物整体印象的记忆。一般地说，直观的、整体形象的东西比抽象的、局部的东西易记忆。直观的东西尽管只能形成感性知识，但它是领会事物的起点，是记忆的重要条件。在广告宣传中，有意识地采用实物直观和模拟直观以及语言直观进行信息的直观表达，不仅可以强烈地吸引消费者的注意，还可以使人一目了然，增强知觉度，提高记忆效果。例如，展示商品的实物照片，商品使用时的动态速写，服务环境的模拟图像；或用接近于现实的形象化语言，对商品物质、使用效果等事物与情景的描述，都可以使消费者对有关信息留下深刻的记忆。

4. 利用理解增进记忆。

理解是识记材料的重要条件。建立在理解基础上的意义识记，有助于识记材料的全面性、精确性和巩固性，其效果优于建立在单纯机械识记基础上的机械识记。这是由于理解能使材料与消费者已有的知识经验联系起来，把新材料纳入已有的知识结构，因而识记效果好。在商业广告中，把新商品与消费者所熟知的事物联系起来，能潜移默化地提高记忆效果。

5. 利用重复与变化增强记忆。

根据记忆遗忘的规律，记忆信息留在人脑中的痕迹受其他种种因素的干扰，时间一长，就会逐渐遗忘。因此，适当的重复是增强记忆效果、延长记忆作用时间的一种重要手段。因而在广告宣传中，有意识地采用重复的手法，反复刺激消费者对商品的印象，乃广告表现中的常用策略。在广告宣传中，广播广告至少要将同一内容播放 3～6 个月，否则没有效果，但也有将同样的广告每日一次连续播放两个月而达到效果的实例。

然而，重复是有限度的，过分重复有时会使接受者讨厌。因而，有经验的广告表现者往往还在广告形式和表述方式上作变化，因为环境中的新异刺激容易让人记住。例如，在介绍商品时，更换介绍它的不同特性，或在新的角度让旧的内容重现。只有这样，才能为消费者所喜闻乐见，加深理解和记忆，避免造成厌倦和反感。

6. 注意广告的编排顺序。

根据记忆与遗忘的心理学研究，最初的和最后记忆的事物比较容易记牢，中间部分通常被遗忘。因此，在广告表现当中，必须注意对广告信息作适当的排列。一般说来，应做到下面两点：

第一，由于两端材料容易记忆，广告宣传应把标题、商品名称、牌号、厂家等信息放在前面的易记忆位置，不能放在中间。购买途径、地址联系方法等放在后面，也不宜放在中间。

第二，注意充分利用消费者的兴趣、理解。广告只要抓住了消费者的兴趣，调动了消费者的理解过程，就能很好地防止遗忘。这就要求广告表现者注意广告文稿的信息排列，要能激发消费者的兴趣，促使他们去理解。目前广告中问题解答式文稿多采用这种心理策略。

7. 利用韵律化、形象化的材料增强记忆。

心理学家曾对不同记忆材料的难易程度进行考察，结果发现记忆数字最难，其次是散文，最易记忆的是诗。另外记忆形象化的东西比记忆抽象的理论要容易得多。因此，在广告宣传中，将广告文稿写成诗歌、顺口溜、对联等形式，使之合仄押韵，使人读起来琅琅上口，从而增加人们的兴趣和注意，能收到良好的记忆效果。另外还可以利用相声、漫画、动画片等消费者喜闻乐见的形式做广告，令人对广告内容印象深刻，经久不忘。利用韵律化、形象化来增强记忆这条策略，又在广告表现中得到了广泛的运用。

8. 选择适当的呈现方式。

不同的呈现方式对不同的人而言，其记忆的效果是大不相同的。例如成人容易记住文字方式呈现的信息，而儿童比较容易记住画面呈现的信息。不同的广告信息有的以集中的方式呈现，有的以分散的方式呈现，也应根据广告信息的内容而定，有的内容以集中呈现为好，而有的内容以分散呈现的方式为好。

9. 注意利用消费者的不同兴趣。

广告要注意消费者的兴趣所在，有针对性地进行宣传。凡是能够激发消费者兴趣的广告，就可以收到较好的社会与经济效果。不同的消费者所关心的内容是不一样的，例如，家庭主妇主要关心的食品价格以及日常用品、服装等等，而男士大多对于电器之类的商品感兴趣。因此在制作广告时，应该针对这些对象的不同兴趣作宣传，有助于增加消费者的记忆效果。

10. 注意照顾消费者的记忆特点。

由于人们的年龄、性别、职业、经历、生活方式等不同，在记忆能力、记忆习惯等方面也有很大的差别。儿童一般对夸张、形象、活泼、色彩鲜艳的事物及带有韵律的儿歌容易记住。而老年人的记忆力往往有明显衰退。所以针对老年人的广告应该简单易懂，而且要反复宣传。

（图9-5、图9-6）

图9-5

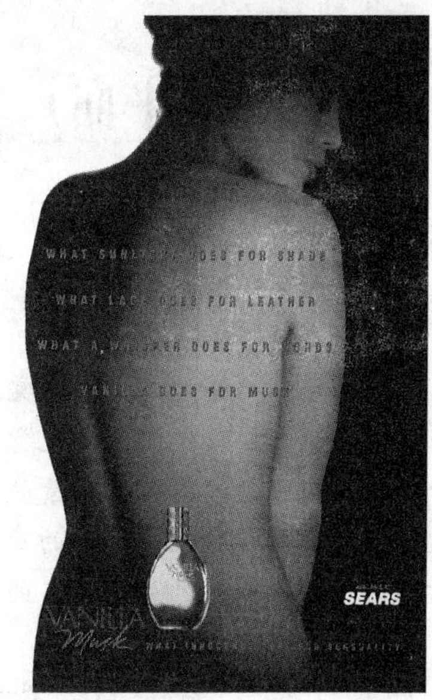


图9-6

## 练习与思考

1. 感觉原理的概念。
2. 格式塔、结构主义理论、生态主义理论的内容。
3. 知觉原理的概念。
4. 符号学、认知理论的内容。
5. 注意的两种形式。
6. 注意的主要因素和特点。
7. 引发广告注意的动机。
8. 记忆的特点和过程。
9. 增强消费者记忆的传播策略。

# 第十章 平面广告传播的视觉流程

**本章提要：**广告传播中的视觉流程有其科学的规律，它与广告视觉信息的构成因素——画框、空间力、视觉重点、视觉强度和视觉深度有密切的关系。视觉注意、视线流动、视觉元素的诱导与暗示影响读者阅读画面时的视觉运动过程。只有按照视觉流程设计的原则和方法，视域优选、视觉流程设计的方法和程序，才能达到信息传播的目的。

## 第一节 视觉流程的构成因素

所谓视觉流程，是指人们的视觉在接受外界信息时的流动过程。这是因为人的视野的客观限制，不可能同时接受所有的物象，必须按照一定的流动顺序进行运动，来感知外部世界。这种流动顺序既有随意性，又是积极主动的，而且是按一定的规律运动的。

将各种要素在视觉运动的规定下进行空间定位，就是从注意力的捕捉起，通过视觉流向的诱导，直至最后印象的留存，这一程序的规划或设计，我们称之为视觉流程设计。

广告视觉信息的构成要素从内容上分有：标题、标语口号、插图、说明文（广告正文）等等，大体上可概括为文字、图片和色彩三种视觉要素。视觉要素的表现与组合变化，就成为广告的视觉语言。视觉设计就是通过不同的视觉语言传达一定的广告信息。

广告画面中的任何视觉形象，都有其力动性和诱导性。垂直线引导人的视线做上下运动，水平线引导人的视线做左右运动，斜线比水平线和垂直线有更强的张力，能把人的视线引向斜方向，不断改变方向的折线，使人的视线按其方向的改变而改变。不仅线条是如此，形状也是如此，正方形的视线引导方向是四方辐射的（包括对角线的延长方向和四边的延长方向），圆形的视线引导方向是呈辐射状的，给人以均衡的扩散感。三角形的视线引导方向是向三个方向扩散的。此外，形态的视觉诱导功能还体现在形态的相互关系之中，如从大到小或从小到大，从强到弱或从弱到强，从疏到密或从密到疏，从黑到白或从白到黑等。

### 一、画框

设计都限定在一定的范围、框架之内，“框廓”对物象造成距离、间隔，使物象孤立绝缘，自成境界。任何平面设计都会有有形的或无形的边框，四条边线组成“画框”，由于画框形状不同，给人力的感受不同。正方形力均等，给人稳定感；长方形则感觉力沿长边流动明显，因此图形方向顺着长边就感觉流畅，反之则觉受阻。

### 二、空间力

平面设计画面图像是以画面的四条边线为参照构架，画面上每个明确的视觉单元，由它与边线的关系而获得它的位置、方向与间距的空间评价。各种趋向的线条、色块会造成不同的感受，都是相对于四条边框而言的。在长方形表示画面边线的图中，长方形轮廓内的黑色方块说明同样形状在各种情况下的变化。只要使小方块与空间的主要方向一致，即方块边线与画面边线平行，它看起来是一个正方形。正方形作斜对角放置时，失去了它的稳定性，可以看到它不再是一个正方形而是一个菱形。在第三例中它改变形状且失去它的坚固性，它暗示运动且在正方形与菱形之间波动，对图的研究明显表明视觉单元对画面边线的关系产生它的空间表达。

我们倾向于把地心引力作为稳定的参照标准，并借此来观察和进行阐述，因此一个图像一旦被置于由垂直——水平方向构成的坐标轴上，它便意味着运动。

如果把一点或一线放在画面的一个位置上，那么各个视觉单元的位置与画面边线的关系将把不同的空间含义联系为动态的运动形态。根据各单元在画面上各自的位置它们好像正移向左、右、上、下或后退、前进。各视觉单元产生一个把画面作为空间世界的解释，它们有力和方向，它们成为空间力。

画面中心对四条边线有一种“吸引力”，它首先使空白的画面成为一个整体。我们还可以把这种现象看作是四条边线的内聚力，若加强了四条边线就加强了内聚力；若失去了四条边线，就失去了内聚力。画面中的物体远离四条边线就使内聚力减弱，产生空旷宽松或涣散感；距离四边线近，则内聚力加剧，产生严谨生动或急促拥塞感。在画面上加边框，即是强调内聚力的一种方法。

每一个点和每一条线都有能量，一般的视觉经验是物体愈大，重力愈大。形象位于画面中心的垂直轴线上时重力小于当它们远离主要轴线时所具有的重力。离中心越远，重力越大。垂直走向的形式，其重力看上去比那些倾斜走向的形式的重力大一些。规则的形状其重力比那些不规则的形状的重力大一些。同一形象位于画面上方比下方感觉重。

圆形重力虽小，但若安排在远离画幅的中心，使力的分布合理，即可达到视觉平稳；有生命感的形象比无生命感的形象视觉上感觉重，因此小鸟可与巨大的山在视觉上取得平衡，起到“秤砣虽小，能压千斤”的作用。

形象的大小、深浅影响到力的强弱；形象的位置、走向影响到力的方向；形象本身的形状会与力的作用点等产生联系。像真实世界中充满着各种各样的力那样，出现在画面上的文字、图形、点、线、色块等各自发射不同量的能，它们像活跃在天空中的重力、引力、张力、推力那样，都在画面虚幻空间中作用于人的视知觉。在这个意义上，我们可以说，合理安排空间关系的依据便是上述各种力的合理分布和巧妙组合，不同的组合就会造成不同的空间效果。

力在画面上的作用，首先是表现为对画面静力平衡的破坏。也正是在破坏静力平衡的基础上，又可以巧妙地运用力的作用来建立新的动力平衡。应将画面上每种形象所产生的作用力，根据一定的秩序，组织到画面的空间中去。而盲目地一味在画面空间上堆砌形象，就有可能造成各种力相互冲突，扰乱人们的视觉，造成没有逻辑秩序的力的交织、冲突所造成的纷乱空间。缺乏力度，缺乏力的种类、方向和秩序的变化，就无法形成有效的视觉流程。

### 三、视觉重点、视觉强度和视觉深度

要使设计意图得到完整的体现，就应该研究图形设计中各单元的构成方法和排列顺序，确立各单元在受众视觉中的刺激程度。只有当受众的视线依照设计者所编排的方向流动，才能使他们在不自觉的状态下感受到设计意图。

“视觉重点”指同一画面中互相比较之下，具有最大视觉强度的视觉要素。

“视觉强度”指同一画面中各视觉要素吸引力的大小，即观看者注目程度的大小。

“视觉深度”指各视觉要素强度的大小排列，造成视觉焦点移动的次序。

建立“视觉重点”首先吸引视线，使其鹤立鸡群，再根据设计内容主次

的要求，逐次传达，以便视觉接收。形成“视觉重点”，有赖于“视觉强度”的比较与“视觉深度”的衬托。视觉深度表现的主要因素有：

（1）大小——尺寸相等的东西，我们看去越近越大，越远越小。因此，同等形状的对象，在我们脑海中便认为它们是等尺寸的。如果是大的就表示近，小的就表示远，从而代表了纵深的空间。

（2）重叠——视觉经验告诉我们，在前面的东西因未被遮挡，具有完整的形。

（3）纹理渐层——同样的纹理越远感觉越窄。

（4）清晰与模糊对照——同样的对象越远感觉越模糊。

（5）透视法——大小、远近的透视。

（6）垂直位置的深度关系——在二维空间的画面上，我们习惯上会将水平线作为参照基线，将画面底部看作最近点，而将视觉单元的高低看作后退的空间的深远，将垂直的位置的高度作为深度来理解。（图 10-1）

图 10-1

## 第二节 视觉运动的规律

视觉运动是指观众在阅读画面信息时的视线移动的形态和轨迹。

各种客观信息不断作用于我们的感觉器官，由于形态、色彩能量的张力对视觉的刺激，引起视线的不断移动和变化，这就是视觉运动。当然这种运动不是真正的运动（位移），而是一种生理和心理的感受，是依赖视觉经验的知觉而引起的，是一种联想。

### 一、视觉注意和视线流动

视线的转移具有直线性特点，即视线从一个视点转移至另一个视点，从一种刺激样式转至另一种刺激样式时是直线转移，因为直线段是连接两个刺激物的最短距离。

视觉信息具有较强的刺激度时，容易为人的视觉所感知，视线就会被吸引过来成为有意识的注意，是视觉流动的第一阶段。

视线是顺着事物之间的间隔距离递减的方向移动。

当人的视觉对信息产生注意后，视觉信息在形态和结构上如具有强烈的冲击力，形成和周围环境的差异性，就能进一步引起人们的视觉兴趣，在物像内按一定的顺序进行运动，并接受其信息。

人们的视觉注意力，往往先落在刺激强度最大的地方，然后按照视觉物像各构成要素的关联性和刺激度由强到弱地流动。

视觉流动总是反复多次的，视觉在物像上停留的时间越长和次数越多，获得的信息量就越大。反之，若视觉在物像上停留的时间越短、次数越少，获得的信息量就越少。

视线流动的顺序还受到人的生理和心理因素的影响，这种流程顺序既有随意性，又是积极主动的，而且是按照一定规律的。由于眼睛的视圈是水平椭圆，水平方向的阅读比垂直方向的阅读方便又快速，人们在观察物像时，容易先注意水平方向的物像，然后才注意垂直方向的物像。人的眼睛对于左上方物像的观察力优于右上方，对于右下方的观察力又优于左下方，因而，一般广告设计均把重要的构成要素安排在左上方或右下方。

由于人的视觉运动是积极主动的，具有很强的自由选择性，往往是选择所感兴趣的视觉物像，而忽略其他要素，从而造成视觉流程的不规则性与不稳定性。

在广告画面中，组合在一起具有相似性的因素，具有引导视觉流程的作用，如形状的相似、大小的相似、色彩的相似、位置的相似等。在进行视觉流程设计时，应引导观众的视线按照设计的意图，以合理的顺序、有效的感知方式，发挥最大的信息传达功能。

人们通过阅读各种不同的广告信息，由于不同形态和强度的视觉要素所引起的视线的不断移动，称之为视觉的运动。

### 二、视觉元素的诱导与暗示

视觉元素通过诱导媒介，让观众视线按照设计意图按一定方向，有顺序地由主及次，突出重点，把画面各构成要素依次串连起来，形成一个有机的统一体，以发挥最大的信息传达功能。

人的视觉，因受各种视觉元素的制约，以及注意力价值的差异和视域优选的影响，它总是循着一定的规律和方向。在一般情况下，界定范围内的视觉，是由内而外，由中心后周边。作为视线诱导因素主要为有方向的线或具方向感的结构，一条直线，可以分割视域空间，也可以诱导视线沿直线运动。水平线向左右运动，垂直线向上下运动。斜线比起水平线和垂直线，更具有动势的变化，有更强的视觉诉求力。斜线引导斜向运动，习惯上自左下至右上，或自左上至右下。折线，依其折向而流动，曲线、波状线亦延曲度而起伏。

基本形连续排列，便显示出一种韵律感。如基本形由大而小渐次排列，则视觉亦由大而小的律动，视线的流动会鲜明地往一个方向进行。景物中的透视及其夹角，引导视线向纵深流去。

运动也是控制注意力视线从一个物体转向另一个物体的重要因素。一个箭头或一个有指向的手指，能把注意力引向指着的方向。同样，任何运动，像人的散步、动物的奔跑、车轮的转动等也能使注意力集中在运动的方向上。眼睛总是倾向于跟踪人或物运动的方向进行观察。广告作品中某些特定的信息量大的动作和表情，往往会成为画面的诱导因素，有效地诱导观众注视广告画面，吸引观众视线。

此外，任何具有强烈方向感的形状都能把人的注意力引向它所指着的方向。

相似性的因素具有引导视线流动的作用，视觉易对相似性的因素加以感知。在一个视觉式样中，各个部分在某些知觉性质方向的相似性程度，有助于使我们确定部分之间关系的亲密程度。具有相似性的因素容易组合在一起，并且具有引导视线的作用。形象的相似性包括：形状相似、大小相似、亮度或色彩相似、肌理相似、方向相似等。

使用视觉诱导媒介应注意的是，单纯借用非信息载体，如装饰、指示形等，它们对视觉流动虽有一定的作用，但这些东西不宜过多采用，因为它也吸收人的视线，而影响人对所传达的信息的吸收。因此，在平面设计中，应尽可能用信息载体来诱导视线流动。

## 三、视觉流动线

好的广告设计不会让人一瞥即止，它应该像一位热情而耐心的导游，在它特有的运动形式的示意下，给观众视觉流程安排好阅读的先后顺序。不能只在画面上“安装零件”，应认真思考画面的构图会不会阻隔和干扰画面中的运动气韵，应将画面中出现的各种要素给予合理的整理与配置，放到画面中考虑。安排视觉要素时应脉络清晰，似乎有一条线贯穿在里面，一条线绵延下去，画面的运动趋势应该有一个“主体旋律”，细节部分必须与贯穿整体的主旋律有机地协调一致，就像树干和树枝，毛细血管和主动脉。

视觉流动线可以表现为多种形式，由于运动整体形式不同，主旋律不同，就有不同的流程安排。运动的总趋势是由潜伏在运动结构之中的主作用力形成，力的方向的不同可以造成形式结构的差异乃至情感倾力的改变。方向力与速度在感觉上成正比关系，方向明确，形体单纯，运动感强，速度也就强。依据运动方向的不同，产生几种不同的运动形式：

1. 单向运动。

单向运动可以表现速度感，画面表达了奔放，富有活力的动人气氛。直线、斜线、曲线运动都是单向运动。

2. 回旋运动。

回旋运动是各单向运动矛盾、穿插，它的主体线互不交叉，面与面之间产生的空间造成一股无形的力的运动。回旋运动有满而不堵、舒畅贯通的运动感。“S”形是回旋运动较具代表性的一种运动结构，“S”形由两相反的弧线组成，本身具有相反相成的因素。单独的弧具有饱满、扩张和一定的方向感；两相反的弧线则产生矛盾、回旋、灵活的力，在平面中增加深度和层次。“S”形具有上下左右四方运动的趋势，从起点到落点经过不同区域进入新的空间。由“S”形线发展的各种回旋运动都感觉舒展、灵活，由不同方向造成矛盾和穿插的力，使有限的视觉面积产生扩张感和空间感。

3. 反复运动。

是一种有节奏的运动，一般为相同形状的反复出现。

4. 复向运动。

矛盾的两股力以中心点为轴，相互作用而产生的向心、离心等形式。

## 四、视觉的随意运动和不随意运动

由于外界的刺激，视觉才能不断地保持感知。视觉受到刺激，引起兴奋后，对感兴趣和理解及适合视觉生理的信息乐于接受，反之，视觉神经受到抑制和排斥。视线在有意注意或无意注意的心理状态下，视线经常的随意和不随意的运动，保持着视觉的连续性。视觉的随意运动是根据主体内在要求的目的和任务，主动、有意把视线指向需要的目标。例如为了选购商品而去翻阅有关广告，在这里视觉运动的指向性，不是决定于某些对象本身的特点，既不是刺激的强烈或新异性，也不是内容的饶有趣味，而是决定于提出的目的和任务。视觉的随意运动主体要付出意志和努力，才能保持视觉的集中和维持注视过程的一定强度，因而客观刺激本身的特点，仍然是一种积极因素。视觉的不随意运动是由环境的变化引起的。由于意外出现的外界突然刺激，主体不由自主地立刻把视线指向刺激物，并伴随主体心理上的反应，例如，当读者被画面上一个笑容可掬的少女形象所吸引的时候，自然会产生一种探究的内驱力，导致定向探索的视觉。在无意注意情况下发生的视觉不随意运动，往往观众事先无准备，没有预定的目标，也不需作意志的努力，其动因决定于刺激物本身的特点，刺激的强度，客体的意义和视觉环境等视觉运动客观要素。因此视觉的不随意运动，对于广告视觉传达设计，更具特别意义。

(图 10-2、10-3)

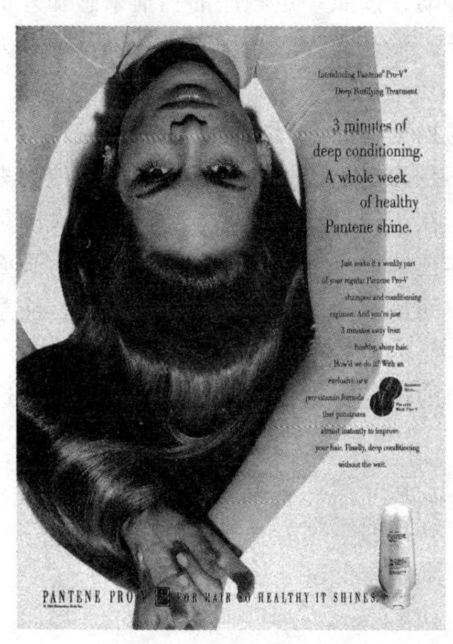


图 10-2

图 10-3

## 第三节　视觉流程设计的原则和方法

将视觉运动法则运用于设计，从选取最佳视域，设计注意力的捕捉物，安排视觉流向的诱导因素，规划视觉流程的形式，到最后印象的留存结尾，称为视觉流程设计。

视觉流程设计中会涉及到视域优选的问题、设计方法的选择和设计程序。

### 一、视域优选

人眼的视野是固定注视正前方时所能看到的空间范围，双眼视野大于单眼视野，双眼视野是一个椭圆形的区域。视觉只有在视野范围内才会有反应，越接近中心区域，也就是视觉越小，视觉就越清楚，这个中心区域就叫视域。外观世界宽大无边，而人的视野极为有限。一般人两眼的总综合视野，在垂直方向为130°，在水平方向约为180°。另外，视网膜的表面有的区域敏感性较高，有的区域敏感性较低，在观看物体时，要从正面看才有敏锐的视觉，即在垂直方向6°和水平方向8°内所看到的物体最为清晰。所以，人的视觉不能同时感受到所有物像，必须依靠眼球的不断转动，按照一定顺序的扫描来感知外部世界。由于各种信息的强弱和方向的诱导，形态动势的心理暗示，以及注意力价值的区分，我们称之为视域优选。

根据格式塔心理学家的研究，人的视觉在一个界定的范围内，其注意力价值不是均衡的，而是有差异的，但也不是固定不变的，还得看画面其他因素的影响。所造成的心理暗示和诱导而定。在构图设计中，注意力价值最大的是上部、左部、左上和中上，我们称为最佳视域。一般情况下，视觉注意力画面的上部要比下部强，左侧要比右侧大，中间比周围的边缘强，不同视域，注意力价值不同。

设计时，我们就要考虑到将最重要的信息安排在注意价值高的部位，这便是视域的优选。

不同的视域，不仅注意力价值不同，在心理上也给人以不同的感受：

上部：给人以轻快、飘浮、积极、高昂的感觉。

下部：给人以压抑、沉重、消沉、限制、低矮、稳定的印象。

左侧：感觉轻便、自由、舒展、活动。

右侧：感觉紧促、局限、庄重。

## 二、视觉流程设计的方法

一般而言，我们可将设计分为思考性过程和视觉化（造型化）过程。

所谓思考性过程，是指对设计的目的、背景，设计计划的目标和效果进行考虑。将各种条件及制约融入设计过程中，可以说是设计的必然要求。而视觉化过程，则是将设定好的以通过图像或文字，转换成视觉性图像信息的过程。思考性过程和视觉化过程彼此相通，思考性过程是对信息的收集、整理、筛选、加工；视觉化过程则是传达设计意念，展开形象思考、逻辑性思考，以图形形象使意念具体化、对象化。视觉化过程既要有合适的信息媒体，又要安排一个合理的视觉流程，一个优良的设计，它的视觉流程应该是符合：

首先，要与人们认识过程的心理顺序和思维发展的逻辑顺序一致。人们认识过程是先感知，再通过对所掌握的材料进行分析和思考，认识事物的特点、关系和规律。人们在认识过程中是按先感性后理性的顺序，由于图形所提供的可视信息比文字更具直观性，所以平面设计中常将图形作为画面的视觉中心，这比较符合人的心理，可提高人们的视觉兴趣。思维的程序，即逻辑，是用概念的演化过程来反映客观世界的历史发展过程，亦即反映客观事物本身运动发展过程。

其次，按照信息的主次要求，即根据设计的视觉传达目的或其传达重点来确定其顺序，突出主要信息。在商品的广告、包装设计中，构成要素的主次一般按品牌、品名、标志作为传达的重点，但在具体设计中又各有侧重。如香烟就要突出牌名“中华”、“红塔山”。当商品形象不易辨识时，为了说明内容物，此时就要突出品名，如“橘子汁”、“芒果汁”。

受众一般处于消极被动状态，为了让消费者在注目广告的一瞬间能按信息的主次要求，有序地接受信息，可将信息在形式上加以逻辑联系。具体是指将不同的符号、形态、色彩等元素，以信息的轻重缓急为依据，依形式法则予以安排，在视觉上建立秩序，在最短的时间内传达出最重要的信息。设计中不是为了装饰才用线、形和色彩，而是把它们用作功能因素来引导人们的视线流程。

视觉设计是意念通过艺术的手段表现为可见的形象，它是通过眼睛发生作用，旨在表现和传达一种情感状态。设计能否吸引视觉而达到传递的目的，就看其形象是否含有情感艺术语言，是否通过视觉而引起心理上的反应。视觉设计艺术的奥秘在于：视觉上的冲击，心理上的唤醒，激起人们的向往，形成与消费者的沟通。注目一幅平面设计时，往往观众首先会快速浏览版面，先形成一个总体印象，这个过程只在瞬间完成，紧接着视线便被画面中最诱人的某一处所吸引，此处可能视觉冲击力较强，或者是因为有观者需要了解的内容，有引起兴趣的美的形式。因此，此处可视性最强，最能“抓住视线”。随后视线沿着图形中各因素的强弱程度而移动，由于视线弱的方向性诱导，形态动势的心理暗示，注意力价值的视域优选，构成要素主次的影响，视觉运动遵循着一定的方向和程序而有规律地流动，这就是视觉的运动法则。

视觉流程是一个视觉传达过程，也是一个感知过程。一般情况下，这个过程是由三个感知阶段组成，即：第一感觉；感知过程；最后印象。广告视觉设计要让消费者迅速收到画面所传送的信息，第一眼，要让人们为画面所触动、所吸引。要能使观众在去看文字之前因惊异而滞留一瞬。第二眼就要使人感到兴奋、愉快，同时引导观众发现设计内容的主题所在，满足受众物质需要或精神需要，最终使这些感觉留在人们的记忆当中。视觉流程设计，就是以这一心理过程为依据。

### 三、视觉流程设计的程序

关于流程设计的内容，一般也相应地分作目光捕捉、信息传达、印象留存三阶段。

1. 目光捕捉。

通过外界刺激，捕捉住观众的视线，引起人们的关心与注意，这就是目光捕捉。

视觉注意分为有意注意和无意注意两种。视觉元素对视觉注意力的吸引就是以独有的视觉特征吸引观众的注意力，把观众视觉的无意注意转变为有意注意，进而把观众的视线引导到广告中去。尤其在商品销售竞争十分激烈的时代，无论是商品本身的外观造型、色彩还是商品的包装设计、广告视觉设计，都要十分重视对视觉注意力的吸引，重视商品广告视觉冲击力的作用。

信息要能为人们所接受，一个重要的前提就是必须具有较强的冲击力或要使接受者感兴趣。消费者在注意某一对象时，一般平均五秒，能保持二十秒的很少，对印刷广告的注意焦点，最多是两秒钟，经过两秒钟以后就会削弱并消失。一个广告设计作品，引起人的注目，这是传达设计成功的第一步，若要引人注意，最重要的是第一感觉，开始的1/10秒钟的瞬间最关键。

用于捕捉人的视线的对象，称之为目光捕捉物。在广告画面上，目光捕捉物可以是人，也可以是物，更多的时候是商品，是商品使用的情景，或是与商品有关联的图像，也可以是造型独特的文字，如品牌名称或广告词。目光捕捉物，是一种非主动注意的心理现象，由目光捕捉物之刺激引起情绪冲动、感染或关心。刺激的大小，导致注意力的强弱变化。引起注意之中，最重要的是情感诉求法，要能引起观者的兴趣与情感共鸣。如消费者已熟悉的美国的万宝路香烟广告，以西部牛仔和马为主题，画面上都采用粗犷豪迈的牛仔、矫健的奔马以及壮阔的群山和原野，使受众无不为之吸引。“策马飞奔，驰骋纵横”，使人联想到：享受万宝路香烟就如同享受自由自在、豪放无羁的旷野跑马生活，以自然美的情趣使消费者动情。但目光捕捉物，不能喧宾夺主。如一些以美女为目光捕捉物的广告，如果不注意形象与广告诉求主题的关系，不注意针对不同的目标消费者选用不同的形象，或画面形象哗众取宠，往往使主题不突出，使消费者的注意力分散或转移，从而导致诉求失败。

（1）人物形象作为目光捕捉物。

广告设计最终目的在于说服人们购买商品，人物形象作为目光捕捉物有利于主题和创意的表达，起到良好的点题和烘托作用。作为产品或品牌形象的代言人，具有独特的个性品位，具有美的感染力，不仅增强画面的吸引力，而且会在消费者的心目中建立鲜明的个性形象，留下难以忘记的印象。人物的动作和表情，具有传情达意的功能。动作与表情是构成人类行为的形式基础，也是行为的表达方式，它同语言符号一样，也是一个表意符号系统，是一种无声的语言。在广告视觉设计中，运用人物的动作语言能提高画面的被注意度，能更有效地传递广告信息。

（2）以商品图形作为目光捕捉物。

目光捕捉物采用商品图形本身，是传达商品信息、说明产品本身性能特点最直接的方法，对那些外观造型美观大方或独具一格的产品更能产生良好的效果。它能从视觉上给消费者一个清晰的商品印象，使消费者对画面内容进一步产生关心，引起共鸣，刺激其购买欲求。

（3）以文字作为目光捕捉物。

文字作为目光捕捉物的平面设计，以报纸广告、杂志广告运用较普遍。文字不仅作为语言符号可直接陈述企业和产品的特征及性能，并且要注意文字形象的个性、风格特点要与企业、产品给人的印象吻合一致，否则会影响文字的视觉传达效果，也不利于企业和商品良好印象的建立。作为目光捕捉物的文字，在平面设计中处于主导地位，选择字体时，就不宜选用中性字体，而应选用那些富有表现力的字体。

在视觉流程设计中，要使尽一切解数，极尽新奇美妙之能事，可通过生动的情态，美妙的色彩，运用夸张、对比、反复、律动、特异、新奇等一切手段，以及各种表现技法，创造一个引人注目的目光捕捉物。目光捕捉物在视觉上要求醒目，继而注目并达到悦目。

（图 10-4）

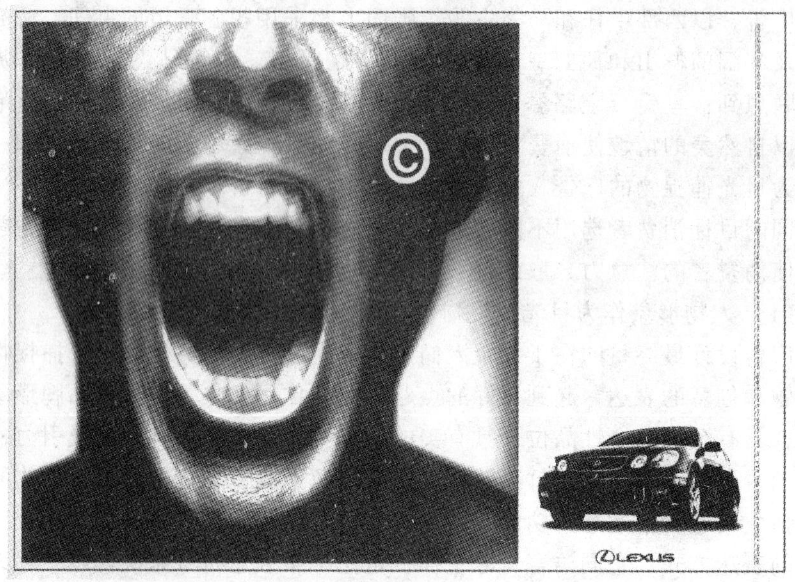


图 10-4

视觉心理的研究结果证明，人的视觉感知过程分为两个阶段。人在感知外观世界时，往往是先整体感知，再局部感知，这两个阶段是交替进行的。流程的第一阶段是总体感知，这时的视线并未集中在物像中的某一点上，而是对物像总面貌的感知，视线不形成明确的目的，得到的视觉形象只是关于物像的位置、形状、面积等的模糊印象。视觉对某一物像的整体感知过程相当短暂，它可能放过这个物像而转至其他物像，只有当物像具有较强的视觉刺激力，激发出观者的视觉兴趣时，才能引起注意。视线才停留下来对这个物像予以关注，于是进入第二阶段——局部感知。即是目光捕捉物把观者的视线吸引过来，完成了感知的第一个阶段。然后由视线流向的诱导，来完成信息传达的任务。

2. 信息传达。

当观者视线被目光捕捉物所吸引，已经引起注意后，就有了进一步探索内容的要求，这就是信息传达的阶段。信息传达是视觉流程设计的重要内容，设计的重要任务在于传达信息。

信息传达的过程是由信息源通过媒介传播给信息接受者，信息既不是物质，也不是能量，它只是借助于某种载体才能表现出来，通过某种载体进行传递和交换。信息源发出信息时，一般以某种符号（文字、图案、色彩等）作为媒介表现出来，此类媒介即为信息载体，载荷着信息的具体内容。信息要传递给信息的接受者，还要经过编码、解码的过程。

广告视觉设计中将某种符号按照一定的条理组织起来或按一定的顺序排列起来，使信息通过感官可以识别到，这种视觉符号我们可称为“代码”。编码的目的主要是为了方便信息处理、识别、传输，信息编码是一种符号序列和将这些符号序列排列起来必须遵守的一些规则和方法。信息解码是对信息的接受和处理，即是对信息载体的识码、分析，最终实现信息的作用，促使消费者记忆、行动。

信息传达的过程为：信息源——编码——媒介——解码——信息接受。

信息是可以互相转换的，可以从一种形态转换为另一种形态。物质信息可以转换为语言、文字、图像、图表等，也可转化为代码、信号。视觉传达设计的编码过程，其实就是将观念转化为视觉语言的过程，人们的思想感情和观念，几乎完全可以转化成视觉信息交流与传播。视觉语汇实际上是建立在一定的公共基础之上的代码般的程式，以人们熟知的形式把所要宣传的事物的意义和特征等形象化地、一目了然地表现出来。如埃及狮身人面像，就是将人面代表智慧、狮身代表力量的两个意象组合在一起形成一个新的意象。法西斯屠杀的画面和宰牛场的画面组接在一起时，其符号含义明显要比直接的谴责或描述深刻数倍。一个具体形象的符号要远远超过抽象文字的描述，一个符号意象可以留下大量供主体去想象或联想的余地。编码的语汇含义是人们在长期交往中逐渐固定下来的，人们对视觉语汇一般有共同的感觉和认识，但不同的历史时期，不同的民族有不同的理解。作为载体的语汇的意义必须是信息发出者和接受者对其含义有共同的理解，才能使传达得以顺利进行，二者之间必须具有共同的语言基础，需具备同样的文化修养、价值观念、审美情趣，否则二者之间就可能无法沟通。编码过程中要注意的是，人们对具象图形的接受理解力要比对抽象图形的理解力快得多，而且充分、准确。因此，利用符号编码时，要优先采取具象图形。

信息传达中的代码主要通过直观的图形，抽象的文字概念，形象与色彩的感性印象来传达特定的广告信息。载负信息的媒介也就是信息载体，可以是图形、色彩、牌名、品名、标志、厂名、标题、说明和文案等。将这些信息载体，遵循视觉运动法则，通过编排、组织和处理构成的视觉流程，犹如字词按照一定的语法组成的诗歌文章。文章要炼字炼句，设计也要形色斟酌，布局推敲。传达内容要有中心，表现主题应有特点，流程要有节奏，编排应有条理。在广告视觉传播设计中，不论图形的表现或文字的传达，最重要的是信息简明、传达迅速。

**练习与思考**

1. 视觉流程的概念。
2. 画框、空间力、视觉重点、视觉强度、视觉深度的意义和作用。
3. 视觉运动的基本规律。
4. 视觉元素特点与功能。
5. 视觉流程设计的原则和方法。
6. 广告画面视域优选的规律。
7. 视觉流程的设计原则、程序和方法。

# 第十一章 平面广告视觉要素之一——文字

**本章提要**：文字是广告主要的视觉要素之一，是广告视觉形象的重要组成部分，与图形同等重要。广告文字与图形互为补充发挥着不可替代的作用。因此，广告文字的视觉设计主要包括，了解广告文字功能和作用，掌握广告文字造型规律，文字的版面编排，以及字体的视觉表现与应用。

## 第一节　广告文字的功能和种类

毋庸置疑，广告图形是最具有注目性的视觉要素，有较强的视觉传播效果，但是在许多情况下，单凭图形人们仍然不易了解广告的信息，往往需要加上文字说明，如此才能赋予图片意义，从而产生良好的理解和记忆。因此，广告版面上文字部分的设计，与图形同等重要。在广告的视觉传达设计中，字体作为主要的视觉要素之一，是其他要素不能替代的。

文字是人类智慧的高度结晶，文字的变化同样也反映了时代特征。原始社会文字图形作为一种形象符号，维系着原始人类的群体生活。当社会发展处在一个比较低的阶段，大众文化落后，生产和消费还停留在追求基本生活的必需时，文字在很大程度上是起着记录和说明的作用。现代社会的高速发展，不同民族文化和生活方式有了广泛的交流媒介，文字发挥着巨大作用。

由文字构成的字体设计起源于 20 世纪初，这个时期的欧洲科学技术得到了进一步的发展，对字体设计产生了重大影响。现代设计运动的兴起，使人们的艺术观念起了很大的变化。在图形设计领域里，改变了以往单纯地将优美的风景和著名的肖像作版面的设计，开始了研究文字本身独特的价值。走在最前面的是瑞士图形设计师厄斯特·凯勒，他在苏黎士工艺美术学校执教时，开创了纯粹用文字作编排设计的图形风格，并建立了字体设计完整的教学体系，他主张形式应由内容决定，要解决设计问题，首先要做到形式与内容的统一。

文字设计的表现形式是由文字与内容的关系构成的，各种事物的不同功能规定了表现形式的多样化，新颖的表现形式往往是对描绘对象深刻独特的把握。

从文字设计的发展看，它经历了由单纯地说明产品属性而转向运用文字设计形象本身反映内容的过程，表明了形式的发展是对内容认识的不断深入。

## 一、文字形象的功能

1. 加强文案的吸引

经过设计的文案，由于不同字体笔画粗细有别，置于图面上，不同字体区域各自形成深浅不同的色块，而不再是整片单调而无变化的灰色块；若各字体区域分别设计为不同颜色，而产生色相差异，更可赋予文案，如同图画般悦目迷人的生命力。

使用字形不同与大小不同的字体，来区分标题与内文，使标题鲜明抢眼，并凸显内文重点，让人们易于抓住广告的主题。

2. 辅助图形设计。

广告人员亦可利用文案排成图形，或将文字图形化，使文字产生图的功能，以强调广告诉求。

## 二、广告字体的视觉特征

1. 独特性。

广告字体的识别性体现在独特的风格与强烈的个性印象上。依据广告信息经营理念、文化背景和行业特征等因素的差别，创造不同个性的字体。传达广告信息性质与商品特性达到广告信息识别的目的。

2. 易读性。

广告字体应传播明确的信息，说明内容简要易读。才能符合现代广告信息讲究速度、效率的特点，具有视觉传达的瞬间效果。字体笔画、结构法则必须按国家颁布的汉字简化标准，力求准确规范，避免随意性，以免造成辨认的困难。拉丁字母的设计也应力求清晰规范，注意与汉字的协调。

3. 造型性。

广告字体设计成功与否，造型因素是决定性的条件。在遵守造型原理与规则的前提下，追求创新感、亲切感和美感，广告字体得通过其形态特征传达广告信息的个性特征，力求做到美的传达，创造美的形象，提高传播效益。

广告字体的设计与选择，应经过全面的计划、严谨的作业，以满足广告信息情报传达的需求为前提，创作出具有独特风格的字体。

（图 11-1、图 11-2）

图 11-1　　图 11-2

**三、广告字体的种类**

在视觉媒体相当发达的今日社会，我们每天会接触报纸、刊物、DM、电视、路牌、招牌、产品包装等各种传播媒体；可以看到各式各样的广告字体，如广告标题口号、广告内文、商品名称、字体标志、品牌名称等。广告字体的种类繁多，功能各异，然而其基本的、共通的任务，在于建立广告信息、品牌等独特的风格，塑造差异的形象，以期达到传达信息的目的。不同的种类广告字体其功能也有所不同。

1. 广告字体按视觉形态来分类。

按视觉形态来分类，广告字体的种类主要有：印刷书体、手写体和设计师设计的各式各样的美术字体等。不时有新的字体被设计出来，使得可利用的字体类型越来越多。字形又可通过拉长、压扁、变斜，作出多种多样变形。由于字体种类不断创新及电脑设计、排版功能日新月异，使广告版面字体的应用更为灵活，设计人员必须知道各种字体及其特点与其变化方式。现就广告设计中常用的字体，分类简要说明：

（1）印刷字体。

字体种类繁多，有宋体（老宋、标宋、仿宋、粗宋）、黑体（粗黑、特黑、美黑、细黑）、楷体（行楷）、圆体（特圆、粗圆、细圆）、隶书、行书、综艺体、琥珀体、魏碑、印篆体、古印体，海报体等几十种中文字体，还有两三百种英文字体。每过一段时间，就会有新的字体出现。一般书籍内文均以书宋体印刷，广告的内文可根据不同的主题选择不同的常用字体，标题用粗体和大字号的字体，如粗黑、粗宋等。

（2）手写字体。

手写字体字形无规则性，大小不一，笔画不同，是富于个性与亲切感的字体。手写字体可用毛笔、钢笔或麦克笔不同的工具来书写，利用粗麦克笔写的文字，其横竖线条不等，具有艺术感 ，常用于 POP 广告。手写字体，自然人性，易传达原始纯真的感情，常用来表现生动自然和亲切的主题。毛笔字属于传统风格的字体，因书写者的个性不同而字体的风格也有所不同，字体从柔弱到阳刚变化颇大，可表达出多样的个性。但因人们对手写字体不如常用的印刷字体熟悉，阅读时不顺畅，容易产生疲劳，如果长篇采用行书或手写的字体时，常会影响文字的可读性。

2. 按广告字体的内容来分类。

如果按字体的内容来分类的话，广告字体主要有：广告标题、标语字体、内文字体、组合字体。

字体标志（Logo Mark），即是将广告信息的名称设计成具有独特性格、完整意义的标志，达到容易阅读、认知、记忆的目的。字体标志，具有精炼、统一与视听觉同步诉求的优点，成为近年来广告信息标志设计的主要趋势。

英文字体和我国的汉字一样，可分为标准印刷书体和手写体两大类，其视觉应用的原理是相同的。英文字体也源于象形，公元前 2 世纪，希腊的几何学家优库里德在《几何学》里把字母结构整理成几何图，公元 1 世纪演变的古典字体，至公元 8 世纪时产生了哥德体，14 世纪形成了意大利体，18 世纪时形成了古代罗马体，所有这些字体的发展趋势是日趋完美，到 19 世纪发展成为完美的无装饰体和各种自由体。

（图 11-3、图 11-4）

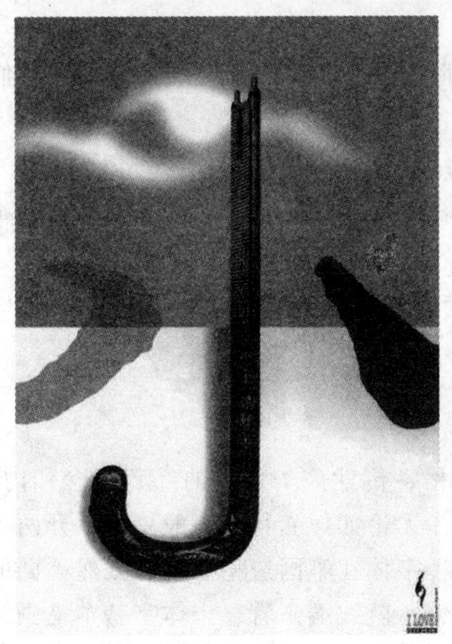

图 11-3

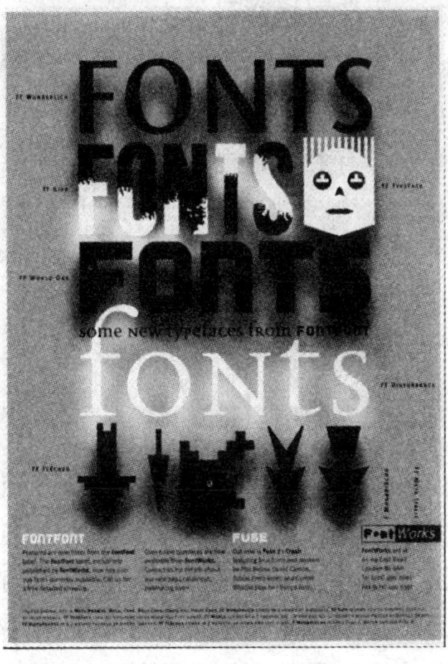


图 11-4

## 第二节　广告文字的造型设计

在广告视觉传达的设计中，文字可以是传达内容的叙述性符号，也可以是视觉形象的图形。从文字的本质上说，任何一种字体，都具有图形的性质，只是在广告视觉中所涉及的字体图形，旨在表现传播过程中作为符号的文字与对象之间的相互关系，以及它在广告传播媒介中的设计运用。

文字设计是以字体间组合形式的相互关系来体现主题。作为广告视觉设计，字体构成的功能和其艺术性是融为一体的。广告图形中的字体设计，不仅要向人们传达广告的信息，还要使观众在从字体排列的形式中得到美的感受。

### 一、广告文字设计的一般程序

（1）确定设计方向；
（2）确定文字的基本造型；
（3）配置文字笔画形态；
（4）统一文字形象；
（5）编排设计。

## 二、字体的错觉与校正

由于字体结构、笔划繁简不一，实际粗细相同，大小一致的字形在我们视觉上并不完全相同，这就是错视。

与字体有关的错视主要有：线的粗细错视；点与线的错视；交叉线的光谱错视；黑白线的粗细错视；正方形的错视；垂直分割错视；点在画面上的不同位置的错视。

常用的字体错视的修正方法包括：字形粗细、大小处理；重心处理；内白的调整；横轻直重的处理；字形大小的调整。

## 三、文字的造型设计

广告文字之所以能表现差异性的风格，传达广告信息的经营理念和内容，主要在于字体具有统一的特征。中文字体无论如何变化，一般总离不开两个最基本的字体形式——宋体和黑体，这两种字体在笔画造型上有着截然不同的风格和特征。宋体直粗横细，黑体粗细一致，就线端来看，宋体字基本笔画的造型变化多样，黑体字则造型统一，平整匀称。再以文字的精神风貌来看，宋体字带有温婉含蓄、古典情趣的美，黑体字则传达刚硬明确、现代大方的理性美，因此广告字体在设计时，首先应根据广告信息的经营内容与理念来选择合适的字体形式，从中发展、变化、创造出具有独特个性的字体。

文字的设计还在于统一线端造型与笔画弧度的表现。线端形态是圆角、缺角、直切、切的角度的大小等，都会直接影响字体的性格，再则曲线弧度的大小也能表现字体个性。如表现技术、精密、金属材料、现代科技等特征应以直线形为主，如表现柔和、松软的食品和活泼、丰富的日用品特点应以曲线为主来造型。

1. 象形设计。

《说文序》中指出："依类相形谓之文，形声相益谓之字。""依类相形"即按照一定事物的形所创造的符号，文字发展到今天，虽然在很大程度上摆脱了象形的状态，但是，在现代广告图形设计中，它仍然被设计师运用着，这种运用体现了人们对文字作为传达的符号的更深入的理解。象形的字体设计，应比照事物的形体，描绘实物的形状，但应注意的是，文字毕竟不同于图画，不可能也不需要将所有的字体笔画、形体等同于具体形象，只是将事物的主要特征和意念概要地表现出来。

要使广告文字风格独特，创意新颖，就需要掌握设计的要领，按照科学、合理的设计程序，融合设计师丰富的经验与设计技巧，才能创造符合广告信息形象的字体造型。广告字体因广告信息经营的理念和内容不同，加上设计师构思和表现技巧的差异，而产生丰富多彩的形态，但掌握设计程序和方法是非常重要的。

2. 创意化字体的设计。

创意化字体的设计，在于把字体作为图形来进行造型。结合文字与图案，或文字上饰以图案、花纹，或字变形为图案，均称为图化字体。古人曾仿照人、动物或器物的形状，将之绘下，创出绘画文字与象形文字。中世纪时，以羊皮纸抄写的圣经，每章开头第一个字通常特别放大，并且加上许多花俏的装饰，后来有许多英文字体均以此手法设计，称之为花体字。另一种方式为将字的部分笔画以图或商品替代。

图形化的字体容易引人注意，而且装饰性浓，具有亲切感，往往可以构成插图的效果，也可以单独使用成为图面的重心。

3. 合成文字的设计。

改变文字造型结构，取字根组合成新字，以创造新的意义。可利用照相打字打出若干字，剪取各字部分将之组合，或利用造字系统在电脑上造字。这种字通常加以修润，才能匀称美观，例如将“招财进宝”各取部分合并为一个字。

4. 缺陷字体的设计。

缺陷字体具有自然朴实的特点，在设计时可以借助平面设计软件，利用特效工具模仿撕裂、烧烤、影印、加网、曝光过度等效果，也表现拓印、渲染、斑剥、模糊或磨擦等肌理，而呈现历经沧桑之感。这种有缺陷的字体，具有时间的痕迹，常用在强调自然、另类、怀古或强调历时久远的广告主题上。

（图 11-5）

图 11-5

# 第三节　广告文字的编排设计

## 一、广告文字编排方式对阅读率的影响

文字编排方式的主要因素是字距和行距。根据台湾大学庄仲仁教授对中文编排方式在阅读效果方面的研究表明，行距的变量对阅读率没有显著的影响，而字距的变量对阅读率的影响却非常显著。该研究成果还证明当文字的编排使用初号字大小的尺寸时，字间距离应控制在3毫米左右，而行距也宜控制在3毫米以上，比字距略大些。采用这样的编排尺度，最易达到良好的阅读效果。（参阅表11-1）

表11-1

| 行距（毫米） \ 注意率 \ 字距（毫米） | 2.0 | 3.0 | 4.0 |
|---|---|---|---|
| 3.0 | 15.54 | 17.08 | 13.30 |
| 5.0 | 17.08 | 17.30 | 13.69 |
| 7.0 | 15.38 | 15.15 | 13.92 |

## 二、文字的编排设计的基本模式

1. 以线来构成。

广告文字编排设计的最常见形式是线，把单一的点形文字排列成为线，是最适宜阅读的形式。在设计中，常见的线型有直线和曲线两种，直线型包括水平线、垂直线、斜线和折线，曲线型有弧形、波浪线和自由曲线，还可以根据需要把文字排列成间隔拉开的虚线形式。可以采用单一的线型排列，也可以由多种线型综合编排。

2. 以面来构成。

在广告文字的编排中，常常把文字由点排成线，再由线排成面，即所谓文字的“群化”。这往往是由于版面空间和构图形态的实际需要，排列成面的文字整体性和造型性较好，而且便于阅读。排列成面的文字多是作为画面的辅助因素来考虑的，可以和其他主体性因素产生互补关系，形成画面特征和个性。

3. 齐头齐尾。

齐头齐尾的排列是最整齐的编排形式，就是把广告版面的文字排列成面，

面的两端是整齐的。中文字体的基本形是方形的，不管是直排，还是横排，编排起来都比较容易。但英文的单词，常有许多的字母组成，最少的只有一个字母，最多的有十几个字母，在编排时难免会出现一行的末尾有时空几个字母的空间，有时一个单词只能排一半，为了版面的整齐和单词完整，只有拉开单词间的距离，将不完整的单词转入下一行。

4. 齐头不齐尾。

把每一行文字的开头对齐，而在适当的地方截止换行，这样，在行尾就会出现参差不齐的形状，这就是齐头不齐尾的排列。这种排列方法在英文中是最常见的，中文采用这种方法编排时，通常以一个整句或一个段落作为划分的单位，例如，诗词短句就是采用这种齐头不齐尾的编排。齐头不齐尾的编排方式与齐头齐尾的方式比较起来，前者轻松活泼、方便阅读且具有机能性；后者则整齐严谨有余，灵活多变不够。

5. 齐尾不齐头。

把每一行文字的结尾对齐，而在适当的地方截止换行，这样，在行头就会出现参差不齐的形状，这就是齐尾不齐头的排列。在视觉设计中采用这种方法编排，以创造一种别具一格的风格。通常以一个整句或一个段落作为划分的单位，诗词短句也可以采用这种齐尾不齐头的编排。齐尾不齐头的编排方式与齐头不齐尾的方式比较起来，更能突出前卫、时髦和别致的个性。

6. 对齐中间。

对齐中间是一种具有高雅特点的对称形式。如果每一行文字的长度不同时，使之刻意地对齐中间，作对称形式的编排，在首尾自然产生凹凸变化的白色空间，这种编排方式，能使版面产生优雅的感觉。紧凑的中心，放松的四周空间，条理中有变化。

7. 沿着图形排列。

沿着图形编排字体是一种自由活泼的编排方式。当文本在设计编排时，遇到图形，即顺着图形的轮廓线进行排列，使图形和文字互相嵌合在一起，形成互相衬托、互相融合的整体。这种编排方式，需注意文案语句意义的完整性，以及外形轮廓的整齐感，如果沿着不规则的图形的外形编排，加之排成面的文案的外形不整齐，就会给阅读带来很大的困难。

8. 文字的分段编排。

在海报招贴、报纸广告、杂志广告和一些直邮广告的文字编排设计中，文案量的大小相差很大，往往会碰到大量文案编排的情况，虽然横向阅读是最符合人的生理特点，但是每一行的文字不宜太多，为了方便观众的阅读，就必须采取合理、有效的编排方式。常常采用一段式、两段式、三段式和四段式的编排。一段式的编排简洁明了，适宜文案较短的编排；两段式的编排对称大方，适宜较长的文案；三段式和四段式的编排比较活泼，比较适合年轻人的口味。

9. 变化型文字的编排。

打破常见的编排模式，追求变化和新意，是现代广告的重要特点之一。现今的广告内容丰富多彩，广告受众的口味千差万别，客观上也要求广告的表现不断变化、推陈出新。变化型的编排，包括改变广告开本或比例，注意文字的点、线、面效果，把握严谨、有机、生动等不同风格的表现形式。

10. 错位式的文字编排。

错位式编排是采用错位方法，来区别或强调广告文案不同内容特点的手法。通过改变字体的造型、尺寸和位置，使重要内容能出类拔萃。具体的方法是将个别需要强调文字提升、下沉、放大、压扁、拉长等。

11. 将文字编排成图形。

将文字编排成具有造型特点的线、面或成为插图的一部分。在广告的画面上字体本身也属于图形的要素，把字体编排图形，就是运用多种多样的编排手法，把文字排列成具有节奏变化、形态特征的视觉形象，以可视性和特征性为主，兼顾可读性，通过视觉形象来传达广告的信息。

12. 将文字分开和重叠排列。

把文字分开排列，就是打破通常的字距和行距，将文字按设计传达的需要，排列成特有的视觉形式。分开排列是指拉大文字之间的距离，字体的间隔通常超过字体本身的宽度，有的甚至更长。这样做似乎延长了阅读时间，读者在阅读一句广告标题或广告词的时候，在视觉心理上会显得比较轻松、自由和富有节奏感。另外，与之相反的是重叠式的排列，文字的部分形体相互重叠，前后叠加在一起，造成一种立体感和紧凑感。

13. 文字编排中的辅助手法。

（1）以线条分隔文本（不同线形分隔、规范外形、区分层次）。

（2）以线条制造空间（留白、粗细线区分层次、错落节奏）。

（3）以线条强调的方式（画线、钩框、分隔）。

（4）符号形象化设计（提高造型效果）。

（5）符号强调设计（几何形、自然形等）。

14. 文字设计中的变异设计。

改变字体在句中或段中方向、色彩、位置等，起到强调的作用。

（图 11-6）

图 11-6

## 第四节　文字的视觉表现与应用

### 一、字体的搭配

欲从繁多的字体中，选择出几种搭配运用，使画面美观且阅读容易，有以下原则：

1. 大标题、小内文。

利用文字大小的差异，表现标题及内文不同的重要程度，是广告文字的常用搭配方法。大标题字体的大小尺寸应为内文的 3 倍以上，才能凸显其领导地位。副标题字体的尺寸必须小于大标题一半以下，才不至于减弱大标题的力量。小标题可与内文一样大小或略为大一些，但不宜比内文小。内文文字一般应有 12 级以上的大小，不可整篇小如蚊蝇，让人阅读吃力，便无法发挥广告传播信息的作用。

2. 粗标题，细内文。

标题要粗，有如洪亮的声音，轰然入脑，以最快的速度吸引人的注意，广告的印象才会深刻。横竖笔画粗细相差太多的字体，看起来会比较吃力，横竖笔太粗而空间拥挤的字体，在阅读和识别时比较慢。细笔画的字体或书写的行书字体，作大标题会有柔和之感，但力量会显弱，不及粗笔画的字体抢眼，可用在女性或柔性商品广告之中。副标题要比大标题笔画细，小标题若笔画较粗，可与内文同大，因看来虽然有略小之感，仍比较突出；小标题的笔画若较细，则要比内文略大，以免失去重点提示的力量。内文笔画要细，因字型小时粗字笔画易连在一起，而笔画细的字体易辨认和阅读。

3. 字体少，字型少。

同一组广告内采用的字体宜在 3 种以内，以不同的字体区隔标题 、副标题 ，但内文与标题可同字体亦可不同。当字体少时，整个文案显得和谐，尤其在多页广告或系列广告时，字体运用更应讲求整体感。字型大小的变化亦不宜太多，大约 3 ~ 6 个层次即可。例如家电广告，大标题用特黑，副标题用粗黑，小标题用粗圆，内文用细圆，经销商名录亦用细圆，采用两组字体，5 种大小字型。

4. 字体与广告内容配合。

着重理性说服者，宜采用较冷静理智的方正形字体，如黑体、圆体；诉诸感性者，不妨用较具变化感的字体，例如月饼广告，大标题用毛笔写，副标题用行书，内文用宋体。

（图 11-7、图 11-8）

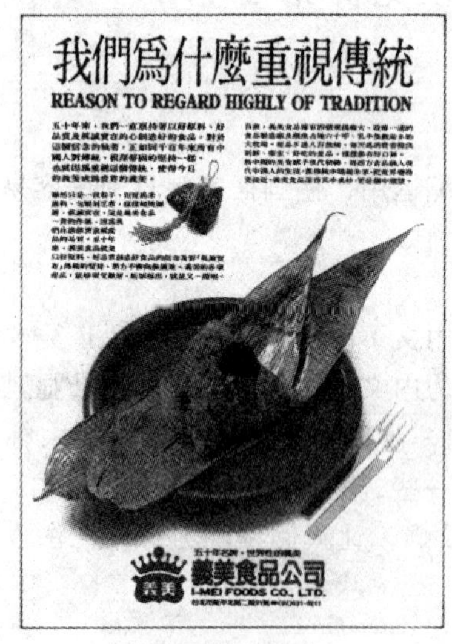


图 11-7

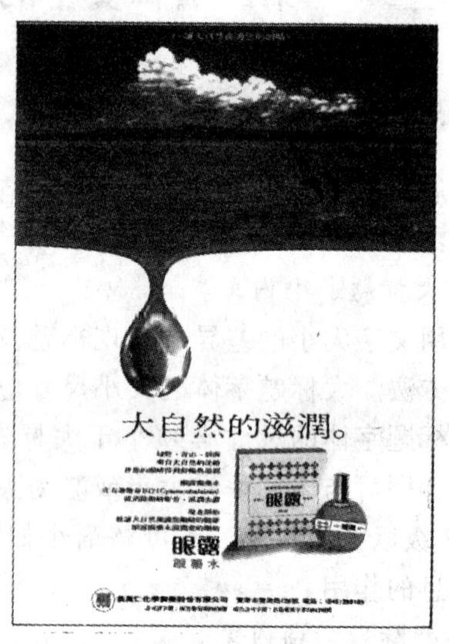


图 11-8

## 二、字族的运用

一般字体在大小、粗细上有多样变化，足以让设计人员在区隔重要性不同的文案时运用自如。

字族就是以某种字形为蓝本，将之变化为一组字体，它们有一个总称。例如“黑体”字族有细黑、中黑、粗黑、特黑、超黑、反白立体、长黑、平黑、斜黑，但笔画形状都互相类似。

广告采用同一字族多种不同字体来制造变化，字体间的相似性，能让广告产生整体的印象，字体间的小差异，也能使广告显得精致而有活力。

## 三、字的变形设计

照相打字时，采用变形镜头便可扭曲字形，电脑上亦可利用变形指令来改变字形，把原本正方形的文字，变形成矮胖、瘦长或歪斜。

在电脑上可将字拉扯挤压，做不规则形的变形，这种变形字很难处理做到美观，因此一般设计上并不使用。

较常用的变形常按百分比进行，可压扁为 33%、50%、66%、80%、90%或拉长为 150%、200%，也可以根据实际需要任意变化。电脑还可以将字体变形为斜体字，通常用右斜字，斜度可根据需要决定。

如果变形的程度过大，会使字体横竖笔画比例失衡不美观，尤其变形率超过 30%的字级以上字体，如特黑、超圆等字体，其变化的程度特别显著，必须修正字形，为避免识别的困难，宜少使用。

斜体字近似手写字体，显得较不正式，比起同样大小的正体字，辨识率也较低而且不突出。如要用作标题或强调重点内容，在设计使用上应格外谨慎。

使用斜体字时，最好不要排得太整齐，以增加和正体字之间的对比关系，应避免采用不同级数的字体排成弯曲的线条状，每行长短不齐，或在一片正体字中，取数行或若干字采用斜体字。(图 11-9)

## 四、特殊效果字体应用中注意的问题

字体的特殊效果在应用中要谨慎处理，往往设计者因过于注重设计的技法，而忽略了传播的效果，如白底黄字，黑底深灰字，均会影响到其可读性。为避免降低可视性，除非对印刷效果有相当把握，否则切勿轻易追求特殊效果的处理手法。通常字体笔画愈细，色彩的明度差愈小，可视性不佳的情况愈多。在字体设计中应特别注意以下几种情况：

1. 素面反白字。

在浅色调的素面底色上安排反白字或同样淡色调的字，或者白底浅灰色文

图 11-9

字，因明度都偏高且靠近，彩度都偏低，文字的明度与底色的差距过小，造成视觉识别性较差。常采用提高彩度对比或在文字部分衬托深色块的方法，以增加文字的可视性。

2. 图片上反白字。

在背景繁杂，且含有浅色斑纹的图片上反白字时，文字的笔画很容易融入背景的浅色部分而使字的笔画不完整，字形难以辨认。改进方法是将文字置于背景色彩深浅接近、没有浅色斑纹的地方，或者改为非反白字。因此放置文案时，不妨选择图片上色调较暗或色彩单纯的地方反白字，也可采用反白字部分加框，框内部分的背景加网，或改为色块，衬托反白字。

3. 图片上印字。

在图片上安排文字，除了应注意上述反白字可能出现的情况，还应认真推敲图片的内容、视觉特征、构图及色调，选择合适的地方安排文字，使文字画面形成统一的整体，而不是破坏图片的视觉效果，影响广告信息的传达。单从视觉设计的角度出发，在图片上素面（色彩和形象要素单纯）的地方印字，应注意减少图纹干扰，文字色彩与图片色彩的明度与彩度差距要合理，才能产生较好的视觉效果。

4. 特殊肌理的纸上印字。

为追求广告的特殊视觉效果，有时我们会选择在有底纹图案、凹凸纹或含有纤维的特殊肌理的纸上印字。需注意的是，在有底纹的图案上印字可采用上述的处理方法。在有凹凸纹的纸上印字，凹处不易沾到油墨，会使文字断线，因此太小或太细笔画的文字不宜采用。含有纤维的纸有时纤维上不沾染油墨，或吸墨度不均匀，使印上的文字断线，或笔画深浅不一，或文字的油墨沿纤维晕开，要选择吸墨度接近而且均匀的纸张印刷。

5. 在套色印刷底色上印反白字。

套色印刷时本就不易套色准确，若文字反白且笔画细小，失败几率更高，只要稍套不准，笔画处预留的空白就会被叠印到，而前功尽弃。因此，在套色的底色上安排文字，为使文字形象清晰，不因套色不准或叠印时油墨渗漏使文字模糊，应适当加粗字体的笔画或给文字留上足够的边框、空白，不用笔画细小的字体。

6. 在黑底或深底色上印字。

如果字体是印在黑色或深色的背景上，尤其是满版色或好几层叠印构成的颜色时，一定得选用粗而大的字体。因为根据光渗透的视觉原理，在黑底或深底上的文字，会产生目眩的现象，易使读者很快产生视觉疲劳，影响阅读效果。此外，纸张有毛细管作用，油墨会向外扩散，而使原来留白的地方变小，在比较大的反白区变小的情况不明显，但细而小的字笔画很容易被扩散的油墨染成断线。深色背景上的白线，会比印在白纸上等粗的黑线看起来更弱更细，亦为同样原因所致。因此，在黑色的或深色的底色上安排文字，需注意的是，不宜用字形笔画细小的文字，更不可长篇大论，使读者厌烦。

（图 11 10）

图 11-10

# 第五节　广告文案的编排设计

广告文案的编排设计，主要包括大标题、副标题、小标题、图片说明文、内文的编排和版式设计。

## 一、大标题、副标题

以不同的字体区隔大标题、副标题。标题字体变化宜少，全部标题字体不可太多，以免杂乱。标题字体和广告内容要相呼应，信息才会强烈且明确，才能吸引观众看内文。

以大小不同的字型区隔各标题，大标题最大，副标题次之，小标题最小。大标题字数宜少，字数少则字可大，行可短，题意能在一瞬间即进入人们脑海。四周留白可使标题明显。四周留白小型标题，有时候比四周不留白的中型标题还醒目。在大标题与第一段内文间应适当留白，以凸显大标题。

大标题与副标题居中排列时，看起来会显得很重要而具有权威，但也会显得平稳而缺少活力。标题的起头或结尾若与内文、图片对齐，则会产生图文一体的力量，并使版面具有上下呼应的韵律。

在图片可明确表达广告信息时，大标题即使不太明显亦无所谓。例如海报上为全面运动照片加上五色环标记，人们一看便知是宣传奥运的广告，这时即使大标题字型小又放到角落，也无碍于广告信息的传播。

## 二、小标题

小标题的设置，因主题、功用及内文撰写方式而异。若小标题用来分段，使内文易于阅读，字型与内文字型大小宜相同；若小标题是内文的浓缩，具有引导阅读内文的作用，则宜采用较大字体，并配合设计手法来表现其重要性。小标题可以多种设计手法，来加强分段效果，常见的有：

（1）小标题上方空一行。

（2）内文的首行紧接在小标题之下。

（3）在小标题上方画线。

（4）在小标题上、下方画等长的顶线和底线。

（5）用方框框起小标题。

（6）小标题前端可置色块或单格花边，或略突出内文一两字。

（7）小标题放在同段文最前面。可采用不同于内文之粗体字，如有同样字体则放大。

(8) 小标题字数宜少，排在同一行，尽量不排成两行以上。

(9) 内文中欲引人注意之重点，可用小标题手法处理，例如以与内文同大小之斜体字或较粗之字体替换重点字，或于重点下画线。

**三、图片说明文**

图片说明应靠近它所说明的图片，与该图合而为一。说明附属于图片，因此词句宜用小而细的字体，字体大小、粗细不能超过内文。同页有多张图片时，说明文前或尾宜加上箭头，指示该说明附属何图。

图片说明文的位置宜一端与照片边缘对齐，另一端则无所谓。横排通常左边齐头；直排通常句尾齐图底。除非只有图片名称，否则图片说明文不宜放在图片任意一边的中间。图片旁如有大片留白，而说明文需置留白处，宜置留白一侧，并与图片一边对齐，使剩下的留白集中而完整。

**四、内文**

段与段之间空一行，新起的一段可从齐头开始或缩行开始。前一段末行最好能长一些，超过下一段起段处。

分隔不同类型的内文可利用空行、画线条或装饰线。水平线和垂直线具有结束与隔离之意，最好靠近上侧或右侧的内文，如同其一部分，与下一段距离较行间大空间。

首字处理可为版面带来图案的趣味，设计时需注意：

(1) 首字字型通常大于内文。

(2) 字体要与内文字体协调。

(3) 字脚要排列整齐，即字的上端或下端，要与旁边内文字的顶或脚对齐。

首字亦可以随意放在版面上任何地方，甚至可以只凭直觉隔开段落，但须考虑整体画面效果，保持平衡画面平衡。不同性质的内文，例如问题与解答，可分别采用不同字体。齐头不齐尾的编排，每行结尾应在该断句的地方，以便易于阅读。齐头不齐尾的编排适用于较长的图片说明、产品分析，或需要放多张照片时，可使原本互相独立的字句或照片，在视觉上产生关联。

对称式内文在排列对称轴宜位于版面中央，如此会使版面显得优雅大方。少于三行的文案，如放在小标题下面，会使那一点文案显得孤单，但如放在广告小册一页的顶部或底部，则会更加突出，令人好奇。文案不宜排成方整的灰色块，犹如大豆干，可用缩排制造变化，使行末参差起伏。“窗户”（一般最后不满一行的结尾）的效果与缩排相同。字间要维持一个适合字体本身大小的空间，不要太宽，更不可宽于行间，让每行字看起来不拥挤而又有连贯性，才容易阅读。

## 五、截角印花与其他资料

促销活动的广告，常印有赠品印花，赠品印花为了避免破坏广告画面，通常安排于广告一角，以截线区分出小小的三角形或矩形区域，如凭此印花集多少个，或填上印花内容，寄至某公司，可得赠品或参加抽奖等。截角印花应尽量设计在广告的外侧或角落，以便利读者剪取。

品牌名应放在版面顶部或底部，放顶部易被注意到，放底部可提醒阅览者。厂商地址、电话、销售点等广告主基本资料，通常放在广告最下方，或靠左、右边一侧。厂商资料如广告主有特定之商标标记与字体时，要事先向广告主取得，勿任意打字运用。

## 六、统一版式

为同一企业或同一商品制作一系列的广告或商品手册时，应严格规定版面及文案各栏的大小，使用字体与字型，图片、标题位置等。在各广告单元与广告小册子各页应按照设计的标准和规格，不轻易改变格式，这样能产生统一的企业、品牌或商品形象的整体风格，才能强化广告的传播效果。

（图 11-11）

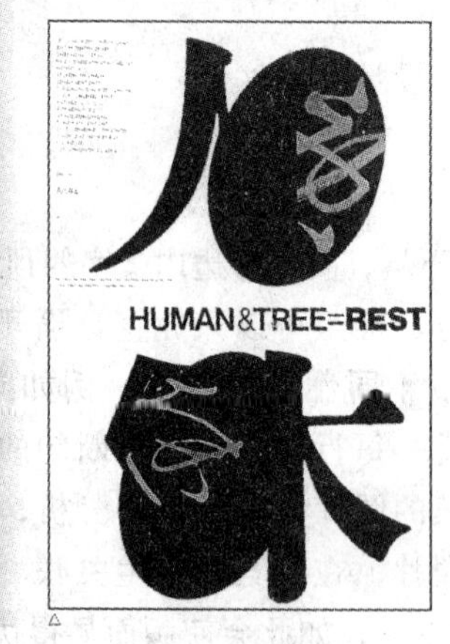

图 11-11

## 练习与思考

1. 广告文字的功能。
2. 广告文字的种类和特征。

3. 广告文字的设计程序。
4. 文字的错觉与设计校正。
5. 字体造型设计的方法。
6. 广告字体编排方式对阅读的作用和规律。
7. 文字的编排设计的基本模式。
8. 字体搭配、字族运用、变形设计的规律和方法。
9. 广告文案的编排设计应注意的问题。

# 第十二章 平面广告视觉要素之二——图形设计

**本章提要：**图形是平面广告最主要的视觉要素，是平面广告必不可少的视觉形象要素。广告图形与文字、色彩、标识和编排一起，发挥着传播广告信息的作用。广告图形设计主要包括，了解广告图形功能、作用，以及类型和特征。掌握广告图形设计规律，以及广告图形的创意与表现、人物形象的表现，运用图形同构的设计规律，取得震撼人心的视觉效果。

## 第一节 广告图形的功能和意义

### 一、图形的概念

图形可以说是一个新的概念。《现代汉语词典》中图形的概念为："①在纸上或其他平面上表示出来的物体的形状；②几何图形的简称。"这显然不能涵盖视觉领域的图形的含义。

美国设计师德赖弗斯预言："起源于人类文化初期的基本视觉符号，将成为全世界通用的传播工具。"

在传播学中，人类信息形式主要分为图形信息和文字信息两种（文字信息也叫作听觉信息，因为它可以通过别人朗读而获得对信息内容的了解）。据研究，文字信息在表达和理解上很容易出错或失真。另外，因文字语言的不同往往容易造成交流障碍，而且其信息容量也远不如广告图形，广告图形的信息容量是文字信息的900倍。总之，对于信息传播活动而言，广告图形形式具备很多传播上的优势。具体说来，广告图形语言的传达功能可归纳为如下几个方面：

1. 广告图形是传播信息的形象简洁的语言。

一条需要长篇大论才能叙述清楚的信息，其内容往往通过一张照片或图画就能让人一目了然。比如，向别人介绍某种物质的形状、某个人的特征、某个情节，就不如给他看照片、图画或摄像那么直观和迅速地传达。

2. 广告图形是最易识别和记忆的信息载体。

没有让受众形成记忆，就等于传播失效，而记忆的基础首先是识别。视觉作品是由形、色、表现风格、构成形式等多种因素组织而成的，很难完全雷同（临摹和复制除外）。其独立的形象特征和视觉感染作用，使它成为最易识别和记忆的信息传播形式。许多企业即是基于对形象语言这一功能的认识而广泛运用 VI 系统（形象视觉识别系统）来提高企业及产品在消费者心目中的认知度，增强记忆，由此获得推广，赢得市场。

3. 广告图形是超越国度、民族语言障碍的世界语言。

无论哪个国家、哪个民族的人，其生理构造都大体相同，眼睛的构造及其与大脑神经系统的连接关系更是相同，所以人类的视觉感知方式和感知结果完全是一样的。因此，广告图形语言必然成为全世界的人都可以理解的共同语言。不论我们走到哪个有文字差异的地方，那儿的公共识别广告图形，都可以让我们迅速了解当地的公共规则；那儿的广告图形都可以让我们迅速了解当地的商业信息和消费潮流。

4. 广告图形是富有吸引力的传播要素。

可能人人都有这样的体会：当我们在翻阅一本图书的时候，目光总会不由自主地先投向其中的图画，然后才会去阅读详细的文字内容。因为比文字更具视觉节奏和构成有机性的广告图形对我们的视觉有一种调节、充实和刺激作用，视觉调节是人的生理需要，视觉好奇是一种心理需要。所以，用广告图形形式进行信息传播最易引人关注。

5. 广告图形语言是形象生动的信息传播形式。

如果我们用文字向别人转述一个信息，往往容易因文字语言的抽象性和接受者理解能力、方式的不同而使信息不能完整、准确地得以传达。《红楼梦》一书对人物的描写可谓是淋漓尽致、细腻入微，对其中同一个角色，10 个读者肯定就有 10 种不同的形象联想。从传播角度来说，文字语言存在相对的模糊性。但如果用图画形式来传播，就能保证不会在传播过程中模糊走样。随着科技的发展，广告真实地表现客观事物的能力不断提高，尤其是摄影、摄像的产生，使人类对任何事物进行绝对准确的再现和真实展示完全不成问题，所以，广告图形语言是形象生动的信息传播形式。

6. 广告图形是具有说服力的语言形式。

任何时候，如果我们想说服别人相信某个事物的存在，接受某种思想、观念，最好的方式莫过于用事实说话——展示事物存在的事实证据、展示这种思想和观念给人以益处的事实例证，才可能最具说服力。因为人们往往以“耳听为虚、眼见为实”的原则来确认信息的可信性。所以，视觉再现、视觉形式的事实展示比文字形式的陈述更具说服力。

7. 广告图形是具有情绪感染力和精神浸透力的信息传播形式。

各种视觉因素对我们的心理影响作用是文字无法替代的，有些因素对我们的刺激影响甚至可使我们产生情不自禁、近乎本能反应的心理变化，如色彩因素对我们的影响：红色可以使我们莫名的兴奋，产生食欲；蓝色能使我们安静，进入冥想状态…… 视觉因素对我们的心理、情绪和精神状态所造成的诸如此类的影响是我们无法抗拒的。有人调查统计，在一般情况下，那些用红色作为环境色调的快餐厅比用其他颜色作为环境色调的快餐厅更易吸引顾客。心理学家认为，这是因为红色刺激了人的食欲，使人一接近那儿很容易想到："该吃饭了"，"只有这种环境才是进食的地方"，这实际上就是设计师充分利用红色对心理的影响作用发出"邀请"而获得的效果。视觉语言的许多因素都可以产生这种让人在无意识中就被感染和接受的力量，并转化为一种行为驱动力量，视觉设计如能充分利用这些因素，就可使我们所传播的信息真正在社会中产生效应。

8. 广告图形是与观众心灵直接沟通和感应的语言形式。

视觉形式的客观性、具体性、准确性以及它特有的心理刺激作用，综合起来就可以传达许多只可意会、不可言传的信息内容（如某种特殊的心理体验、感受等等）。比如我们用文字来向别人叙述疼痛的感觉，特别是叙述疼痛的具体程度和心理感受，可能是极难保证其准确性的。但视觉语言即可同时调动形、色、质感、事实、情节等诸多具有说服性并能产生心理刺激的因素，让观众自己的视觉心理经验来告诉他，这意味着什么？如一张正在用刀片切割肌肤的图画就可将痛感直接传达给观众，产生具有切身体验一样的心灵触动。通过真实展示甚至是夸张表现，能够调动观众的视觉经验，激发其心理反应，实现心理体验的传达。

视觉语言以上几个方面的传播优势，构成了它在广告传播中的独特价值，而设计的意义首先就是对这些优势的价值予以充分利用。

## 二、广告图形意义

所谓"设计"，就是将视觉语言的这些优势转化为一种强大的力量和产生迫使受众不得不接受的功效。特别是在这信息爆炸的时代，如何使我们发射出的信息不被信息的海洋所淹没，具有强大的渗透性和辐射力，使匆忙的现代人也能驻步留意、产生兴趣或留下深刻印象，是广告设计传播的重要使命。因为信息传播成功与否，常常直接对营销活动和广告活动的成败有决定性的作用，甚至可以说直接关系到社会效益和经济效益。在激烈的市场竞争中，广告往往作为争夺市场的重要手段，成功的广告可以赢得消费者对商品的关注与青睐，赢得市场而获得良好的经济效益，"好设计就是好生意"，这一至理名言道出了设计的根本意义。

所以，设计的根本要求首先是对视觉语言的渗透性和辐射力的强化。

为实现这一目的，我们必须遵循两个原则，一是在信息视觉化的过程中，应以“感染、兴趣、记忆、理解”为基本准则，尽可能将繁杂的信息内容用最简洁、最醒目、最生动、最有特色、最动人、最有序、最明晰准确的方式予以表达。另外，还必须在作品中注入审美内涵，因为只有美才最能引发观众的兴趣，最能给人留下深刻印象，最能感染人，最易被接受理解。以“美”作为信息内驱力，把人们对信息的消费转化为精神享受，转化为人们美好生活的一部分，转化为让人深感亲切的对白，无疑是一种有效的传播策略和使信息真正发生效应的最佳途径。

同时，“广告图形媒介的天职不仅要以市场和沟通顾客为目的，而且本身也应取得一定的社会文化启示效应”。（摘自《GRAPHIS ANNVA 86～87》中“设计的责任”一文，作者罗斯·德·耐弗）。在信息传播过程中同时在大众中倡导新的生活观念，提倡新的、健康的生活方式并进行审美引导和教育，也是广告视觉传播设计应尽的社会责任和义务，是广告图形语言之所以需要“设计”的原因之一。

只有传播功能与审美功能的结合，使信息价值与审美价值结合，才能构成广告图形媒介的完整价值，用广告图形语言传播信息并使之兼有社会精神文化与教育功能，设计才具有完整的意义。

（图 12-1）

图 12-1

## 第二节 广告图形的设计观念

时代在不断发展，不同的时代对设计就有不同的要求，不同的时代也有不同的设计条件，所以，广告设计人员必须根据这些因素不断更新自己的设计观念，设计才不失其时代性和现实意义。那么，我们应用怎样的观念来面对当今的广告图形设计呢？结合时代的特征、时代对广告视觉传播设计的要求，可归纳为如下几点：

（1）以传播信息为终极目的，是信息传播时代对设计的基本要求。因此，始终以信息内容为设计诉求中心，是现代广告图形设计的根本原则。如果设计偏离了诉求目标而不能准确传达信息，甚至完全忽略了信息内容，而使广告图形根本没有信息价值，那么广告图形既丧失了实用功能，也丧失了主要的存在价值。

（2）广告图形设计的主要目的是建构能表达信息内容的、视觉形式的、独立完整而有序的“语句”。广告图形设计几乎已成为独立的“语言”设计学科，这一点是现代广告图形设计和传统设计的根本差别。传统的设计往往是将对视觉形象的运用作为文字信息的辅助说明手段，多偏重于自我艺术表现和装饰功能，并且在某种意义上说“成像”和“设计”是一个相同的概念。只要用图画形式对信息中的某些内容予以展示或作图解，就宣告设计的完成。而现代广告图形设计则是充分发挥视觉形象的独特的表现优势和表达能力，有意识地建构能完整表达信息内容的视觉语句，有效地进行信息传播并兼有审美价值。

（3）现代广告图形设计的表现形式呈现多样化。广告视觉传播设计在艺术和科技之间任意游离、兼收并蓄对信息传播有用的各种因素，艺术和科技的成就创造了丰富的视觉表现手段和形式，给视觉传播设计以无穷的启示和诸多可借鉴之处。设计可以吸纳其中有利于信息传播的各种表现手段和形式，而毫无定势地自由表现。广告视觉传播设计成为介于传播学、艺术和科技之间的综合性学科。

（4）现代广告图形设计在形式上日趋符号化。如何运用简洁的视觉形式，而又能包容复杂、丰富的信息内容，使之快速而准确地进行信息传播，是当今视觉传播设计的重要课题。这是快节奏的现代生活和激烈的传播竞争对设计提出的要求。只有那些形式简练，能让人一目了然的设计作品，才能给仓促奔忙的人们以获取信息的机会。所以，当今的广告图形设计有向原始造字编码回归的趋向。寻求比文字更直观，而又比一般图画更具图理和文字性的视觉传达形式，是现代视觉传播设计的主导性潮流。

现代广告视觉图形设计是以共约、共识为基础创造广告图形“密”码的，商业条形码就是很好的例证。从某种意义上说，条形码的产生是图形设计的重大成果，至少是对设计编码方式的全新启示。所以，与其说当今人类文化已从文字文化转为广告图形文化，还不如说是人类社会在经历了文字文化向广告图形文化的转化之后，又一次从广告图形文化向新文字文化演进。

(5) 以生产工艺为制约，以生产工艺为契机。广告的视觉图形设计最后都要经过复制、生产加工，才能成为传媒成品。而不同的生产工艺对设计有特殊的方式要求和不同程度的制约，设计必须遵守这些制约才具有复制、生产的实施可行性。虽然这些制约给设计带来了具体表现上的局限，但不同的生产工艺往往又各具表现特色。如果我们能对一些未能充分利用的生产工艺进行深入的挖掘，就可能利用生产工艺上的“局限”产生特殊的视觉效果，使“局限”有可能会转化为创造性。

(6) 以策划意识为先导，强调对广告图形的系统运用策略和计划性，强调对系列功效的利用，强调对系列内部的配套协调和互补。现代广告图形设计往往不是单一的命题作画，而常常是客户将“运用方式”、“市场决策”全托于设计工作者。这需要设计工作者首先要立足于市场运作的长远计划和整体策略进行策划，然后再切入具体的造型设计和创意；要服从客户或品牌的 CI 战略，甚至为其规划和制定 CI 战略，这必须强调定位的准确，并具备一贯性、系统性和长期性。设计表现面临的问题不单是一个视觉传播设计的问题，而首先是明确市场的针对性，并制定出适合广告诉求主题的表现计划，再根据这些计划明确设计表现的方向。总之，视觉传播设计与策划在某种意义上是紧密相联的环节。

(7) 以创造性为最高要求，以创意为中心进行设计表现。时代需要创造，一切没有独创性和新意的设计很难引人注目。如果设计没有引人关注，很难使传播产生效果。

(图 12-2)

图 12-2

## 第三节　广告图形类型与特征

在广告设计构成诸要素中，图形是形成设计性格和吸引视觉的重要因素之一。一幅优秀的广告设计作品，在信息传达上应该具备如下的功能作用：一是要有良好的视觉吸引力，能吸引读者注意力，通过“阅读最省力原则”来吸引人们注意设计的版面。二是要简洁明确地传达设计的思想概念，有良好的阅读效果，能使人们一目了然地抓住广告的诉求重心。三要有强而有力的诱导作用，直接诉诸视觉，造成鲜明的视觉感受效果，能使人们与自己的问题联系起来，从阅读中产生愿望和欲求。

图形设计的宗旨在于服从广告主题诉求的需要，有明确的促进商品推销的目的性，它不是让人们沉浸在艺术的享受中，这是广告图形与绘画艺术的根本区别所在。

图形将广告的主题内容以视觉化的方式进行传达，图形是一种直观形象的视觉语言，具有强大的视觉表现力的个性化特征。广告图形的类别，按其表现形式可分为绘画图形和摄影图形两大类。

## 一、绘画类图形

1. 写实性绘画类图形。

在摄影技术还未成熟的时候，写实性绘画一直是广告图形的主要表现形式，随着摄影技术的发展，写实性绘画让位于在技术和表现能力方面更好的摄影。而写实性绘画类广告图形逐渐向多样性方向发展，更加强调视觉的表现形式，在树立品牌和商品的独特个性风格方面有突出效果。

2. 漫画和卡通类图形。

漫画和卡通是当今流行的一种具有夸张和幽默感的广告图形艺术形式。诙谐风趣，生动活泼，看后使人回味无穷，留下难以忘记的深刻印象，在广告画面中是其他图形表现形式所没有的。漫画和卡通图形，能和消费者产生良好的沟通，但对于建立信任和可靠的企业或品牌形象来说，却显得力不从心。

3. 图表类图形。

用图形和数据表达广告的特定内容，理性的因素较多，一目了然地说明问题，常用来说明产品的结构与功能，表达较为抽象的意义，有很强的理性说服力。为了吸引观众的注意，图表的设计有时也会采用变化的形式，以生动活泼的形象进行表现。

采用绘画的表现手法，可以根据主题的需要，作写实的、夸张的、幽默的、概括的、象征的不同处理，运用不同的技巧，表达不同的审美内涵和画面效果。

广告设计中绘画类图形的表现手法，还有手工喷绘和电脑制作两种形式。可采用写实性绘画和漫画性绘画等进行表现，写实性图形十分接近纯绘画作品，不同的是要受设计主题的制约，具有从属性，其区别好似“普通的语言”与“专门的语言”。

（图 12-3、图 12-4）

## 二、摄影类图形

摄影作为艺术的创造手段，运用线条、光线和影调造型要素，以纯粹的形象语言开辟了一个新的视觉审美领域。

我们正在经历一个新的视觉时代。现代科学技术的发展，极大地扩展了摄影的功能和应用范围。在摄影已全面地进入现代设计艺术领域的时候，广告摄影也被广泛地运用，成为广告设计重要的表现手段。

图 12-3

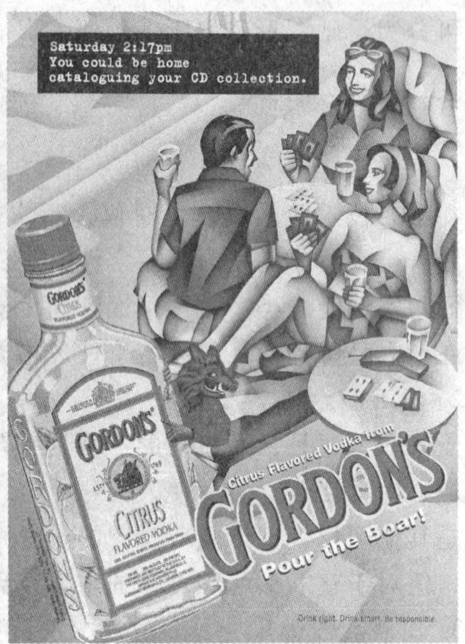


图 12-4

广告摄影是图形视觉设计与摄影技术相结合的产物，是一种借助摄影特性和独特艺术语言进行表现的艺术形式，是再现产品形象、传达产品信息的最有效、最有说服力、最令人信服的差别手段。它以真实的形象、巧妙的构思、诱人的情趣表达广告主题，具有重要的审美价值和信息传播功能。

以纪实性为基本特征的摄影艺术，由于它的真实可信，给人以信任感与亲切感，成为传达广告信息的主要工具之一。摄影所创造的视觉形象，由于它突出的纪实性因而最容易引人注目，再好的绘画性画面或其他视觉艺术形式，都容易给人一种人为加工的感觉，难以使人完全相信。而摄影的图片却大不相同，它能把物象的原貌真实地再现出来，使人毫不怀疑它的真实性，这是其他视觉形式不能比拟的独特的表现优势。

广告摄影在现代广告中发挥了重要的作用，具有真实而快速地传递产品信息的功能，它不仅能真实地再现产品的外形，而且还能通过多种艺术手段反映出产品的本质，给人以丰富的联想。如精美的食品广告不仅能展示食品秀色可餐的精美外貌，而且能使人仿佛闻到了它的甜美和芳香；典雅气派的汽车，不仅诱人地再现了汽车的华贵造型，也让人好像触及到了它舒适宜人的质地，激发起强烈的拥有欲望。

广告摄影是一种图解性摄影，它的显著特点在于用照片的形式体现出作者预先想要表达的意图，作为一种视觉传达艺术，十分重视信息传达技巧的运用。

目前，国外的广告摄影已不像早期商品摄影那样，只是在画面上简单地再现商品的形象，而是着力于画面上安排一个故事情节或引人注目的题材，它们和主题之间有着巧妙的安排和有机的联系，旁敲侧击地表达广告主题，因此，具有鲜明的艺术情趣。许多令人难忘的优秀的广告摄影作品，都是煞费苦心，注重以构思取胜，致力于情趣与意境的追求，因而具有强烈的艺术感染力。

摄影照片是广告画面的一种重要形式，是广告摄影运用拍摄技巧与暗房加工技术的结果，它是根据广告主题与创意的要求，运用线条影调等造型要素制作的画面。它在广告的视觉传达中具有如下的特点：

（1）效果逼真。摄影照片能够准确入微地再现对象的外貌和细部，具有高度的真实感和纪实性，尤其是彩色照片能细腻逼真地再现对象的原貌，对人们的视觉产生强而有力的吸引力和感染力。

（2）真实可信。照相机镜头能客观公正地反映对象，照片是技术性的产物，因此容易从情理上取得人们的信赖，增加广告诉求的可信性，在心理上能缩短产品与消费者之间的距离，产生较好的说服力。

（3）印象深刻。运用精湛的拍摄技术制作出来的摄影照片，画面形象真实生动，富有美的感染力，能够给人们留下强烈的视觉印象。尤其是构思巧妙、表现独特的彩色照片，更具有不可抵御的视觉冲击力和艺术感染力，使人看后难以忘记。

（4）利于促销。摄影照片由于能够真实、形象地表现对象，创造特定的销售气氛，容易从视觉上挑起人们的需求欲望，使人产生追求向往之情，发挥良好的推销力量。

当今国内外广告视觉传达设计领域中，随着科学技术的进步和摄影技巧的发展，多姿多彩的各种摄影照片已逐渐取代图形的地位占据了视觉表现的主导地位。彩色摄影风靡一时，被广泛地运用于广告设计的多个领域，扩大了视觉表现的门类和范围，占据了举足轻重的地位。但依靠手工绘制的图形在广告设计领域里仍然占有一定位置，展示了独特的魅力。

大批优秀的广告图形画家，以其创造性的劳动使广告图形艺术在艺术性和表现力等方面都比以前有了长足的进步。风格多样，表现手法变化多端，层出不穷，展现了崭新的艺术风貌，成为引起人们注意和乐各意接受的新时尚，因而立于不败之地。

在现代广告设计领域里，每种艺术形式各有长短。真实地反映对象，彩色摄影给人的可信性是其他艺术形式不可比拟的；但在创造艺术形象的随意性和艺术的取舍与强调上，绘画的手法则大有自由驰骋的天地。它在创造理想、夸张及超写实的设计形象和意境表现上，则有自由构想、想像力自由发挥和强调特点等优越性。

（图 12-5、图 12-6）

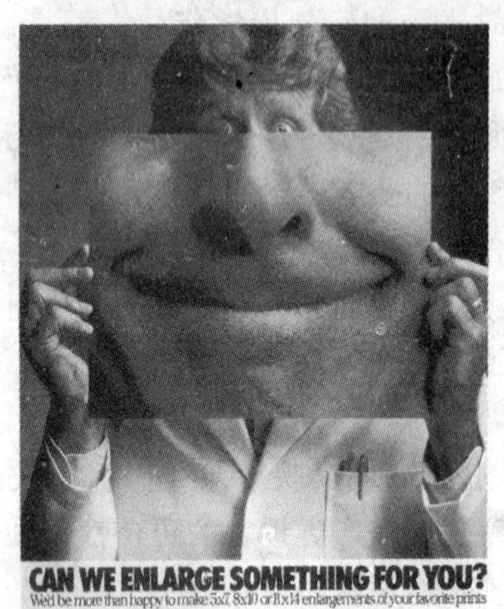


图 12-5

图 12-6

## 第四节　广告图形的创意与表现

广告图形可以传播广告信息，但是仅以简单的未经设计的图形来进行传达，是不能满足广告画面的注目性和印象性要求的，因而也是不能收到良好广告效果的。只有在广告图形的设计中注入高超的创意成分，才能使之具备成为一幅优秀广告图形作品的条件。

创意是在设计中创造新意念的简称。创意是广告画面作品的生命所在，广告画面作品设计中的创意从属于广告策划的整体创意，它的侧重点在于广告图形的表现形式和形态的处理技巧。

### 一、广告图形创意的特点

由于广告视觉图形是以刺激人们的视知觉来引起人的各种心理反应的，因而它在很大程度上受审美意识、情趣等心理因素的左右和支配。随着视觉经验和心理感受的积累，以及这两者间的共同作用，具有基本倾向和规律的视觉心理定势就会形成。对于广告图形的设计来说，这种视觉心理定势会让消费者在接受信息时处于迟钝和麻木的心理状态。而打破这种视觉心理定势，通常的表现手法是将抽象的概念转化为具体生动的形象，这是广告图形创意的最基本要求。

广告图形的创意离不开想象和夸张的作用。想象是一切创造性活动的基础。想象的结果可以化平淡为神奇，使不可思议的形象变得富于哲理，从而准确而又迅速、巧妙而又广泛地打开广告图形的设计途径。富有创造力的图形可给消费者带来一种自觉地、积极地接受信息的方式，让消费者用他们自己的想像力去补充、寻味和理解广告图形所传播的信息。而夸张可以超越现实和真实的形象，突破合理的、逻辑性的表现形式的局限，加深所传播形象的某些特点，创造出非同凡响的作品。想象和夸张是密不可分的，在广告图形的视觉设计中，想象是一种思维方式，而夸张是这种思维方式的表述和结果。但是，在广告图形的创意过程中，任何想象和夸张都不应该偏离既定的商品诉求主题，而必须和广告的目的紧密结合。

## 二、广告图形创意的视觉表现

广告图形设计的创意不应该有固定程式遵循的，因为创意是一项以独特性为目标的创造活动，任何对以前的创造结果的重复都意味着失败。但从广告图形的形式结构特点来探寻其形态语言和创意途径，大体可归纳出下列几个方面：

1. 置换。

客观事物一般都按照自然的或现实的逻辑组合，形成特定的结构关系，这种被认为司空见惯的关系，只能传播事物本身固有的意义。创意中的置换手法就是，通过将广告图形构成元素中的一个方面或某些部分的置换，形成异常的组合，从而造成人们出乎意料的视觉感受和内心震撼。这种图形元素的置换无疑破坏了原有事物间的正常逻辑关系，然而，正是新的组合关系将图形的表形功能的荒诞性和表意功能的一致性统一起来，形成了以反常求正常、以形象的不合理性求传播的合理性效果。

实现这种图形元素置换的要点在于找出置换和被置换图形元素在某种层面上的内在联系。例如拿破仑酒广告便是采用置换手法的范例。在广告画面中，酒瓶的投影被拿破仑人像的投影置换了。这种不合常理的变化，增强了作品的印象性，奇妙地传播了商品的必要信息。另一幅牛用饲料的广告画面中，牛的尾巴被一电源插头置换了，从而形象地体现出“饲料是牛的能源”这一主题。

2. 颠倒。

图形的颠倒处理就是将正常状态下事物间的关系，包括位置、尺寸、方向、明暗和颜色等在一定条件下作颠倒处理，造成一种图形形式上的戏剧性效果和幽默感，使人对这种反常的视觉认知产生深刻印象。

颠倒从某种意义上，可以理解成是一种对称的、严谨的置换，因而颠倒除具备了置换的荒诞性特点外，更倾向于形式上的表现。AGFA 胶卷的广告图形设计便是采用图形方向颠倒的一例。画面在拍摄时，让人物处于一个经刻意布置的倒置的室内环境中。当作品完成后印制在媒体上时，又把图形颠倒过来，造成照片上的人物被不可思议地倒置悬空。由美国设计师 T·沃尔塞设计的凯莱斯塔地毯广告图形，则采用了将物体体积颠倒的表现技巧，将一个比实际尺寸缩小 20 倍的居室内景同两只小鸟一起构成画面的主体，营造出了令人惊异的视觉效果，从而使作品取得了极高的注目性和印象性。在 ecco 牌鞋子的广告画面中，采用的也是鞋子同人、车等大小比例颠倒的创意手法。（图 12-7、图 12-8）

图 12-7

图 12-8

3. 重叠。

重叠是指将两个以上的视觉形象叠合在一起而产生出新的视觉形象的方式。经重叠后的图形具有多层意义，这是在现实世界中凭肉眼无法观察到的图形形式，可是广告却能利用重复曝光技术或电脑技术较为容易地取得这种视觉效果。

重叠处理图形完全打破了真实与虚幻间的沟通障碍，在激起人们的惊奇和对图形形象的辨识中，将所要传播的信息和事物表现出来。

瑞士一家妇女用品商店所做的广告，便使用了上述的重叠图形设计技巧。通过两次曝光，一个女子的脸庞同双手的形象重叠组合起来。这两个形象互相遮掩、互相融合，营造出扑朔迷离的效果，传播了该商店“可以为妇女提供面部护理用品”的广告主题。从表面上看，这种图形的形象并不十分肯定，似乎广告的纪实能力未被充分利用，但正是这种如同梦幻的图形形式，才能够使作品从充满逼真写实的氛围中脱颖而出，受到人们的注意。

4. 解构。

解构是将原有的形象解体，在打破原来结构关系的基础上重新进行排列组合。这是一种并不添置新视觉内容，仅以原形象要素的重新组合来创造新视觉形象的图形处理技巧。

解构图形往往以反空间、反结构、反透视的异常面貌出现，在视觉上有极强烈的吸引力，会从生理、物理和心理诸角度引发人们进行新的联想和逻辑推断。

在 ADIP 女鞋广告画面的图形设计中，就是将女鞋的形象分解成数个不完整的小单元后重新排列组合，创造出具有新颖视觉效果的形式。虽然其中被分解的每一个小单元都是极其平凡的，但因整体组合结构关系上的变化，图形就呈现出图案化，并且略带抽象意味。图形的解构处理方式是多种多样的，除了这种外形呈不规则的分解组合外，更常见的解构方式是分解有规则的图形，如矩形、三角形或圆形等。至于被分解后的小单元的组合更是数不胜数。

5. 变形。

广告图形的变形处理，是通过夸张等手法，将视觉形象作局部或整体的变形，从而改变人们对事物固有的、常规的看法，制造出荒诞的画面效果。

特别是摄影图形的特长在于写实，这似乎是毋庸置疑的。一旦图形形象违反这一观念而进行变形，当然会收到提高注目性和印象性的奇效。例如，SONY 音响的广告在图形设计中运用电脑图像处理技术，将人物的手臂和钢琴的键盘变得比实际尺寸长两倍多，从而产生离奇戏谑的特殊效果，使人对之过目难忘。于是，SONY 可以扩展音域的广告主题被幽默而形象地表现了出来。

（图 12-9）

6. 多义。

通常情况下，人们是凭借图形同其背景的边界线来确认形象的。区别图与底（背景）而知觉由于受某些因素的困扰，会出现两个形象共用相同边界线的情况，于是造成图底关系变化不定，可作多种解释的图形样式。这就是多义图形。

对图形的多义现象进行研究的代表人物是心理学家 E. 鲁宾。他提出了图

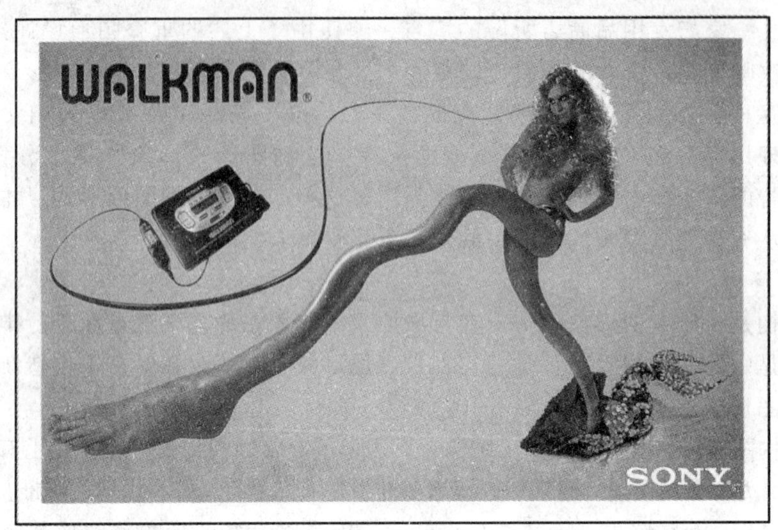


图 12-9

底双关的理论，即人们的知觉并不孤立地接受图形信息，而受周围其他东西的制约。多义图形正是这一理论的证明。多义图形以图底共用轮廓边界而交替显现其中跃然而出的形象，具有独特且耐人寻味的视觉效果。它又能在一种形态的结构中构成两种形态的组织，以一个设计表达出两层信息含义。因而，在现代视觉传播设计中多义图形被广泛采用。

1984 年 5 月号的《图形（Graphis）》杂志的封面作品，就是典型的多义图形设计。画面中的形象粗看是一个男人脸部的正面特写，但细辨之下又会觉得这也是两个侧面的男人形象。这是由于这幅作品中正面的嘴和下巴同侧面的眉毛、眼睛共用了鼻子部分的轮廓边界。

7. 渐变。

渐变是将图形形象的逐渐变化过程一一展示出来，共同组构完整图形的处理方式。渐变不仅可以表现变化的过程，而且还可以将两个在形态上相去甚远的形象完成过渡和衔接。

渐变超越了广告图形仅能显示瞬间事物的局限，有助于揭示所传播信息的发展及运动的内蕴，因而具有特殊的表达能力。

法国某美容店的广告图形运用渐变的手法，结合多次曝光的拍摄技术，将一名潇洒的男士渐变为一名漂亮的小姐。男士与小姐在外形上有很大的差异，然而通过逐渐的阶段性演化，可以非常自然地完成两者间的转化和过渡。这样，既巧妙又风趣地显示了该美容店的特点。

8. 相悖。

相悖人们是凭借着透视关系和前后遮掩关系这样的视觉经验和原理，从二维照片中理解其所显示的三维空间的。利用这些视觉经验和原理，刻意在一张照片上塑造出两种截然不同的空间，就是图形的相悖设计。由于这种相互矛盾的空间状态是建立在看似合理的视觉经验中的，因而矛盾双方的实体和空间效果能够连接得天衣无缝，虽然这在实际中是不可能存在的事。

相悖图形是视觉现象中的怪圈。它以荒唐与真实的缠绕来促成深刻而强烈的视觉冲击，让人们在超现实的境界中接受信息。与同是现实中不存在的同构图形相比，它们的差异在于相悖图形刻意以视觉形式来震撼人们，展示视觉形式上的悬念；而同构图形则利用形象和象征意义的组合来完成概念的准确传播。简单地讲相悖图形给人们以视觉形式上的问题，而同构图形则以离奇的视觉形式给人们以答案。

9. 模糊。

在一般情况下，模糊是视觉传播中的大忌，因为不明确的形象会降低信息的可信度并使其难以被有效传播。可是，模糊手法利用得当，也同样可以创造出非凡的效果，表达特别的意念。

有时将事物的图像作适度模糊，反而可为信息的接受者提供足够的想象、补充和回味的余地，有些朦胧隐晦的模糊图形更能激发人们在解读这种图形时探究潜在信息的动机，这是模糊图形在设计中得以运用的基本原因。

加拿大航空公司的一幅广告便是采用模糊图形设计手法的一例。摄影画面利用较慢的快门速度来拍摄一架正在滑行的飞机尾翼，尾翼连同印在其上的“加航”标志因此而变得模模糊糊，但是仍然能够被勉强辨认出来。这幅作品以适度的模糊，既体现了企业的形象，又表达了该企业的某种性质——强烈的速度感。

## 第五节　广告图形的同构设计

现代广告中有一种引人注目的表现手法，即利用事物与事物之间的相似现象，来进行广告图形的构成。这种构成为广告的艺术表现开辟了一条崭新的途径，我们称之为图形的同构表现。

什么叫同构？本世纪美国大数学家道格拉斯·霍夫斯特在他那轰动一时的名著《GEB－一条永恒的金带》中，对同构作了这样的表述：“同构就是构造相同。”“同构本质上是一种映射，通过这种映射，使一个系统的结构能用另外一个系统表现出来。”“如采取直截了当的说法，同构就是保持对信息的交换。”他又说：“这同构关系的发现，在知识的进步中具有重要的意义。可以说，通过对同构的意识才使形式产生了意义。”

广告图形的同构，本质上也是这样一种映射，它是通过一种人们所熟悉的事物把所要宣传的新事物的意义和特征等形象化地、一目了然地表现出来。而这种新事物意义和特征本来既是人们所不知，也不容易用它自身的形象来表现的。今天，在商品多样化的时代，这种同构关系的运用不仅能更准确、更直接和更形象地向消费者传递不同商品的特殊属性，同时也具有一种新奇的效果，即对消费者产生很大的视觉冲击力和吸引力；它对商品竞争和扩大市场，将会显示出越来越多的优越性。

广告的同构表现是利用事物之间某种属性关系的相似性，范围很大，形式也多种多样。它可以是意义相似；也可以是心理感觉上的相似；或者是视觉形式上的相似等等。广告设计者可以从各种角度去寻找这种关系的相似性，这就使得同构的具体表现方法千变万化。虽然我们无法以横向的方向对广告的同构表现进行划分，但可以从纵向的方向把它分为意义同构、形式同构和形义同构这样三大类。

### 一、意义同构

意义同构是指利用意义的相似，通过另一事物的属性把所要宣传的事物属性表现出来。例如美国的唱片广告，用巧克力的视觉形象来表现唱片优异的质量，以通过意义同构的原理，利用巧克力的味觉感受和优质唱片的听觉感受之间意义关系的相似，把人们美好的味觉感受转换为美好的听觉感受，从而达到广告传播的目的。再如日本的广告《北方》，利用撕开的一群大雁图片，在视觉经验上给人们以分离的意义，从而使人们联想到日本北方四岛的分离状态，产生心理上的共鸣。这是视觉经验的意义与现实生活意义的同构。在一个治疗头部外伤的药品广告中，利用一个鸡蛋局部破裂和头部外伤现象上的相似，造成人们心理上的内在反响以使人感觉到一种潜在的生命危机，从而强调出这种药品的功用。

通过以上三例，使我们看到意义同构的手法是利用人们的联想作用来达到传达商品信息的目的。它表现深刻、构思新颖，具有很强的说服力。

### 二、形式同构

这是一种物象之间意义相异而形式结构上相似的同构，通过相似，使人们把两种不同的物象意义在心理上联结起来，从而表达出一个完整的概念。这种形式同构的特点，在于它的视觉效果是把不合理的现象合乎逻辑地联结起来，因此产生了出奇制胜的视觉冲击力，达到很好的宣传效果。例如一幅反对原子弹的广告，它利用怒放的麦穗和爆炸的蘑菇云的相似性进行形式同构，体现了反对核战争为人类创造幸福的意义。广告《巴勒斯坦，一个被否定的国家》，也是把巴勒斯坦人的头巾图案和铁丝网的相似形态进行同构，使人们感受到自由被否定。1984 年国际维护和平广告，把飞翔的和平鸽重叠在希腊雕像无头的胜利女神上，利用它们的相似姿态——飞翔，把和平与胜利两种不同的内容，同构在一起，从而非常明确地表达了和平必胜的概念。

广告视觉表现中形式同构表现的例子很多，它注重的是同构的结果，也就是手段的目的性。如果说广告意义同构表现手法偏重于物性本质的表现，那么广告的形式同构则偏重于视觉的表现。从效果上看，意义同构更多地在于人们的心理反响，而形式同构则更有视觉冲击力。

### 三、形义同构

形义同构就是把以上两类同构综合起来，利用意义相似和形象相似的双重同构。这种同构不仅具有视觉冲击力，而且具有很强的心理反响。例如美国的拉锁广告，把贝壳和拉锁同构在一起。它不仅利用两者的外形相似进行形式同构，同时也利用优质拉锁的良好性和贝壳关闭自如在特点上的相似，表达了形式和意义的同构，成为一幅很出色的广告。再如香港的节油广告，它把中文字"油"的三点水和三个钱币进行同构，下面再放上一个罐子接滴下的油，这样就把节约汽油和节省金钱的意义同构了起来，表现出节约汽油就等于节省金钱的意义，引起人们的重视。另外，有一幅饮料的广告用一个咬开的新鲜水果梨和饮料瓶进行形式同构，使人们把吃新鲜水果的感受和所要宣传的饮料新鲜的意义同构起来，从而给观众留下很深刻的印象，使人回味无穷。

从上面的例子可以看到形义同构表现的特点。就是这种同构的双重性具有一定的因果关系，即形式同构作为一种手段，意义同构作为一种目的，它们有机的结合形成了形义同构表现的丰富性；同时，形义同构综合了两种同构形式的传播特点，由视觉上引人注目递进到心理上对事物本质属性的反响。

综合以上三类表现，我们看到了视觉同构表现的共同规律，就是寻找同构媒介因素，作为视觉传播的主体形象。这个因素能够把消费者的注意力及兴趣吸引到广告内容上来，从而产生购买心理上的共鸣。广告中使用的视觉形象必须是消费者所熟悉的形象，这样的同构表现才能让人一目了然地看出它的属性。所以我们必须做到形象的视觉化、择优化和典型化，使同构的基本特征鲜明，恰到好处，并最富有代表性，对消费者具有很大的吸引力和说服力。视觉化、择优化和典型化的标准不是抽象的，而是根据不同的消费对象具有不同的标准。

## 练习与思考

1. 广告图形的功能和意义。
2. 广告图形的设计观念。
3. 广告图形类型与特征。
4. 广告图形创意的特点。
5. 广告图形创意视觉表现的方法。
6. 广告人物形象的表现特点和意义。
7. 广告图形的意义和作用。
8. 图形同构的形式和规律。

# 第十三章 平面广告视觉要素之三——色彩设计

**本章提要**：色彩是广告主要的视觉要素之一，是平面广告必不可少的视觉形象要素。它与图形、文字、标识和编排一起，发挥着传播广告视觉传播的作用。广告色彩的视觉设计内容主要包括：了解色彩设计的基本原理、作用，色彩的感情联想和象征，掌握广告色彩设计方法与技巧，运用色彩的视觉语言取得最佳的视觉传播效果。

## 第一节　色彩设计的基本原理

色彩的传达设计是广告视觉设计的重要内容之一。

在现代生活中，色彩扮演着非常重要的角色。与人类的生活有着不可分割的关系。色彩完全融合于我们的日常生活之中，成为现代社会文明的象征，从日用工业品到建筑环境，从家具到交通工具，从文具用品到服装纺织品，从商品包装到广告传达设计，色彩发挥着越来越大的作用。

正如马克思所说，色彩的感觉是一般美感中最大众化的形式。美的色彩具有美化和装饰的效果，影响人的感觉、知觉、记忆、联想、感情等，产生特定的心理作用，产生共鸣和吸引力，在视觉艺术中具有不可忽略的艺术价值。

成功的广告色彩设计，不仅能引起广大消费者的注意和兴趣，正确地传达商品和劳务信息，激发消费者的购买欲望，而且还能塑造商品和企业的良好形象，给企业或商品创造无形资产。色彩作为一个能够强烈而迅速地诉诸人的感觉的视觉因素，是广告信息传达的有力手段，它是最能强调商品和企业印象的重要因素，是具有很强表现力的视觉语言，在广告视觉传达设计中有着不可替代的作用。

色彩甚至成为商品和品牌形象的重要组成部分，如美国可口可乐以其鲜明的红色，创造了热情、活泼、青春的品牌形象；百事可乐以其红、蓝两色，塑造了明朗、新鲜和大众化的品牌个性；柯达胶卷的金黄色，树立了亮丽、精致、技术的独特形象；富士胶卷则以其纯净的蓝绿和黄色的对比，象征着自然、真实和信任；食品的橙黄、橙红色调；电器和高技术产品的蓝灰色调，已在广大消费者的心目中形成特有的形象概念。

## 一、广告色彩的功能

广告的色彩具有传达信息、增强记忆、激发情感、树立形象的重要作用。还具有注意功能、告知功能、再现功能、美化功能。

1. 注意功能。

中国人常说，远看颜色近看花，就是指色彩可以远远地引人注意，只要广告色彩有较好的视敏度，就能引起观众的注意。

2. 告知功能。

通过色彩传播商品的有关信息，告诉人们了解、明白、信赖所表达的内容和形象，真实可靠是关键。

3. 再现功能。

和商品原有的形象相比，再现形象是在保证真实性的前提下，采用各种艺术手法和技术手段，将对象概括、提炼、夸张、变化而实现的。

4. 美化功能。

在色彩表现中，充分运用艺术手段，采用观众乐于接受的、反映观众情感需求的、象征商品形象的、具有美的形式的色彩设计。

## 二、视觉与色彩

色彩是重要的视觉要素，自然界中存在的任何物体，都拥有与生俱来的色彩。随着时间的流逝、空间的改变而产生富有情趣的变化，让人不由得对大自然的造化感到惊奇。如植物中的花草、树木，随着春、夏、秋、冬四季的时序转换，而呈现早春的嫩绿、盛夏的艳绿、晚秋的熟黄、寒冬的枯寂等鲜明的征候。人类在大自然的怀抱中，随时随地的欣赏、观察、感受着种种美丽的色彩。如果在人类生活的大自然中没有色彩，那么整个世界将会变得死气沉沉，一片灰暗，人们生活在这样的环境中，必然了无生气、缺乏动力。生动活泼、鲜明亮丽的色彩世界，已经成为人类生活中不可或缺的因素。

然而，色彩的存在离不了三个基本的条件：光线、物体和视觉。可见光刺激人的眼睛后引起视觉反应，使人感觉到色彩和知觉空间环境的光。光具有类似水波纹一样的运动形式，所以称之为光波。波的最高点称波峰，最低点称为波谷。最近的两个波峰之间的距离称为波长。可见光波的波长以毫微米为单位。可见光波红色的波长是750毫微米，紫色光波的波长是380毫微米。

从色彩学的角度来看，物体可分为发光体、反光体和透光体三类，发光体有天然发光体和人造发光体，由于其光的结构不同，各呈现不同的色光效果。正如在黑夜中发出美丽光亮的霓虹灯一样，有的显黄，有的显紫、绿。发光体自己不发光，在光照下能反射光线，由于其本身的物体特性以及受光的面积、角度、距离的关系，会显现不同的色彩效果。反射光中长波占的比例大会显红，中波占的比例大会显绿，短波占的比例大会显蓝。如果，物体本身的物理属性占优，其反射率是稳定的。一个红色的西红柿，其红光的反射率为80%以上，橙色光的反射率为40%，紫色光的反射率为5%以下。在白光的条件下，它把显红色的长光波反射出来，因而显红色；在红光下，也把照向它的红光及少量的橙紫色光反射出来，同样觉得鲜红，而在绿光的照射下，红色的西红柿把大多数绿光吸收，没有红光的反射，也就变得灰黑了，失去其本来的色相特征了。

人的视知觉过程是一个非常复杂的过程，色彩的知觉也同样如此。当光线进入眼球，在视网膜上成像后，视觉细胞被兴奋，将信息传递到神经中枢，人的大脑才能感受到形象与色彩。

由于光亮的差异，或者光量相同而波长有差别，使人觉得色彩有明暗之分，这就是明暗感觉，或称色彩的明度差，与明度相关的色彩的视敏度。一般而言，色彩的面积大则视敏度高，面积小则视敏度低；锐利刚直的线条视敏度高，混沌而不规则的曲折线视敏度低；在有效视距范围内的物象视敏度高，距离太远或太近的视敏度低；被视物投照光量适中时视敏度高，投照光量太强或太弱，视敏度低。

在色彩的视觉传达中，另有两个重要的因素是色彩的视觉恒常性与视距变异性。

色彩的视觉恒常性是人们将对色彩的认识往往建立在学习的基础上，而忽视在某种条件下的色彩变异。正如人们对形态的恒常认识一样，从小孩到成人，他们在观察事物时简单直观，桌子有四条腿，房子是多个面组成，在描绘这一直观印象时，常常不顾空间、透视上的遮挡，而把桌子的四条腿都画出来。同样，在一般人心目中，阳光下的石膏是白色的，房屋中的石膏是白色的，在没有光线的暗房里石膏还是白色的。阳光下的苹果是红色的，蓝光下的苹果是红色的，红光下的苹果还是红色的。这种视觉恒常性心理是研究色彩形象的重要依据之一。

色彩的变异性产生于人们的视觉生理条件的客观限制，对色彩的刺激反应，人的视觉神经细胞的兴奋是有限度的，不可长时间地维持较高的兴奋度，因此，对色彩的感觉会产生变化。这种变化主要有“漂白效应、对比效应、饱和效应和融合效应”。

漂白效应是指同样的色彩刺激，经过一段时间后，其色相、色度、色性逐渐减弱，变得苍白无力。

对比效应是指不同性质的色彩，相互对比、排斥或相互吸引。如明暗对比效应，同一色块放在不同色相、不同彩度或明度的背景中，色彩的感觉会有所差别。

饱和效应与补色对比效应相似，是指人们在持续长时间观看一个饱和的色彩时，视细胞的疲劳，需要补色来调节。久看红色，再看白纸时，就会有绿色的残象效果。

融合效应是指空间混合效应，细小的变化丰富的色块，在一定距离下观察会显示出统一的倾向色。

（图 13-1）

图 13-1

### 三、色彩语言的意义

常用色彩语言的一般意义如下：

红色：最引人注目的色彩，具有强烈的感染力，它是火的色、血的色。象征热情、喜庆、幸福。另一方面又象征警觉、危险。红色色感刺激、强烈，在色彩配合中常起着主色和重要的调和对比用途，是使用得最多的色。

黄色：是阳光的色彩，象征光明、希望、高贵、愉快。浅黄色表示柔弱、灰黄色表示病态。黄色在纯色中明度最高，与红色色系的色配合产生辉煌华丽、热烈喜庆的效果，与蓝色色系的色配合产生淡雅宁静、柔和清爽的效果。

蓝色：是天空的色彩，象征和平、安静、纯洁、理智。另一方面又有消极、冷淡、保守等意味。蓝色与红、黄等色运用得当，能构成和谐的对比调和关系。

绿色：是植物的色彩，象征着平静与安全，带灰褐绿的色则象征着衰老和终止。绿色和蓝色配合显得柔和宁静，和黄色配合显得明快清新。由于绿色的视认性不高，多作为陪衬的中性色彩运用。

橙色：秋天收获的颜色，鲜艳的橙色比红色更为温暖、华美，是所有色彩中最暖的色彩。橙色象征快乐、健康、勇敢。

紫色：象征优美、高贵、尊严，另一方面又有孤独、神秘等意味。淡紫色有高雅和魔力的感觉，深紫色则有沉重、庄严的感觉。与红色配合显得华丽和谐，与蓝色配合显得华贵低沉，与绿色配合显得热情成熟。运用得当能构成新颖别致的效果。

黑色：是暗色，是明度最低的非彩色，象征着力量，有时又意味着不吉祥和罪恶，能和许多色彩构成良好的对比调和关系，运用范围很广。

白色：表示纯粹与洁白的色，象征纯洁、朴素、高雅等。作为非彩色的极色，白色与黑色一样，与所有的色彩能构成明快的对比调和关系，与黑色相配，构成简洁明确、朴素有力的效果，给人一种重量感和稳定感，有很好的视觉传达能力。

### 四、色彩的心理感觉

色彩作用于人的视觉器官以后，产生色感并促使大脑产生一种情感的心理活动，形成色彩的感情。色彩引起的感情是因人而异的，还会因环境及心理状态而发生变化。但是由于人类生理构造方面和生活方面存在着共性，因此，对大多数人来说，无论是单一色，或是几个色的组合，在色彩的心理方面存在着共同的感觉，影响着视觉传达。

1. 色彩的冷暖感。

红、橙、黄的色调带温暖感，蓝、青的色调带冷感。低明度的色彩具有温暖感，高明度的色具有冷静感。高纯度的色具有温暖感，低纯度的色具有冷静感。

2. 色彩的轻重感。

色彩的轻重感主要由明度决定，高明度具有轻量感，低明度具有重量感。白色最轻，黑色最重。

3. 色彩的软硬感。

色彩的软硬感与明度纯度有关。凡是明度较高的含灰色系列有软的感觉，明度较低的含灰色系具有硬的感觉。强对比色调具有硬的感觉，弱对比色调具有软的感觉。

4. 色彩的明快和忧郁感。

色彩的明快和忧郁感与明度纯度都有关。凡是明亮而鲜艳的色具有明快感，凡是深暗而浑浊的色调具有忧郁感。强对比色调具有明快感，弱对比色调具有忧郁感。.

5. 色彩的兴奋沉静感。

有兴奋感的色彩，刺激人的感官，使人兴奋，引起注意。色彩的兴奋沉静感与色相、明度、纯度都有关，其中以纯度的影响为最大。在色相方面，红、橙色具有兴奋感，蓝、青色具有沉静感。在纯度方面，高纯度的色具有兴奋感，纯度低的色具有沉静感。强对比的色调具有兴奋感，弱对比的色调具有沉静感。色相种类多的显得活泼热闹，少则令人有寂寞感。

6. 色彩的华丽朴素感。

色彩的华丽朴素感与纯度关系最大，其次与明度也有关。凡是鲜艳而明亮的色具有华丽感，凡是浑浊而深暗的色具有朴素感。有彩色系具有华丽感，无彩色系具有朴素感。强对比色调具有华丽感，弱对比色调具有朴素感。

**五、色彩的可视度**

在广告的视觉设计中为使信息传达清晰，色彩的可视度也是很重要的因素。色彩的可视度即色彩的知觉度，或称易见度，是指色彩感觉的强弱程度，它是色相、明度和纯度对比的总反应，属人的生理反应。图形与其周围的色彩对比是否能清晰看出，图与底色的对比有的能看得清，有的看不清，即有的可视度高，有的可视度低。大体来说明度差大的可视度高，明度差小的可视度低。公路警示标牌上用黄、黑两色清楚易辨，就是利用可视度的一个例子。

色彩可视度清晰的配色有以下几种搭配（一般指纯色）（表 13-1）：

表 13-1　　色彩可视度清晰的配色有以下几种搭配

| 顺序 | 底色 | 图形的色彩 |
| --- | --- | --- |
| 1 | 黑 | 黄 |
| 2 | 黄 | 黑 |
| 2 | 黑 | 白 |
| 4 | 紫 | 黄 |
| 4 | 紫 | 白 |
| 6 | 蓝 | 白 |
| 7 | 绿 | 白 |
| 8 | 白 | 黑 |
| 9 | 黄 | 绿 |
| 9 | 黄 | 蓝 |

## 第二节　色彩的联想和象征

广告色彩设计的成败，对广告的视觉传达有举足轻重的影响。因为色彩不仅具有审美的功能，还能影响消费者的感觉、知觉、记忆和联系，使人产生特定的心理作用。广告色彩是广告重要的视觉要素之一，它不仅要准确地反映物象的外貌形象和特色，准确地传达广告的宣传主题和内容，而且能引起消费者的心理认同，并产生联想，激发购买欲望。而且要在消费者的心目中形成商品形象概念或企业形象概念。

### 一、广告色彩设计的原则

1. 鲜明性。

有较强的视觉效果，利用鲜明的配色效果吸引观众的注意力，使广告给人留下深刻的印象。这就需要在设计时准确地把握广告的主题和目标，充分发挥色彩本身的表现功能。

2. 识别性。

通过独特的、个性化的设计，使色彩真正反映商品的形象特性，表达企业的经营特色，与同类商品或企业拉开距离，力争既有明显的差异性又能恰如其分地传达商品或企业的信息。

3. 真实性。

真实是广告的生命。广告色彩设计要客观地传达商品和企业的信息，使观众通过真实的色彩设计，对商品、企业产生信赖感。色彩本身具有再现客观事物的功能，但又有表现性的一面。广告色彩表现应以真实客观为前提，充分发挥其特有的艺术感染力。

4. 象征性。

色彩的另一个特征是抽象性。从视觉心理的角度来说，色彩能诱发人的多种情感和联想，这种联想具有文化的含义。可以说，广告色彩的传达和表现，无不关系到其传达对象的民族、文化、社会地位、个人经历等因素，关系到商品附加值的心理属性。

5. 审美性。

高质量的色彩表现，不仅能传达商品和企业的信息，而且能造成丰富多彩的审美意境，给人以感官和心灵的享受，启发人的心智，使人在使用商品和接触广告中得到物质和精神的双重享受。

色彩本身除了具有知觉刺激，引起人的生理反应外，还会受生活经验、社会意识、风俗习惯、民族传统、自然景观、日常用品等因素的影响，而对色彩产生具体的联想和抽象的感情，这种联想和感情是人类对色彩共同的认识。

色彩在商品的市场营销中，同样起着非常重要的作用，甚至在很多情况下，它远远超过商品本身的功能。据日本的一项调查表明，由于色彩吸引人的注意力，刺激人的购买欲望，在以下五类商品中，它们分别占据商品价值为：

食品 52%　　服装 38.6%　　化妆品 29.3%　　机械 17.2%　　药品 12.2%

就是购买一件服装，色彩的优劣占选中率的四成左右。随着商品感性化的到来，色彩在商品形象中占的比重将会增大。可见，没有好的色彩设计，便不会有成功的商品和广告。美国广告人托马斯·比·斯坦利曾经指出色彩对广告的主要功能在于：吸引人们对广告的注意力；完全真实地反映广告宣传的对象；强调商品或宣传内容的重要部分；表明销售魅力中的抽象质量；使广告第一眼就给人以良好的印象；为商品、服务项目或广告设计制作者树立威信；在人们的记忆里留下更深刻的视觉印象。

要使广告色彩的传达设计，发挥有效地传播信息、刺激感官、印象留存的作用，从心理学的角度去科学地认识色彩的感情因素和象征意义就尤为重要。

## 二、色彩感情

重要的色彩感情包括：冷与暖、软与硬、轻与重、兴奋与沉静、华丽与朴素、前进与后退、明快与忧郁等。

1. 色彩的冷与暖。

色彩的冷暖感觉一般是由色相决定的，如火一样的红、橙、黄等色，会使人产生温暖感，称之为暖色。像水一样的蓝色、蓝绿色或倾向于蓝、蓝绿的色称冷色。绿和紫一般看作中性色，但如果它们倾向于蓝，就可归于冷色系列，倾向于红、黄，也可归于暖色系列。一般来说，暖色系列的色彩交易使人感觉温暖，冷色系列的色彩较易使人觉得寒冷。

此外，色彩的冷暖与明度和彩度也有关系，高明度的色彩偏暖，低明度的色彩偏冷；高彩度的色彩偏暖，低彩度的色彩偏冷。

色彩的冷暖感觉是相对的，不是绝对的，是比较而言的。如比橙色冷的绿、黄绿，与青色相比又觉得暖些。

2. 色彩的兴奋与沉静。

红、橙、黄等暖色系列的纯色给人以兴奋感，易表现快乐的情绪。蓝、蓝绿等冷色系的纯色给人以沉静感。常常使人联想到和平、安静、休憩和生机盎然。它还是一种使人镇静的颜色。黑白对比强烈的色彩给人以紧张感，灰色及彩度低的色彩给人和谐而舒适的感受。

3. 色彩的华丽和朴素。

彩度高的色彩，暖色系的色彩，华丽、喜庆，易刺激人的情绪。彩度低的色彩，冷色系的色彩给人以朴素、平实之感。但如果使用不当或一味追求其与众不同，也可能会使人感到沉闷。明色华丽，暗色朴素，金银色等光泽色虽然华贵，但用之过分也会显得俗气的低格调，往往要适可而止，谨慎使用，要注意用无彩色（黑、白）、中性色或灰色系进行调节。

4. 色彩的前进与后退。

色彩的进退感多是由色相和明度决定的，活跃的色彩有“前进感”，如暖色系色彩和高明度色彩就比冷色系和低明度色彩活跃。冷色、低明度色彩有“后退感”。距离的知觉经验告诉我们，天高、海深、地宽、山远，它们远离我们；家人、庭花、房间里的东西离我们很近，其的色彩也使我们觉得近。

出现在同一平面的色彩，因其前进、后退感觉的差异，给人以空间距离上的不同。例如：大面积色近，小面积色远；彩度高的色近，彩度低的色远；暖色近，冷色远；对比色清晰的色近，对比色模糊的色远；图形色近，衬底色远。

5. 色彩的软与硬。

色彩明度高的显软，色彩明度低的显硬；高调子的配色显软，低调子的配色显硬。在色彩方面，中彩度色彩有柔软感，高彩度的鲜艳色和低彩度的灰暗色有硬的感觉。暖色系较软，冷色系较硬。在无彩色中，黑色与白色给人以较硬的感觉，而灰色则较柔软。我们在设计鲜美的食品广告时，要多使用柔软色配置，而设计家电、五金等广告时，使用硬色，则给人一种坚实、牢靠的感受。所谓“商品色”，实际上是和商品内在属性有关的色彩，在消费者的心目中长期形成的思维定势，已经得到社会公众的认同。

6. 色彩的轻与重。

色彩的轻重基本上是由明度决定的。明度越低越显重，明度越高越显轻。明亮的色彩，如黄色、淡蓝等给人以轻快的感觉，而黑色、深蓝色等明度低的色彩使人感到较重。感觉轻的色彩给人以轻快感，也使人感到不够安定；相反，低明度的色彩有稳定的感觉。在广告色彩设计时，应注意轻重搭配。如表现女性用品的广告宜采用明度高的色调为主进行配色，以渲染女性温柔、妩媚的个性特征；为了突出男性坚实粗犷的气质，在形成男性产品的广告中，色彩的配置应选择凝重、低明度的色彩。

7. 色彩的明快与忧郁感。

色彩的明快与忧郁如何，与明度和彩度的关系较大。明度越高越具有明快的感觉，明度越低越具有忧郁感；而彩度越高越具有明快感，彩度越低越有忧郁感。色调对比强时有明快感，色调对比弱时具有忧郁感。在设计以青少年为主要消费对象的商品广告时，要以明快的色调和配色为主，显得活泼向上、有朝气；而在设计以个别的中老年为主要对象的商品广告时，应以稳重的、成熟的色调和配色为主，显得有身份。当然，有时候还要根据广告宣传的主题的不同，而选择合适的色彩传达方法。

（图 13-2）

## 三、色彩的联想和象征

由一事物联想到另一事物，由当前的事物想起过去的事物，由想起的事物再想到另外的事物，这类思考的过程称为联想。联想分为：同类联想、接近联想、对比联想、因果联想、整体联想和辩证联想等。

所想的事物属于同一类型，如由李白想到杜甫，由玫瑰联想到牡丹等称同类联想。

所想到的事物在时间上比较接近，如由今天想到明天，由兄弟想到姐妹，由桌子想到椅子，称接近联想。

所想到的事物差异较大或性质完全相反，如由红色想到绿色，由生想到死，由美想到丑等称为对比联想。所想到的事物之间存在着必然的因果关系，如春华秋实、奋斗成功，称因果联想。

图 13-2

所想到的事物有局部与整体的关系，如由窗户想到建筑，由纽扣想到衣服，由一棵树联想到一片森林等，称为整体联想。

所想到的事物之间存在着对立统一，量变质变，否定之否定关系，如由雇农想到地主，由贫穷想到富有，由革命想到建设，由成功想到失败，想到再成功、再失败，称为辩证联想。

色彩可以引起人的联想，它可以使人想到类似的、对比的其他色彩，可以使人联想到具体的事物，可以代表或象征人们的情绪、经验或某个事物。

**四、色彩的具体联想**

色彩本身除了具有知觉刺激，以引起人的生理反应之外，还会经由观赏者的生活经验、社会意识、风俗习惯、民族传统、自然景观、日常用品等因素的影响，而对色彩产生具象的联想和抽象的感情，这种联想和感情是人类对色彩的共同认识。

1. 红色。

具体联想：火焰、太阳、血、红旗、辣椒。

抽象感情：热烈、青春、朝气、积极、革命、活力、健康、新鲜温暖的、蒸气、愤怒。

2. 橙色。

具体联想：橘子、柿子、秋叶。

抽象情感：快活、温情、健康、欢喜、和谐、任性、疑惑。

3. 黄色。

具体联想：灯光、闪电、黄金、金发、香蕉、菠萝、柠檬、咖哩、蛋黄、枯叶、银杏树的落叶、稻穗、黄沙。

抽象情感：轻快、明快、鲜明、朝气、希望、快乐、富贵、轻薄、未成熟、刺激。

4. 绿色。

具体联想：大地、草原、庄稼、森林、蔬菜、青山。

抽象情感：自然的、健康的、成长、新鲜、安静、和平、凉爽的、清新的。

5. 蓝色。

具体联想：天空、海洋、水、青山。

抽象情感：沉静、平静、科技、理智、速度、年轻、青年、寂寞、冷淡、消极的、冥想、阴郁、诚实、真实、可信。

6. 紫色。

具体联想：葡萄。

抽象情感：优雅、高贵、细腻、神秘、不安定。

7. 黑色。

具体联想：夜晚、黑夜、黑发、黑烟、乌鸦、煤炭、阴暗。

抽象情感：沉着的、厚重的、重的、旧的、老年的、古典的、不吉利、悲哀、绝望、恐怖、死亡、地狱、心地阴险的。

8. 白色。

具体联想：雪、云、雾、白纸、白布、天鹅。

抽象情感：纯洁、清白、纯粹、纯真、清净、明快、和平、神圣、轻薄、空着、空白。

9. 灰色。

具体联想：水泥、鼠。

抽象情感：平凡、谦和、失意、中庸。

色彩除了有上述的具体联想和抽象情感的特点外，有关色彩经由视觉器官引起的各种知觉现象，色彩学上称之为“色彩的共感觉”，主要是色彩在视觉、听觉、嗅觉、触觉、味觉上所引起的联想，这些知觉器官的反应，对于色彩的运用和诉求具有极大的影响力。

此外，世界各国对色彩的好恶也是千差万别的，如果商品或企业的广告是面向国际市场的，广告色彩和广告的色彩设计必须注意不同国家和地区对色彩的不同喜好和禁忌，以使广告能取得成功。

表 13-2　　　　一些国家和地区对色彩的不同喜好与禁忌

| 国家和地区＼喜好禁忌 | | 喜　好 | 禁　忌 |
|---|---|---|---|
| 比利时 | 南部 | 女孩爱粉红色，男孩爱蓝色，一般人爱高雅灰色 | 绿色 |
| | 北部 | 男孩爱蓝色，女孩爱粉红色 | 绿色 |
| 德　国 | | 南方爱鲜明的色彩 | 茶色、深蓝色。黑色的衬衫和红色的领带 |
| 爱尔兰 | | 绿色及鲜明色彩 | 红、白、蓝色 |
| 法　国 | | 东部男孩爱穿蓝色服装，少女爱穿粉红色服装 | 墨绿色会使人联想到纳粹军人制服而产生厌恶 |
| 西班牙 | | 黑色 | |
| 意大利 | | 绿色和黄红砖色 | |
| 瑞　典 | | | 蓝、黄色组（国家色） |
| 奥地利 | | 绿色 | |
| 保加利亚 | | 较沉着的绿色和茶色 | 鲜明色彩，鲜明绿色 |
| 荷　兰 | | 橙色、蓝色 | |
| 挪　威 | | 红、蓝、绿等鲜明色彩 | |
| 瑞　士 | | 红、黄、蓝、橙、绿、紫，红白相间的色组，浓淡相间的色组 | 黑色 |
| 英　国 | | 金色和黄色象征名誉和忠诚，银色和白色象征信仰和纯洁，红色象征勇敢和热情，青色象征虔诚和诚实，绿色象征青春和希望，紫色象征王威和高位，橙色象征力量和忍耐，红色象征献身精神，黑色象征悲哀和悔恨 | |

续表

| 喜好禁忌<br>国家和地区 | 喜　好 | 禁　忌 |
| --- | --- | --- |
| 希　腊 | 白色和蓝色，紫色用于国王的装饰 | |
| 葡萄牙 | 青色和白色象征君主 | |
| 巴基斯坦 | 流行鲜明色、翠绿色 | 黄色不受欢迎 |
| 土耳其 | 鲜明色彩、绯红、白色比较流行，也爱好带有宗教意味的绿色 | |
| 伊拉克 | 红、蓝 | 黑色、橄榄绿 |
| 叙利亚 | 青、蓝、绿、红 | 黄色 |
| 埃　及 | 绿色 | 蓝色（恶魔） |
| 非　洲 | 鲜明色彩 | |
| 摩洛哥 | 稍暗的鲜明色 | |
| 巴　西 | | 紫色（悲伤），黄色（绝望），暗茶色（将有不幸） |
| 委内瑞拉 | 黄色 | 红、绿、茶、黑、白表示五大党，不宜用在包装上 |
| 古　巴 | 鲜明色彩 | |
| 厄瓜多尔 | 凉爽的高寒地区喜欢暗色，炎热的沿海地区喜欢白色和明朗色 | |
| 墨西哥 | 红、白、绿色组 | |
| 巴拉圭 | 明朗色彩 | 红、深蓝、绿色组（三大政党）不宜用在包装上 |
| 秘　鲁 | | 紫色平时禁用，只在10月举行宗教仪式时用 |

续表

| 国家和地区 \ 喜好禁忌 | 喜 好 | 禁 忌 |
|---|---|---|
| 美 国 | 用黑、黄、青、灰表示东、南、西、北四个方位。<br>用颜色代表大学专业：橘红色是神学，青色为哲学，白色为文学，绿色为医学，紫色为法学，金黄色为理学，橙色为工学，粉红为音乐，黑色为美学、文学。<br>颜色还用来表示月份：1月份为黑或灰，2月份为藏青，3月份为白或银，4月份为黄，5月份为淡紫，6月份为粉红色或蔷薇色，7月份为天蓝，8月份为深绿，9月份为橙或金，10月份为茶色，11月份为橙，12月份为红 | |
| 东方民族 | 红色 | |
| 马来西亚 | 绿色 | 黄色（皇室使用） |
| 港澳地区 | 红、绿 | 青、蓝、白 |
| 缅 甸 | 鲜明色彩 | |
| 印 度 | 红色表示生命、活力、朝气、热烈，蓝色表示光辉、壮丽，绿色表示和平、希望，紫色表示宁静、悲伤 | |
| 泰 国 | 大多喜欢鲜明色<br>有按日期穿着不同色彩服装的习惯，周一穿黄色，周二穿粉红色，周三穿绿色，周四穿橙色，周五穿淡青色，周六穿紫红色，周日穿红色<br>红、黄、蓝为国家的颜色，黄色为王室的标志<br>过去白色用作丧色，现改为黑色 | |
| 日 本 | 喜欢红、绿色<br>东北部喜欢樱红色、东南部喜欢鲜明色；黄色表示未成熟的意思，青色代表青年、青春；白色历来是天子服饰的颜色；黑色用作丧事 | |

## 第三节 广告色彩设计方法与技巧

### 一、色彩设计的一般程序

在广告的整个设计表现中，对于色彩的考虑往往贯穿于全部设计过程，而不是等到视觉要素和构图的内容决定之后才进行的。一般来说这个程序包括以下几个步骤：

1. 整理和收集资料。

这是进行色彩计划中不可忽略的首要步骤。要使色彩设计有较强的目的性和针对性，力求避免许多习惯的、用之过多的配色手法，应充分发挥色彩的信息传达功能，广泛收集与广告商品、竞争商品、消费者生活习惯、文化传统、心理期望等有关的资料，并根据商品的市场目标情况进行分类整理。

2. 分析、审视广告的宣传主题，选择合理的色彩表现方法。

广告宣传的主题一般是经过创意会议，由总监综合集体意见确定。如何把握广告主题，以色彩的语言传达和强化这一主题，需经过认真的审视和推敲，色彩本身在这一过程中不只是被动的陈述，完全能够展现其独特的语言优势进行再创造、再提高。强化广告的主题和风格，让受众留下长久的、难以遗忘的深刻印象。但对主题的内容和精神的分析和理解，千万不能建立在经验的基础上，应该以创新为基点。

一般来说，广告主题的特点是可以类型化的，可分为以说理为主的或以感情诉求为主的；可分为以传统文化为背景的或以时代风尚为背景的；也可分为以消费观念为前提的或以生活习性为前提的；还可分为以消费对象为主体的或以商品功能、特色和意义为主体的多种选择。

广告宣传的主题一经确认，色彩表现的方向就基本明确了。

3. 选择合理的色彩配置方法。

色彩配置的方法有多种，在确认广告表现主题后，可根据实际情况进行选择。可以依据主题表现的重点进行配色，如理性的或感性的色彩搭配、色调和风格的选择；是强调商品色还是强调情绪色，是强调一贯色还是强调流行趋势。可以色相为主进行配色，也可以色彩的明度或彩度为主进行配色。

4. 调整色彩的细微关系。

在调整阶段，色彩表现的主要任务是以总体特征为依据，进一步推敲色彩的各种关系。如色调、色相、明度、彩度、色性、面积比、空间关系、位置关系等，使色彩的配置能准确地、完整地传达广告的信息。

5. 设定印刷工艺、标准，管理印刷质量。

对印刷工艺、方法、过程进行设计和管理，是非常重要的环节之一。在许多广告设计部门往往得不到重视，如果一个色彩计划，忽略了对印刷工艺、标准和方法的设计，往往会因为印刷方法、油墨标号的选择和配置、纸张的质地和肌理、其他材料工艺的合理应用，甚至装订等环节的疏忽大意，使一个好的设计和创意前功尽弃。正确的做法是，认真选择并表明色彩的编号和种类，标注在印刷过程中应注意的问题或要点，认真检查对照打样稿的色彩准确度，严格把握整个工艺的各个环节，对最终的效果要有充分的估计，及时调整或修正印刷过程中出现的问题。

## 二、色彩的配置结构

图、文可经由对色彩的色相、明度、彩度与面积的设计，加以区隔为许多细部，原本各自独立的图、文，亦可经由色彩整合成为和谐完美的图面。依据广告图面结构，广告的色彩可区分为主导色彩、辅助色彩及背景色彩三部分，其作用各不相同。可以采用高彩度色彩或大面积色彩，以做出强烈的诱目的效果。

1. 主导色彩。

指广告图面上作为诉求焦点的主要图形或大标题的色彩，主导色彩的规划以引人注目为原则，不一定要鲜艳，只要和背景色彩搭配调和，并能突出广告主题，即为合适的主导色彩。

2. 辅助色彩。

主体之外还有其他居于从属地位的图形，当其面积较大时，如说明图、内文，亦可使用较不鲜明的色彩区块进行表现。当其面积较小时，如框、线、小标题、标语、标志、价格等，常采用鲜艳明亮的色彩，以发挥向读者提示重点和装饰图面的功效。

3. 背景色彩。

指广告画面的图形与文字以外的底面色彩，通常占广告画面相当大的部分。背景色彩宜采用高明度、低彩度色彩或无彩色（即灰色调），较易发挥衬托主体的功能。

有时为了特殊的广告诉求主题，在实际运用时应根据广告表现的具体情况，调整背景、主体、辅助色彩的关系，使之产生最佳视觉效果。

(图 13-3)

## 三、常用的色彩配置方法

1. 以理性为特征的配色。

所谓理性的配色，一是指科学、合理地配置色彩的色相、明度、彩度、面积、现状、尺寸、位置等。使人看上去严谨、有条理、恰到好处；二是指通过严格的色彩关系呈现理性的表征。如中性色的配色、灰色调的配色与对比色和高彩度的配色相比显得理性一些；几何形的、按比例的、具有较明显的尺度关系的色彩搭配比起自然的、随意的、没有严格尺度和比例关系的色彩和形态来

图 13-3

显得更为理性一些。理性的配色往往能表达严谨、技术和别具一格的特点，给人以较强的信任感。

2. 以感性为特征的配色。

相对于理性的配色方法，感性的配色以生动、质朴、无拘无束、活泼、自然为特征。不追求严格意义上的比例、尺度、色相、色性和色度关系，力求简练、直接而生动的表现。因而在配色时以鲜明色、纯色、对比色为主，或取材于自然界的色彩来源，如鲜花、蝴蝶、云彩、贝壳、山石等天然的色彩。但感性的配色并非完全是随心所欲的信手拈来，而是在于色彩的效果和印象给人以自然、生动的特点，这一效果和特点往往是经过理性的推敲和调整之后才达到的。

3. 以“商品色”为依据的配色。

所谓“商品色”，是指某些商品或某些种类的商品，在消费者的心目中，已经形成的固定不变的色彩形象。这是由于在长期的广告宣传作用下，商品的包装、色彩等外观形态已经与商品的内在特性融为一体，成为不可分离的基本特征。如何认识“商品色”的作用，合理应用商品色彩来传达信息，已经成为摆在设计者面前的一种重要问题。在广告设计中，根据商品色进行配色是常用的和稳妥的一种配色方法。如咖啡的褐色调子、食品的暖调子、新鲜食品的绿调子，几乎成了配色设计中的法典。为了使广告具有较强的识别特征，有控制的略加变化的色彩配制，突出重点信息的色彩特征，才是以“商品色”为基础的配色的关键。

4. 以色彩调子为基础的配色。

色调的选择和控制对色彩设计有举足轻重的作用，色调是指整体的色彩关系。若以色相来区分，有红调子、黄调子、蓝调子、绿调子……若以明度来区分，有高调、中间调和低调子；若以彩度来区分，有鲜明调子和灰调子；若以色彩关系来区分，有对比调子和调和调子等等。把握好色彩的基本调子，就能使色彩的配制协调统一、形象突出。

5. 以色相为基础的配色。

以色相为基础的配色，有以下几种情况：

(1) 同色相的配色。

即利用同一色相的不同明度、彩度的变化来进行配色组合，由于单一的色相，易取得十分调和的色彩效果。

采用同一色相不同色调的色彩，可产生调和与统一的感觉，但因仅在同色相内作明度与彩度的变化，仍易显得单调，不妨加入无彩色的黑、白、灰等与之搭配，可增加生动感。由于图面配色单纯，所表达的色彩感觉明确而强烈，颇适于换季、节庆广告，如春节时大量的红色系礼品广告；或强调企业识别的商品，如长荣海运的绿色系企业广告。

(2) 类似色相的配色。

选择在色轮中相互邻近的色相进行组合，也易产生很强的统一感和表现力。为避免单调，在配色时应注意选择具有明确色相的色彩组合，并合理调整其间的明度差。采用相邻的类似色相的配色，色彩的色相虽不同，仍属接近，不仅可使图面色彩和谐、统一，更蕴含变化的效果。此种配色亦可搭配白色使画面更明亮；或以灰色搭配，让图面较柔和；或用黑色来增加厚实感。

(3) 对比色相的配色。

对比色彩配色包括单一补色配色、分裂补色配色、三角色配色、双重补色配色、多色配色等类型，由于色彩感觉较强烈，可加入无彩色缓和，以增加调和与统一的感觉。运用对比色相间的组合，对比色组合易产生生动活泼的感觉，但有时会缺少调和感，在具体配色时可根据情况利用明度和彩度的变化进行调和。

(4) 补色关系配色。

补色关系是一种特殊的色彩对比关系。如红色与绿色、黄色与青色、橙色与紫色成对组合在一起配色时，会呈现强烈的相互辉映的视觉效果，具有很强烈的视觉冲击力，因而常常运用在户外广告和招贴广告的设计中，以求得特别的印象。由于补色的对抗较强，在具体配色时，常常通过改变对比双方的面积比，或通过中间色过渡，或以黑、白、灰、光泽色来间隔，加强其统一的因素。

单一补色配色——以色相环上任一对补色所形成的配色，利用视觉上的对比作用，图面极鲜明且具高度冲击力；亦可搭配少量其他色彩，来缓和强烈的色彩感觉。

分裂补色配色——由色相环上任一色及其补色的一组分裂色组成，共有三色。例如在 Munsell 色相环上，R 的补色为 BG，BG 的分裂色为 B 和 G，则 R、G、B 可作为一组；再如 BG 的补色为 R，但 R 不能分裂为 RP 与 YR，所以 RP、YR、BG 不能作为一组分裂补色组合。因分裂补色并非真正的辅色，虽然仍有近似对比的效果，但却不够强烈，而有种不安定的感觉。

三角配色——以色相环上形成正三角形关系的三个色彩，产生三色调和三重对比的效果。色彩感觉强烈，活力充沛而不安定。

双重补色配色——以两组在色相环上相邻的补色，例如 YR、B 与 Y、PB，利用两组类似色的对比关系，在画面上形成双重对比及调和效果。此种配色因有相邻色加入，缓和了对比感，而不及单一补色配色强烈，但因有两对补色，画面色彩更繁杂。

多色配色——利用在色相环上四色或更多色互相搭配，以产生多色调和或对比的效果。

冷色或暖色系的配色

即以冷色或暖色两大色性系统为配色的基本组合。以暖色系为主的配色会产生温暖感和兴奋感，显得感性化；而以冷色系为主的配色会产生沉静感和安定感，给人以理性的感觉。

6. 以明度为主的配色。

在配色时以色彩明度为依据进行配色，能较好地协调各色彩的内在联系，色彩的明度是其最基本的要素，如果将彩色的画面拍摄或影印成为单色的，色彩的明度差就显现出来了。以明度为主的配色主要有以下几种情况：

（1）高明度配色。色相的明度提高后，色彩的明度和色相的对比相对降低，产生了统一的感觉，整体色调明快柔和，但要注意其明度差，以造成一定的节奏感。

（2）中明度配色。中等明度色彩的配色，明度差距小，给人以含蓄厚重的感觉，为了避免过分软弱无力，可在色相和彩度上略加变化。

(3) 低明度的配色。低明度的色彩有后退感，色相对比和彩度对比都较弱，明度差异最小，容易取得调和的效果。但在具体配色时应注意各色彩之间的明度差和彩度差，尽量消除单调与沉闷之感。

在实际的色彩设计中，往往是三种配色方法结合使用，强调主要的明度关系，辅以其他的明度关系。这样才能使广告画面的色彩关系既统一协调又有所变化。

7. 以彩度为主的配色。

彩度的选择和搭配是色彩设计的重要因素之一，与广告画面的视觉传达效果有很大的关系。

高彩度的色彩关系，给人以鲜艳夺目、华丽、强烈的感觉。在户外广告（路牌、招贴、灯箱等）媒体上，高彩度的画面对远距离的视觉传达有极好的捕捉力。特别在复杂的、变化大的环境条件下，易显示其明视度高的特点。高彩度的设计还常用来表现以儿童、青少年、女性为诉求对象，或以表现商品单纯、活泼、新鲜个性的广告内容，较易获得认同感。强烈的、高彩度的色彩设计有激发消费者购买欲望、引起注意的作用。但如果处理不当，或依经验行事，也可能会流于肤浅和俗气，失去其优势和特点。

中等彩度的配色，显得稳重大方、含蓄而明快，给人以成熟、信任之感。在广告表现中，常用来表现高档商品、理性消费的商品或价格档位较高的商品，还用来表现成人和中老年人的商品宣传。中等彩度的色彩配制，要注意色相和明度的差异性应控制在整体统一的前提下，对比太强则失去其稳定的特点，色相变化太多也会觉得与其风格不符。

低彩度的配色，给人以老沉和干练之感，是男性化的、别具一格的配色方法。在这种配色方法中，明度关系会起决定性的作用，色相往往只作倾向性的提示。在五彩缤纷的广告世界里，有时候无色彩的、或低彩度为主的广告能从群体上脱颖而出，获得理想的明视度或注目率。但需注意的是整个广告画面的色彩平衡性，可以小面积的对比色彩来点缀或衬托主体的视觉形象。

(图 13-4、图 13-5)

以上介绍的多种色彩配制方法，不可将之视为设计时的教条，要注意灵活使用，搭配使用和结合使用。以此为基础，创造出更多、更新、更有特色的配色方法。

图 13-4

图 13-5

**练习与思考**

1. 广告色彩的功能和作用。
2. 色彩的可视度。
3. 色彩设计原则。
4. 色彩感情。
5. 色彩的联想和象征。
6. 色彩的具体联想。
7. 不同国家和地区的色彩禁忌。
8. 色彩设计的程序和方法。

# 第十四章 平面广告视觉要素之四——标志设计

**本章提要：** 标志是广告主要的视觉要素之一，是平面广告中经常采用的视觉形象要素。它与广告图形、文字、色彩和版面编排一起，发挥着传播广告信息的作用。标志视觉设计的内容主要包括：了解标志的类型、特点和作用，掌握标志设计的原则、方法和程序，熟悉标志的精细化作业、标志造型的标准作图，运用图形的设计规律，充分发挥标志在平面广告中的视觉传播效果。

## 第一节 标志的类型和特点

标志（Logo）与广告设计的区别在于，后者只是在短时间内刊载应用在报纸、杂志或其他的平面媒体上，过时就失去作用而不再受到读者的关注。而前者却是持久性的，它时时刻刻会作为商品或企业的符号出现在各种报刊、招牌、信封、信纸、名片服饰和交通工具上。因此，标志的使用周期长，使用场合广，使用的方式也多样化。

标志符号虽然尺寸小，但方寸之间表现了企业或品牌的形象，在平面广告中往往起画龙点睛的效果，常常在广告画面上占据重要的位置和分量，标志符号的设计和应用是平面设计的重要内容之一。

### 一、标志的分类

标志可以从不同角度进行分类，以标志构成因素分类，可分为文字标志、图形标志、组合标志、立体标志；从标志的使用者来分，可分为生产标志、中间商标志、集体标志；从使用对象来分，可分为商品标志和服务标志。根据我国商标法的法律状态来区分，商标可分为注册商标和未注册商标。此外还有等级商标、亲族商标、联合商标、防御商标、证明商标等。

1. 依标志的功能分类。

企业标志和商标是两种不同功能的标志。在现代企业中有这样两种不同情况：一是企业标志就是商标，二是既有企业标志又有商标。

企业标志和品牌标志合而为一，目的在于求取同步扩散，强化印象的效果。塑造品牌就是建立企业的权威性和信赖感。一般而言，经营范围单一，技术特点相似的企业大都采取这一方式，即以企业的名称推广品牌标志，提高品牌的知名度。而某些企业由于其商标品牌的知名度高，都选用其商标品牌名称为企业的名称和标志，或变更企业名称。如在我国家喻户晓的凤凰牌自行车是上海自行车厂生产的，尽管其品牌非常著名，企业名称却无人知晓，上海有那么多的自行车厂，而且是以一、二、三、四、五为序而命名的，非常难记忆。因此 1993 年下半年，生产凤凰自行车的上海自行车厂已改名为凤凰自行车集团公司，生产金星电视的上海无线电一厂改名为金星电子集团，生产熊猫电子产品的南京无线电厂，改名为熊猫电子集团等等。通过统一品牌名称和企业名称以统一集中企业形象，可以使企业在日益激烈的市场竞争中确立独特的易认易记的新形象。

还有另一种情况是企业名称、标志和商标品牌各自独立。这是基于现代企业经营策略和市场行销形象的需要。许多知名企业依据国际化的经营、多角化经营、市场占有率提升、企业形象的保护作用等因素的需要。商标具有独立性，能使企业在开发新产品、新品种，在市场份额的竞争中各个击破，非常主动。如美国可口可乐公司除了有“可口可乐”品牌外，还有“芬达”和“雪碧”汽水品牌；日本松下电器有“National”、“Panasonic”、“Technice” 三个名牌。

上述两种情况，无论是企业名称 = 品牌，或是企业名称 ≠ 品牌，二者都需要标志通过传播媒体、广告媒体传播应用。但是，在着手进行标志设计之前，只有认真地考虑企业的视觉结构，企业与品牌的关系，才可能预先规划适合整体传播的策略。

2. 依据标志的基本形态分类。

特色分类标志造型有具象的、抽象的、具象和抽象相结合的三大类。

具象标志往往是经过修饰、简化、概括或夸张过的具体图像。由于标志的使用目的、应用场合、传播条件的客观要求，即使是具象的企业标志，也应是非常简练大方和易于识别、记忆的。

抽象标志一般是以点、线、面、体为造型要素进行设计的。抽象标志大多为几何形、有机形和无机形。抽象标志具有较好的视觉效果和传播应用方便性的特点，但也有理解上的不确定性的缺陷，只有通过长期的传播，逐渐强化商标品牌的含义。

3. 依据标志设计的造型要素分类。

依造型要素有点、线、面、体四大类。因为各造型要素本身就具有独特的造型意义，可增强标志设计的表现力，还能强化企业经营理念的说明性，或传达企业产品内容的特性。因此在设计中，可根据设计对象的特性，设计表现的重点，选择合适的造型要素，以创造具有独特个性的企业标志。

（1）以点作为标志设计造型的基本要素。

点是最基本的设计要素，点可以构成线、构成面，点具有延展性，适合于各种构成原理和表现形式的运用。可以由点的大小，形状的差异，位置的疏密，距离的远近构成空间和透视、近似和渐变、节律和韵律等多种视觉形态。几何形的点具有理性的特点，有机形和偶然形的点具有自然、亲和的特点，在标志图形的设计中，经常以圆点来造型，用以构成线、织成面、堆积成为体。特别是用以表现现代科技高速发展，如电脑、资讯、电信业的现代化特点，圆点具有极强的表现力。

（2）以线作为标志设计造型的基本要素。

线是一种相对超长的形象，其类型很多，总的可以分为两类：一是几何线，二是随意的线。人类对线的认识已经非常丰富，对线的表现力的探索也非常成熟，各种刚柔糙滑，抑扬顿挫，粗细疏密的线不仅能表达各种形体，而且能表达人们丰富的思想感情，著名的中国线描十八法就是例证。线是一切形象的代表，又可分为直线和曲线两大系统，线的长度为其造型特性，并且有粗细，长短宽窄的弹性变化，直线具有方向性和速度感等象征意义。曲线则表现了转折、弯曲、柔软特征。在标志设计中线的运用非常广泛和丰富，具有极强的表现力。

（3）以面作为标志设计造型的基本要素。

面是点的延扩，是具有二次元性质的造型要素，面可以由“点扩大”“线条宽度增大”而形成“积极的面”。也可由“点密集”、“线集合”、“线条围绕”而形成“消极的面”。当然也可以不借以点和线的形成，本身独立自主的形态。面可以分为几何的面和随意的面，几何的面是由数字方式借助仪器构成的。随意的面是由自由的线构成的。几何形中的三角形，方形、圆形、椭圆形、五边形、多边形在标志设计中最常采用，或作为造型要素，作为背景、外形、以衬托主题，图案。

（4）以体作为标志设计造型的基本要素。

体是点、线、面的多维延扩，是在二次元的平面上表现三度空间的一种视觉幻像，一种视错觉。以体造型的标志图形能产生实在感和压迫性，造成强烈的诉求效果，利用立体作为标志图形造型要素有以下三种情况：一是利用标志设计的题材（文字，图案）本身的转折、相交，组合而构成立体感；二是在标志设计题材的侧面，增加阴影，制造厚度，使其产生立体感；还有的立体形是有趣味的矛盾体，既有实在的立体感，又是在现实中不可能出现的图形，其视觉冲击力也是非常强的。

(5) 综合多种造型要素的标志设计。

在实际设计中，往往不是仅限于使用某一种造型要素，而是综合多种造型基本要素进行设计的，才能充分地发挥标志图形的视觉表现力度。设计中多采用主辅明确、对比协调、轻重适度的手段，创造出生动活泼、个性突出、易识别、易记忆的标志图形来。

(图 14-1、图 14-2)

图 14-1

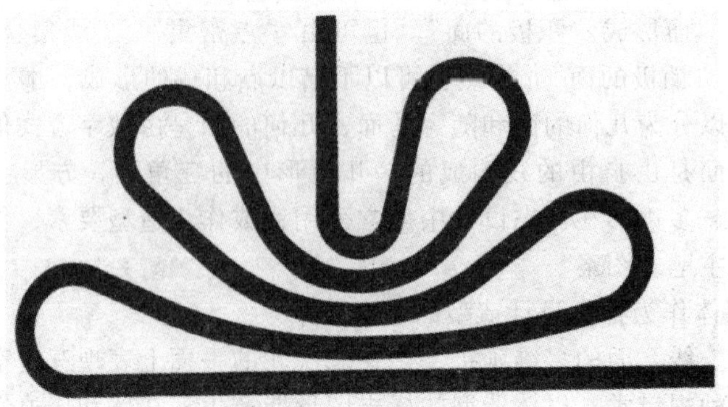

图 14-2

## 第二节　标志设计的原则和方法

### 一、标志设计的原则与要求

标志设计的原则和要求包括以下几个方面：

1. 构思深刻，构图简洁。

标志是传达信息的特殊符号，构成时首先应该抓住企业标志的功能特点和内在需要，进而产生形式格调，运用点、线、面、色彩构成视觉象征的形式要素来表现其形式格调，实现标志的表达形式。因此，要充分揣摩题材内容，在设计中要体现构思的巧妙和手法的洗练，把所想到的构图，尽可能地体现出来，然后经过反复推敲，去粗取精，充实和发展图形，最后形成较为简洁生动，单纯凝练，集中概括的图形。

2. 形象生动，易于识别。

标志是以生动的造型图像构成的视觉语言。这种造型图像通过观众的眼睛，传到他们的精神系统，留下深刻印象，起到视觉吸引力的作用。如果标志图形杂乱无章、平庸无奇，便不能引起观众的心理冲动，其结果是索然无味，过目即忘。所以标志的形象应力求生动，有较强的个性，避免自然形态的简单再现，在设计时应使用夸张、重复、节奏、象征、寓意和抽象的手法进行设计，才能达到易于识别，便于记忆的效果。

3. 新鲜别致，独具一格。

这是标志图形设计的精神所在。标志符号、图形和文字，都应具备自身的特色，要充分体现出别具一格的效果。因此应特别注意避免与其他标志雷同，更不能模仿他人的设计。创造是标志设计的根本原则，特别是一些抽象的企业或品牌标志，要设计可视性高的视觉形象，设计者更应发挥丰富的想像力，才能达到新颖别致、富有美感的传达效果。

4. 符合美的效果，运用世界通用的形态语言。

所设计的标志图形，都应该是符合美的造型规律的。使人们在视觉感觉中唤起美感，引起美的共鸣与冲动；同时还要有新意。在设计企业标志时，应注意符合美学原则，注意图形比例尺度的统一与变化、均衡与稳定、对比与协调的问题。标志设计还必须运用世界通用的形态语言，避免过分强调传统的形态语言，而造成沟通上的困难，同时又要注意吸取民族传统的共同部分，努力创造具有中国特色的世界通用标志形态语言。由于企业标志是具有一经确定不能随意更换、修改的特点，设计中应尽力全面地考虑问题，除了应遵守有关法律规定外，还应注意如下两点：

(1) 注意各国禁忌图案和禁忌颜色。如穆斯林国家认为猪、乌龟是不干净的东西。牛在印度是神圣的代表。在日本樱花象征美丽，但忌用荷花、菊花。山羊图案在美国被誉为“不正经的男子”。在马达加斯加和瑞士，猫头鹰图案是不祥之兆和死亡的象征。阿拉伯禁用六角以及雪花。非洲禁用黑熊。法国禁用核桃。美国禁用大象。印度禁用佛像。意大利禁用菊花。阿拉伯国家忌用动物作为图案，北非一些国家忌用狗。雪花对未见过雪的热带人是没有意义的，因而用雪花做标志对生活在热带的人来说就毫无意义了。

色彩也是如此：欧洲人视白色为纯洁，亚洲人则把白色代表丧事，有的国家和地区把红色视为吉祥、喜庆，有的国家和地区则把红色看成流血和恐怖。企业标志的设计，不仅要着眼局部，更要着眼长远。

(2) 要注意清晰、醒目、适合各种使用场合。企业标志必须做到图形清晰，非常引人注目，不仅要有显著特征，而且要做到远看清晰醒目，近看精致巧妙。企业标志必须考虑到喷在汽车车身上，在汽车行驶中也能使之清楚地被看到。企业标志图形的阴文和阳文的效果应一致，平面、立体的图形，均能有一定的效果；放大缩小时形态清楚，配以色彩时更具特色，可灵活应用在电视广告、霓虹灯广告、建筑物上以及其他包装印刷品上。

## 二、标志设计形式美的法则

标志设计是一种视觉艺术，人们在观看一个标志图形的同时，也是一种审美过程。在审美过程中，人们把视觉所感受的图形，用社会所公认的相对客观的标准进行评价、分析和比较，引起人的美感冲动。在标志符号的设计中通常应遵循的美学法则有：

1. 统一与变化。

任何一个完美的标志图形，必须具有统一性，图形的统一性和差异性由人们通过观察而识别。当图形具有统一性时，人们看了图形必然会产生畅快的感觉。这种统一性愈单纯，愈有美感。所以，欲使图形美，必然具有统一性，这是美的根本原理。但只有统一而缺少变化，则不能使人感到有趣味，美感也不能持久。这是因为缺少刺激的缘故，所以，统一虽有和谐宁静的美感，但过分的统一也显得刻板单调。变化是刺激的源泉，有唤起兴趣的作用，但变化也要有规律，否则无规律的变化必然引起混乱和繁杂。因此变化必须在统一中产生。

2. 对称与均衡。

对称是均衡的类似型。世界万物大都是对称的，对称是生理和心理要求。均衡是在不对称中求平稳，所谓均衡虽然具有力学上平衡的含义，就平面图形而言，则主要是指视觉均衡。

3. 比拟与联想。

比拟是指事物意象相互了解的折射、寓意、暗示和模仿。而联想是由一种事物到另一种事物的思维推移与呼应，它一般并不作理性美的表示，而是与一定事物的美好联想有关。它使企业标志图形别具风格，使人产生标志形象的延展效应。比拟与联想的图形造型，大都是从自然抽象出来的几何形态，接受自然现象的暗示，带有自然广义倾向的初级模拟造型，其特色是形式逼真，一目了然；或对自然物进行提炼、概括、抽象、升华。寓意性的标志比较含蓄，具有一定的典故、联想和寄托。

4. 节奏与韵律。

节奏与韵律是物体构成部分（包括图形构成）有规律重复的一种属性。节奏的形态美，就是条理性、重复性、延续性等艺术形式的表现。韵律美则是一种抑扬节奏有规律的重复，有组织的变化。节奏是韵律的条件，韵律是节奏的深化。

5. 调和与对比。

调和即整齐划一，多样统一。调和是设计形式美的内容，其具体内容包括表现手法的统一，形体的相通，线面的协调，色彩的和谐等。利用这些构成的差异性，达到不同的艺术效果，差异大者为对比，表现为互相作用，相互烘托，鲜明地突出个性。对比是标志图形取得视觉特征的途径，调和是标志完整统一的保证。

6. 比例协调。

任何一个完美的图形，都必须具备协调的比例尺度，良好的比例关系，应符合理性美。可以运用几何的数理逻辑，来表现图形的形式美。在标志图形中常用的比率有：整数比、相加级数比、相差级数比、等比级数比、黄金比等。

标志的设计的形式美法则，不能独立和片面地理解。因为一个完美图形的设计，往往要综合利用多种法则来表现。这些法则是相互依赖、相互渗透、相互穿插、相互重叠、相互促进的。随着时代的变化，审美标准、设计手法也在不断发展。好的标志图形总是好的意念与适当的形式相结合的产物。

(图 14-3、图 14-4)

## 三、标志设计题材的选择

标志设计的主题素材是标志设计的根本依据，标志的主题一旦确定，造型要素、表现形式与构成原理才能展开。不重视主题的选择，或者带有随意性和主观性的做法都会使设计事倍功半。即使标志图形本身非常美，也只能是装饰品而已，既不符合企业的情况，也不能做到统一性。企业标志的设计题材主要有：

图 14-3

图 14-4

1. 以企业名称和品牌名称为题材。

这是近年来在一些国家较为流行的做法，即所谓字体标志（logo mark），它可以直接传达企业情报。一般在企业名称的字体设计中，采用对比的手法，使其中某一字体具有独特的差异性，在平面设计中也称对比或特异，以增强标志图形的视觉冲击力。往往特异的部分，亦是标志的意义重点，是标志图形的注目点和特征，也是企业信息的主要内容所在，具有辨认、识别和记忆的功能。

2. 以企业名称和品牌名称的字首为题材。

这是以企业名称或品牌（商标）名称中选第一个字母作为造型设计的题材，因为造型系统愈是单纯，设计形式愈活泼生动。字首为题材的标志，有单字字首、双字字首和多字字首等形式。多字字首组合的标志，大多数是没有意义的，但也有一些可能会有某种意义，或和某个英文单词的意义相近或相似，如遇到这种情况就必须引起重视。

3. 以企业名称、品牌名称与其字首组合为题材。

这类题材的设计特点，在于求取字首形成强烈的视觉冲击力，与企业名称字体的直接诉求的说明性特点相结合。强化字首特征，增强字体标志的可视性，发挥相乘倍率的效果。KODAK 胶卷标志就是由单词字首集合而来，其读音似相机快门的启闭声，非常生动易记，而且图形简练，使人很容易辨别出字母“K”的造型。

4. 以企业名称、品牌名称或字首与图案组合为题材。

这种设计形式是文字标志与图形标志综合的产物。兼顾文字说明与图案表现的优点，具象与抽象相结合。两种视觉样式相辅相成，具有视觉、听觉同步诉求的效果。

5. 以企业名称、品牌名称的意义为题材。

按照企业名称或企业商标名称的意义，将文字转化为具象化的图案造型，或象征表现或直接表现，能起到看图识物的作用，具有一目了然的功效，此种标志图案的设计形式，以具象化的居多。

6. 以企业文化、经营理念为题材。

将企业独特的经营理念和企业精神、企业文化，采用具象化的图案或抽象化的符号，具体地传达出来。通过含义深刻的、单纯的图形视觉符号，唤起社会大众的共鸣与认同。随着企业的产品、服务、广告传播活动的开展，使标志图案与企业形象具有同一性。

7. 以企业经营内容与产品外观造型为题材。

通过写实的设计，表达企业的经营内容和产品的造型。可以直接传达企业的行业特征、经营范围、服务性质和产品特色等信息。

8. 以企业或商标品牌的历史传统或地域环境为题材。

这种设计构思具有强有力的故事性和说明性特点，通过强调和突出企业或品牌的悠久历史传统和独特的地域环境，以引导消费者对企业产生权威感、认同感和新鲜感。此类标志多采用具有装饰风格的图案或卡通形式，简练、生动、个性突出，其他标志很难与之雷同。这种形式也常用于企业象征物的设计中。

(图 14-5、图、14-6)

图 14-5

## 四、标志设计程序

1. 调查、分析。

企业、品牌标志是品牌的核心视觉要素，设计的成功与否，直接影响到企业或品牌的形象。标志图形的设计是平面广告中的组成部分，因此，在标志设计的正式作业之前，必须对企业和品牌的情况进行了解，广泛深入的调查研究，确定标志设计的基本方向和指导思想，明确标志设计的目标。

2. 意念开发。

意念开发即立意，在一一分析了企业的规模、品牌印象、经营理念、经营

图 14-6

内容、产品特色、技术和服务等因素后，结合企业期望树立何种形象，一个大体清晰的企业面貌便产生了。以设计的角度说，有了一个明确的设计方向和目标，可以通过选择合适的设计主题和素材，使设计具体化。

若是企业名称和品牌的知名度不太高，为了刻意强调企业名称和品牌名称，提高其知名度。也可采用字体标志（logo mark）的形式，通过视听结合的方式来强化企业名称、品牌名称的诉求力，在消费者心中建立深刻的印象。

在标志开发设计之初，着重设计意念的大量萌发，广泛联想，多角度、多方位地构思。根据企业或产品的特性，寻求水平方向的发展，充分挖掘各种设计意念和资源。不能只专注于某一方向、某一角度或某种形态，先广后深是标志设计前阶段的特点。

3. 造型设计

首先确定标志的基本造型要素，是以点、线、面、体单一因素造型，还是综合多种因素进行设计。

然后选择恰当的构成形式，依据形态构成美的规律和形式法则进行分析、探讨，如动与静、节奏与韵律、比例与尺度、空间与分割、对称与平衡。如果说前阶段的设计构思以重视感性为特征的话，在此阶段则要充分运用设计造型的手段，理性地去思考问题。在合理运用构成原理的基础上调动各种造型要素，力争创造符合企业精神、有独特个性、应用时有较大灵活性的标志视觉图形出来。

## 第三节　标志设计的规范

### 一、标志的精细化作业

标志的精细化作业，是指对设计定稿的标志进行视觉修正和进一步完善，以确保其造型的完整性以及将来在各种传播媒介应用中的一致性。所谓标志的精细化作业一般包括这样几个内容：

（1）标志造型的视觉修正；

（2）标志造型的数值化（即标准作图）；

（3）标志运用尺寸的规定和放大、缩小的视觉修正；

（4）标志的变体设计；

（5）标志与基本要素的规定。

标志造型的视觉修正，是指对以视觉原理为依据，从整体的视觉构成样式到具体每一个造型细节作认真的推敲。因为构成标志的文字和图案，都是用圆规、直尺等绘图仪器按照可循的尺度绘制的，但是与人类的心理感觉，总是有着若干程度的差距，亦即客观存在着视错觉的情况。再加上审美意识的主观判断性，进行标志造型的视觉修正显得非常重要。例如：同样粗细的直线，水平线看起来粗于斜线，斜线又粗于垂直线；当圆形的直径与直线的宽度相同时，视觉上圆形的直径比直线略窄；当两条或两条以上的线段不作垂直相交时，相交点犹如墨水在纸上渗开一样，即所谓光渗现象；黑底白色线段比白底黑色线段看起来稍宽一些；两条粗细长短相同的线段垂直平分成丁字形，其中被对等分割的线段在视觉上显得短一些；水平线二等分，右边的线段看上去比左边的线段长；正方形和等边三角形都会显得扁；图形的视觉中心比几何心略高，等等。诸多错视的因素是我们进行标志视觉修正时必须认真注意的问题。

在进行视觉修正时，要始终抓住设计的主题特征不放，只能强化不能减弱。不能因为几何作图而丧失标志的个性特征。必须在突出主题特征的前提下平衡各种造型要素，使其发挥多种造型要素的综合作用，形成集中统一的视觉样式。局部的修正和细微特点的处理既要注意与主题特征的统一，又要控制在相对次要的地位，才能强化标志的视觉中心，才能保证标志有充分视觉张力。

日本 MAZDA 汽车公司字体标志的视觉修正过程就是一个理想的例证。

MAZDA 公司字体标志的最大特色在于处在中心位置的“Z”字的斜线分

割。以其力动速度充满生气的造型为视觉中心，既反映出企业产品的个性特征，也是企业精神内涵的重点。而在最初的设计过程中，初始方案似乎显得造型单薄，骨架松散，为改变这一状况，设计7个修正方案。

最后在推荐的第六号方案中将Z字母的斜线部分缩短，使其两边的角度更尖锐，以增强造型的视觉张力；将字母A之前的M、D二字与A的距离稍微调整，将M字母的空间部分略微加宽，增加其易读性；M、A、D三字母的右上角曲线，修正为统一的弧度，以保M与A，D与A之间间隔的均等。

整个标志修正的过程始终围绕一个中心，就是充分体现MAZDA公司高度技术化，科学性、时代性、国际性的成熟公司形象。突出字母“Z”的视觉中心地位，显示其力动和速度的勃勃生气。整个操作过程是严谨的、科学的、主观的感觉和客观视觉分析相结合，创造出的标志图形具有很强的生命力。

## 二、标志造型的标准作图

为了确保标志造型的统一性和一贯性，需对其日后应用设计项目的实际运用，进行各类实施细节的规定，以避免在企业任意地使用，导致企业的标志产生变形和差异化的不统一现象。针对将来运用的需要，进行标志的精致化作业。主要目的在于树立系统化、标准化等使用规范的权威性，使变化多样的应用设计项目，按照事先规划的方案，全面展开标志的应用项目。通过各种传播媒介反复使用，发挥设计整体统一的力量，使企业精神传达更为明确更为深远。

企业标志是企业的象征，是整个视觉传达设计的核心，标志的精致化作业是非常重要的一环。因为，任何不正确的使用与任意的设计，容易造成企业管理水准低下，企业形象不成熟的负面效果。使用时间越长，传播范围越广，负面影响越大。一旦在消费者心目中造成欠佳的印象，要挽回这一局面是不易的。

标志在CI系统中的使用项目繁多，使用场合各异。为了能准确再现标志，在印刷媒体等项目中，为了方便使用，一般是设计成各种尺寸的，已经过变体的标志样本，将其做成照相底片或不干胶，提供给设计者选择使用。但上述方式，一般适合于尺寸较小的标志使用，而在招牌、标志牌、建筑外观等大型应用设计的场合，精心准备的标志样本与底片已不敷使用，必须重新手工制作，因此标志作图法便成为大型标志复制的依据和标准。

标志作图法的重点是将标志图形、线条规定成标准的尺度，便于正确复制和再现。标志的标准作图方法一般有以下几种：

一是方格法：即在正方形的格子线上绘制标志图案，以说明线条的宽度和空间位置关系，方格可以由设计者自己按标志图案线条的比例尺寸自行设计。

二是比例标志法：以标志图案的总体尺寸为依据，设定各部分的比例关系，并用数字标示出来。

三是圆弧角度表示法：为了说明标志图案的造型和线条的弧度和角度，标准圆心的位置圆弧的半径或直径，参照水平或垂直线表示斜线的角度。

标志的标准作图通常采用上述三种方法。这三种表示方法可单独使用，也可综合使用，使用的基本原则是以数值化为前提，力求简明准确，方便作业，避免任何随意性，以保证标志图形应用中的一贯性。

(图 14-7)

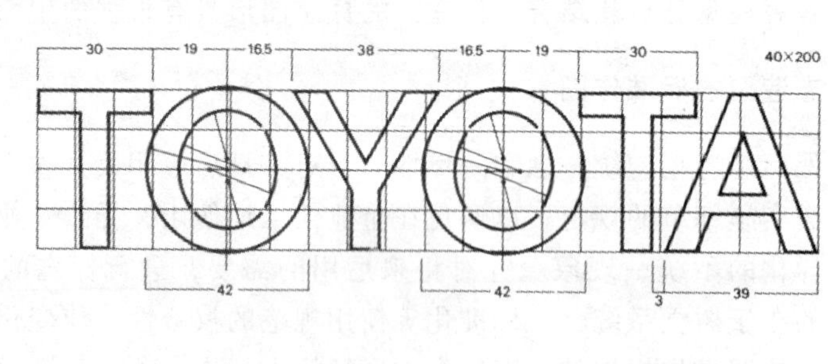


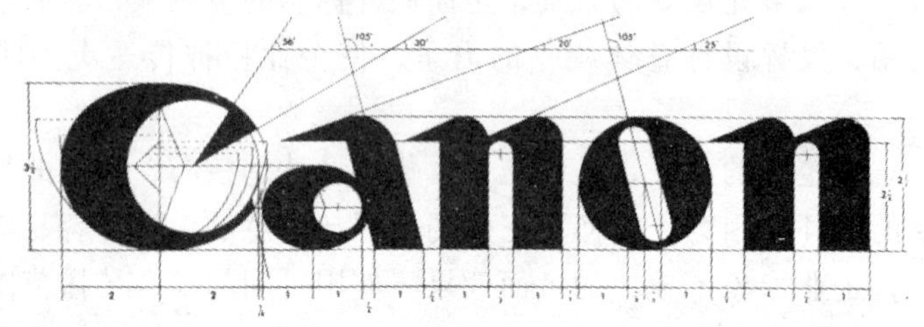


图 14-7

### 三、标志尺寸的规定与放大缩小的修正方法

因为标志在 VI 系统中是使用频率最高、应用范围最广的视觉要素。对标志的展开应用，必须制定出详细和严格的规定，来确保标志的完整与顺利实施。其中，对标志应用中尺寸的放大、缩小的修正法要特别地予以规定。

标志运用在应用设计的用品上，常常需要放大或缩小使用。一般在名片、信封、信纸、标签上，由于尺寸较小，常会出现模糊不清，粘成一团的现象。

对企业情报传达的正确性与认知性，均会产生不良的作用。因此，为了确保标志放大、缩小后的视觉认知保持同一性的效果，必须针对标志应用时的大小尺寸订立详细的尺度规定。如规定标志缩小使用的极限为多少毫米（mm），以防止任意缩小，破坏原有造型样式。另外，标志放大或缩小后，其造型的某些细节部分的尺寸需进行修正。避免放大引起的空泛现象，或外形特征丧失。避免缩小引起的关键细节模糊。因此，要视情况给予适当的修正和弥补。

由于标志应用复杂多样的特点，因此在标志设计之初，应注意以下几点：

（1）避免复杂的图形与繁琐的纹样，应采用单纯、明快的图案和线条；

（2）标志图案的线条粗细变化不宜太大，力求图案空间的均衡和统一；

（3）标志的色彩应力求鲜明，注意其明度、彩度的对比关系。

在广告画面上，标志一般与企业或商品名称组合使用，作为企业或品牌的综合性信息，安排在便于读者识别记忆的位置，起到画龙点睛、突出企业或品牌形象的作用。

（图 14-8、图 14-9）

图 14-8

图 14-9

## 练习与思考

1. 标志符号的类型和特点。
2. 标志设计的原则与要求。
3. 标志设计形式美的法则。
4. 标志设计题材的选择。
5. 标志设计程序。
6. 标志的精细化作业。
7. 标志造型的视觉修止。
8. 标志的变体设计。
9. 标志造型标准作图方法。
10. 标志的视觉修正方法。

# 第十五章 平面广告视觉要素之五——编排设计

**本章提要：**版面编排设计是平面广告设计的主要部分，编排设计是对广告视觉要素图形、文字、色彩、标志等相关内容进行版面的组织和安排。版面编排设计直接关系到广告的传播效果，版面的编排设计要注重科学性和实用性。广告版面的编排设计主要包括：了解广告编排的方法原则和程序，掌握广告版面形式的主要类型、设计规律、构成模式和构成方法。

## 第一节 广告版面编排的原则和程序

版面编排是在进行广告设计时，将传达内容必要的各种构成要素（插图.商标产品名、色彩等造型要素及标题、标语、说明文、企业等内容要素）的均衡、调和、律动、视觉导向及空白等，根据广告主题的要求予以必要的关系设计，进行视觉的关联与配置，使这些要素和谐地出现在一个版面上，使其相辅相成，在构成上成为具有活力的有机组合，以发挥最强烈的诉求效果，提供正确而明快的信息。

广告版面编排的目的在于提高版面的注意价值，加强广告对于消费者的诱导力量，有力而正确地抓住消费者的注意力，使其在心理上留下良好的印象及深刻记忆。

进行编排设计的首要条件就是要使设计的广告能够“被看见”，因而如何立即抓住消费者的视线，是文告美术设计的重要课题。编排设计要恰当地发挥各个构成要素的机能，创造一种统一的视觉美的效果，把广告信息集中而有力地传达给消费者，激发消费者的注意和兴趣，刺激购买欲望，达到促销和宣传品牌的目的。

## 一、版面编排设计的意义

一件成功的编排设计，能大大提高版面的视觉冲击力，加强广告的宣传效果，其不可忽略的意义在于：

1. 提高广告版面的注意价值。

一件成功的广告设计作品，首先要看它能否在视觉上引人注目。这是设计能否成功的第一步。根据广告创意经过创造性精心设计的版面编排，能以其优异的视觉构成形态，具有美的设计风格与良好的印象效果。在消费者对广告版面无意识的注意中，能产生不同一般的心理接触效果，有力地捕捉住消费者的目光，在瞬间的第一感觉过程里，即能把消费者的目光紧紧吸引在版面上经过着意设计的最具有感染力的主体形象上，以此来激发起消费者的注意和兴趣，转变无意识注意为有意识注意。

2. 有利于广告信息的迅速传达。

当消费者对广告版面给予注意后，如何能明确迅速、集中有力地传达出信息，就是随之而来的重要问题。在设计上信息传达主要通过形象的图像直观、广告文字的概念及色彩与形体所构成的总体感性印象及心理感受来完成。各构成要素就是传达特定信息的载体，将这些构成要素、按照视觉运动的法则进行精心的编排、组合，使它们在组合中有主有从、有轻有重、有疏有密、有曲有直，从而使布局新颖别致，节奏变化有致，视觉流程顺畅，形态清晰悦目，使消费者易于辨认、阅读、理解，从而迅速地把握住信息的内涵，使其乐于接受，易于记忆。

3. 加深企业及品牌印象的留存。

创造和树立企业及品牌的印象，这是广告宣传的重要目的。版面的编排设计，能使设计者按照广告创意的要求，根据视觉心理的特点，安排视觉流程的顺序，使其保持合理的秩序性。这样便于把品牌名、商标或企业名称，着意安排在版面最富有注意价值的位置上，有利于消费者迅速而自然地把握住有关品牌和企业的明确而完整的印象，在脑海里留下清晰的记忆，便于在购物过程中根据品牌或企业印象进行选择性的购买。

## 二、广告版面编排要点

为获得良好的广告版面编排效果，具备明显的合理性，编排设计必须根据广告主题的要求，按照轻重主次的顺序进行设计。设计的要点如下：

（1）确定版面构成要素的比例。

根据广告的主题及广告创意的要求，首先确定版面各个构成要素中主体、副主体及从属体等部分在视觉上的大小比重。

(2) 提炼的广告版面的编排内容。

按照广告主题的需要和版面大小容量，从设计素材中选择经过精心提炼的广告版面的编排内容。

(3) 确定广告主题的适当位置。

从消费者的视觉心理出发，考虑广告版面的视觉重心关系，认真地确定广告主题（即广告诉求重心）在版面的适当位置，以确保版面能突出和强调广告主题。

(4) 决定文案的适当位置。

选定广告诉求文案（标题、前标题与副标题、标语、说明文）与广告形象（产品或劳务、图形或广告人物形象及场景）的关系，并决定它们各自适当的位置和对照呼应关系。

(5) 决定构图的整体结构形态。

从不同广告主题的要求出发，决定版面构图的整体结构形态，其结构形态必须与特定广告主题要求相吻合，做到形式服从内容。

(6) 决定构成要素的视觉顺序与位置。

考虑主标题、前标题、副标题、标语、说明文、插图、企业名等构成要素的视觉诱导及其相互联系所需要的视觉流动顺序与位置。

(7) 进行版面的修改调整。

对已初步完成的整个版面编排设计安排，进行必要的修改调整，使各个构成要素组合得合理紧凑、有主有从、有轻有重，同时要考虑整体结构形态上的总的视觉效果是否具有鲜明的个性特点和富于韵律的美感。

(图 15-1)

### 三、广告版面编排的设计原则

进行广告版面编排设计，必须遵循以下几条基本原则：

(1) 力求单纯化，简洁明了，条理清晰，一目了然。使其在瞬间的视觉冲击中，具备单纯而有力的诉求效果。

(2) 内容与形式表现必须统一而有秩序。形式表现必须服从内容的要求，如在造型上的素材的统一与色彩规格化的编排样式。

(3) 注意版面构成的视觉流程。自然有序地达到广告诉求重点的位置，突出广告的主题。

(4) 注意保持版面的相对均衡感。不论是正常的均衡还是异常的均衡，其中均应有相应的均衡与律动感，使其在形式结构上得到正确的配置，否则会失

图 15-1

去必要的安定感。

(5) 突出主体要素。任何一个广告编排，必须在众多构成要素中突出一个清楚的主体，它尽可能是观众阅读广告时视线流动的起点。如果没有这个主体要素，观众的视线将会无所适从，或者导致视线流动偏离设计的诱导路线。此外，还要在编排中以种种标示来引导观众的阅读。当然这些引导很多是隐讳含蓄的暗示，如“从这里开始看起”等含义，逐步地诱导观众按视觉流程的设计进行视线流动。

主体要素的比例大小，一般要大于其他的要素。但也可根据广告创意反其道而行之，将主体要素在对比的形态下，安置在特别小但却十分显眼的部位上，使其起到“小而不小”的主体要素的作用，在视觉上仍占主体的优势。

(6) 讲求版面编排设计中的空白处理。空白的处理对提高版面视觉效果有极为重要的作用。它不仅使版面编排流畅明快、疏密有序，布局清晰，而且在视觉上有非常强烈的集中效果，有利于突出广告诉求重点。

(7) 注重整体的对比因素。编排中各构成要素在组合时，要注意其结构形态的轻重、大小、虚实、多少等对比因素，加强视觉力度，以强化版面的整体吸引力。

(8) 着力强调版面的诉求重点。在编排设计中从大小、位置、虚实、形态上予以突出，使消费者一眼就能看到，并引起兴趣，从而产生愿意继续看下去的效果。

(9) 注意编排中视错觉的运用。由于外界因素的干扰和生理上的原因，人对于物体的知觉往往发生错位，这就是视错觉。视错觉在设计中到处存在，处理得好，就能取得良好的效果；处理不好，将会歪曲形象，使设计达不到预想的目的，因而要正确运用视错觉原理来解决广告版面编排中出现的问题。

如在黑、白两张底图上，白底上的黑图会感觉较小，而黑底上的白图会感觉较大，这是黑白对比，以及后退与前进、缩小与膨胀的视觉现象所造成的。再如对于一个版面，我们感觉到的画面中心，并不在实际上下二等分的位置上，看起来的中心比实际的高出十分之一。这些视错觉问题，都是我们在编排设计中必须加以注意和运用的。

(10) 注意提高广告文案的可读性。编排设计中要注意广告文案易看易读的视觉效果。对文案的字体形态、大小变化及字距行间的排列及高宽度作出最适当的处理，使其集中紧凑流动有序而不松散杂乱。

(11) 创造一定的韵律感。它指在版面编排中，利用有力的线条、形体以及色彩，形成一种有节奏性的律动感，能引导观众的视线以一种流畅而有所停顿的方式运动，使视觉的既有连续性又有间歇性地抑扬起落地浏览整个版面，使观众阅读时感到轻松而又富于韵味。

(图 15-2、图 15-3)

### 四、广告编排设计的程序

广告版面编排的进行是一个有计划有程序的过程。它由小到大，由粗到细，从粗浅的表象到精深的组合，一步一步逐渐展示广告主题。一个广告版面的编排设计一般要经过如下步骤：

1. 绘制草图。

这是编排设计的第一个阶段，也是最初起步的阶段。设计者一般都随意地在一张纸上，把广告中的主要构成要素作个十分粗略的编排，往往会连续绘出多种编排不同的草图，以期从中能找出一个确切表达广告创意的最佳方案。在随意的不断的勾画与思考中，设计者往往会在似乎偶然的机遇中，发现一个较为理想的版面编排格局。

2. 绘制粗稿。

在从多张编排草图中选出的最佳方案的基本格局的基础上，画一张较为具体的粗稿，以素描的方式将编排中的文案字句和图形具体化，主要的文案字句要写出完整句子。粗稿的设计不仅是随意的而且速度也是很快的，以较为有控

图 15-2

图 15-3

制的笔法把一些构成要素形象地表达出来，可以用铅笔绘成，如果要制作色彩广告的话，在这个阶段就可以开始使用颜料或彩色水笔进行绘制。

粗稿尺寸的大小应该与要完成的广告稿版面一样大小。这样才能对各个构成要素在视觉上的比例和呼应关系上进行大致的安排、调整，直到较为满意为止。这个过程有时可以在几次反复中得到实现，以形成一张理想的粗稿。

3. 绘制正稿。

现在一个广告作品的正稿往往是通过计算机来完成的，当粗稿中各构成要素的形态和位置及相互间对照呼应关系得到妥善处理后，便可在此基础上采用计算机进一步进行正稿设计，正稿在各方面都应该接近完成的广告。在这个阶段中，设计者可以按照设计主题的需要，对某些尚感到不尽满意的地方进行局部的修改与调整，文案部分的位置大小、疏密安排都应该作出精确的限定。

由于大多数广告设计制作公司，均采用计算机完稿，所以，正稿的制作完全可以达到印刷品的精度和效果，可以制作得十分精细。还可以非常方便地改变广告画面的色调和效果，打印出多张效果图，以供广告主选择。

4. 确定完稿。

编排中视觉设计的工作在上面的一个阶段里已基本完成。在这一阶段中主要是将确定的方案进行最后精心的修改和完善，完成规定的四色印刷分色版面格式的设定，并复制到大容量的存储磁盘上，广告设计稿就算最后完成，即可交付出片、印刷了。

## 第二节　广告版面编排的主要类型与构成原理

### 一、广告编排的主要类型

编排设计的重要问题是构图。它是整个版面的结构形态，不同的构图具有不同的性格，表达不同的感情倾向。广告编排的形式主要有如下几个基本类型：

1. 图片型。

用一张图片占据整个版面，图片可能是广告人物形象或是广告创意所需要的特定场景，在图片的适当位置直接嵌入标题、说明文和商标图形，或用开窗形式安排其他构成要素，是一种具有现代感的构图形式。

由于图片具有强烈的直观形象性，在信息传递中扮演着重要角色，其感染力远高于文字，具有不可低估的视觉冲击力，其视觉流程往往是从图片的精妙之处（如人的眉眼等）开始，最后视线流动到说明文及商标图形。广告版面编排的好坏，重要的在于表现文告创意的图片的选择与制作，尤其图片艺术质量的高低显得十分关键，再就是其他构成要素在嵌入图片时，其位置的选择，大小的变化等均是需要认真对待给予精心安排的，否则会前功尽弃，得不到完美的视觉效果。

2. 文字型。

文字型是指以文字为主体构成版面，图片仅是版面的形体和颜色的点缀。

图片是有利于观众在极有限的阅读时间内进行阅读的构成要素。但对于某些特定的广告主题，却无法充分利用这一积极因素。如某些需要详细说明的或较为抽象的信息无法用图片表达出来，只有用文字型的构成形式来进行编排。

文字型的编排是否能对观众具有吸引力，首先在于广告文案本身是否具有感染力，其诉求重心能否触及到观众的关心点。其次是在字体安排上能否井然有序，明快清爽，并具有一定的变化，以便于观众的视线在版面上流畅地移动，版面中所点缀的图形，应很好地加以运用。作为视觉上的一个焦点，它具有使版面增添视觉兴趣和引起注意的价值。

3. 图文型。

图文型是最为普遍的版面形态，在设计传达中图文并重，互为依托和补充。既有图形广告突出直观形象的显著特点，又有字体广告对详细内容和抽象概念的说明性、描述性优势。

图形是最具有注目性的视觉要素，具体、直观、形象，有较强的视觉传播效果。但是在许多情况下，单凭图形人们仍然不易了解广告的信息，往往需要加上文字说明，如此才能赋予图片意义，从而产生较佳的、准确的记忆。因此，图文并重的设计形态，成为广告最有效的传达方式。

（图 15-4）

图 15-4

4. 图版的版式。

平面广告版面设计的主要任务是将广告的视觉要素，按照画面构成的规律，力求创造一种符合传达内容特征的、视觉形象突出的构图样式。画面图版的主要类型有：角版、出血版和去背版三种。

角版——是指在版面上画一个四方形的框，把图版置于框中，这种图版的形式称为角版，也称为方形版面，是平面设计中常用的一种版面形式。角版的画面有很强的独立性和注目性，给人以平稳、正规、信赖和一流的感觉，这是由于图片四周被空白的空间包围，形成一个完整边框的缘故。因此其基本特点是简单大方，庄重高雅。

出血版——使图片充满全版，装订切裁之后四边都不留白边，或者把图片的一边或两边延伸到画面的边框，不留空白。这样的处理方式，印刷的术语叫

“出血”（bleeding）。出血版也是版面构成中，用来改变画面面积和位置对比的常用版式之一，由于图片的边框伸出画面之外，因而有向外舒展、扩大之感。根据出血边框的数量的不同，“出血”可分为一边“出血”、两边“出血”和三边“出血”；而按“出血”的组合不同，又有上下“出血”、左右“出血”或角“出血”等。出血版灵活多样，富于变化。

去背版——去背版也称“烂版”，主要是针对画面照片的处理手法，是指将照片中的背景去掉，只保留照片的主体形象，以这种方法组成的版式称为去背版。通过去背处理的图形显得柔和、亲切，省去了背景的主体形象的外形，往往会形成自由、有机的和有趣的形状，这样的设计非常受年轻人的欢迎。因此，在针对年轻人的商品，要表现活跃的、时髦的和前卫的生活观念和意识的设计，去背版是最为合适的构成形式。

在平面广告的版面编排设计中，以上三种版式，常常是结合使用的，因为它们在传达广告主题的内容的功能上具有突出的互补性，也是赢得受众心理认同的有效手段。

（图 15-5、图 15-6）

图 15-5

图 15-6

## 二、广告编排构成原理

1. 图版的面积大小。

广告版面图片面积的大小，不仅直接影响画面的视觉传播效果，而且关系到视觉形象的形成，甚至对读者理解广告的内容产生作用。图片（包括照片和插图）相对于静态的文字来说，可以在版面上产生直觉的视觉效果，是传达生动、真实和情感的良好媒介。文字是静止的，但图片是能动的，图版面积的大小，可显示这版面是否重视视觉或感性的设计。

大面积的图版易表现感性诉求，有朝气的画面是大面积的图片创造出来的，似乎是一种发展趋势。小面积的图版会给人精致的感觉，小总是和精致相联系，在广告设计中无论是照片还是插图，只要进行深入的刻画，如同细致的绘画风格一样，总能给人以较强的吸引力。大面积的图片可表现真实和感性，小面积的图片能使读者的视线集中。

在版面的设计中，大小图片搭配使用，可产生视觉上的节奏变化和画面空间的深度变化。以大型的图片为主题，小型的图片为辅；或以小型图片进行群化、造型、组合。按图片面积的大小作为配置原则，这种方式可让读者自然体会图片的重要程度，也能合理传达广告所要传达的信息。把那些重要的、并且希望读者很快辨认出来的图片尺寸放大，再把从属的图片尺寸缩小，以此提示读者什么是主要的信息，什么是次要的信息。可以利用图片面积的大小对比来表现主与辅、重要与一般、近景与远景的关系。

2. 图版的数量。

在平面印刷广告中，整个版面皆是文字，会给人留下文静的印象，也可能产生枯燥、呆板的感觉，这种感觉有时会使读者敬而远之。如果在设计中适当安排些图片，即可化解枯燥无味和呆板的感觉，带给人们轻松有趣的画面，一种情感就能顺畅地和读者沟通起来。如果再增加一些图片的数量和形式，就会使整个版面充满了热闹和生气，画面的主角就是图片，而文字此时就成了配角。在当今的广告视觉传达设计中，如何赢得读者的注意是设计者的重要课题。

在版面设计中，图片少的显得平稳，图片多的则显得活泼。如果把一张图片的版面和三张图片的版面作比较的话，我们就会发现，只有一张图片的版面具有稳定感，无论照片或插图的内容是什么，都会具有稳定的特点。当图片的数量增加的时候，立刻产生了活跃气氛，好像是一种人多嘴杂式的情景，不管图片的尺寸及位置关系，只要增加图片的数量，马上变得热闹起来，图片的数量超过十幅时，版面会呈现一种聊天的形式，使人觉得亲切有趣。

3. 格子的约束力。

在传统的拼版编辑过程中，大多依赖事先印制好的、有网格的专用版式纸进行拼版，按照这种固定网格来进行版式设计是非常方便的。以格子作为配置的依据，能使版面整齐划一，称为标准的版面，以文字为主、不要求图片突出的版面设计可以采用此方法。而不按格子进行的版式设计，不拘泥于整齐划一的对位，图片和文字的位置关系比较自由，容易构成活泼奔放的版面。

在广告设计的实例中，以理性诉求为主要内容的版面，表现企业正式信息的版面中，像这种限制在格子中的版式设计是比较适合的。不受版式用纸上格子的限制，进行自由的设计，超出边框、不着重水平线、垂直线，而用斜线来构成的版面，则成为面向年轻人的无拘束、轻松活泼的版面。

4. 块状组合与分散性组合。

将数张图片以整齐有序的形式排列在版面上，称为块状组合；相反，将图片分散于版面的各个部位，使版面成为自由的不呆板的版式，称为分散组合。

块状组合具有鲜明的理性感，我们把一些图片很整齐地排列在同一版式内时，就像街区一样，把相邻的图片排列在一起，自然强调出垂直与水平的效果。按照这样的编排，文字与图片混编的情况就很少，往往是文字与图片分别编排，因此，看上去有理智和冷静之感。

分散的编排组合易产生自由轻快的感觉，虽然在版面上配置相同数量的图片，但如果采用分散性的组合方式，马上就会给人自由、明快的印象，过分拘谨的感觉没有了，从较为男性化、理性化的感觉转变为女性化、有情趣的感觉了。如果，加上变化生动的文字形象，版面上会显得轻松、愉快。只是在设计时应注意变化和条理相结合，避免一味强调分散和变化，致使版面杂乱无章。

（图 15-7、图 15-8）

5. 主题的形象。

广告画面主题形象的意义在于读者对主题形象的兴趣、好感和认同感。读者对主题形象发生好感的同时，自觉、不自觉地接受了广告的信息。根据调查，读者具有兴趣的主题形象首先是人物，其次是身边有生命的东西，如动物、植物等。人们往往通过认同主题的意义来认同自己的生活位置、社会地位和角色，这同样是广告信息传达的基本依据。但人的兴趣和爱好有个体的差异和民族文化的差异，对同样一个东西也可能有不同的认识和理解。正如对色彩的喜好一样，红色在某个民族看来具有革命和前进的意义，而在另一个民族看来则把它和恐怖联系在一起。

把握和利用对象物的涵义是非常重要的，就像人与人之间的语言沟通需要基本条件一样，是广告信息传达的关键之一。在设计中常使用对比的手法来突

图 15-7　　图 15-8

出主题的意义，如将冰冷的机械制品与温暖的自然物并列在一起，将古典的东西和现代的东西组合在一起，使粗犷的物品和精巧的制品相互衬托。在温暖柔软的手指上配饰着小而冷的宝石戒指，质感的对比非常鲜明。广告中人物形象的意义在于人的身份、气质和品位，不同的诉求对象、不同的商品定位应所不同的选择。

6. 背景的意义。

背景虽然是辅助说明主题意义的因素，但也是不能忽视的因素。要彻底表现商品的风格和特征，往往要重视那些引起人们联想的背景。如果在一位年轻的女性身旁安排一个初生的婴儿，人们自然会把这年轻的女性看成母亲；如果将婴儿换成老太太，那么这位年轻女性的形象自然由母亲变为女儿；如果将老太太换成小提琴，这位女性就成为音乐家了。一个年轻的女性形象，作为单独的形象出现在画面上，其意义是不明确的，由于背景的意义，才使商品的个性、特征一目了然，读者情感的注入也较容易。相反，面向专业人员的商品，可避免背景的意义，而采用直接表现商品的手法，避免发生评价商品时出现差错的可能性。这是任由消费者自己判断的理智的、冷静的表现方法。

7. 体态的语言。

以人体的动作姿态来表现一定的特征和含义是广告的重要视觉语言内容之

一。在我们的生活中有些事和另外一件事能使人紧密联想起来，往往是由于两件事之间的关联性。在现代广告设计表现中，很重视利用图形来直接传达意义，采用摄影照片越来越多，文字说明越来越少。因此，用身体动态来表达语言非常重要，而且给设计和制作人员提出更高的要求。人物的形象和体态要与广告的主题、风格以及人物的身份相一致，所表达的情绪、气氛要生动自然、真切感人，要给人强烈的视觉印象，既要精雕细刻地表现人物表情和姿势的形体语言以及景物、器物的配置组合，又不能留下人为的、虚假的或故作姿态的感觉。

8. 视角的意义。

视角是指观察物体的角度，广告画面上的任何形象和细节都是有意义的，由于从不同的角度观察对象，会形成完全不同的印象。归纳起来主要有正视、侧视、仰视和俯视几种常见的视角。正面表现的人物，就有面对面的感觉，有正直、公正和平常的感觉，但完全正面的形象有时也会觉得有些刻板，应稍微移动视角才有自然的感觉。侧面的视角易表现生动的外形和姿态，但完全侧面的形象难以充分表达人物的表情，与读者的感情交流不利，在表现时应适当变化角度，避免无意义的、纯粹的形式构成。仰视是从下往上看的视角，会使人感到对象物的高大、雄伟气势，但对象物过分的高大宏伟，会缺少亲切感。俯视是从上往下看的视角，可使人产生自然、亲切的感觉，具有强烈特征的形象，用俯视来表现，便显得柔和、平易，与平面图或鸟瞰图的亲切感受。在平面广告视觉设计中，以上四种手法往往是结合在一起使用的。

（图 15-9、图 15-10）

9. 视线的方向。

广告画面人物的视线和商品安置的方向，关系到与读者的沟通状况和画面的空间。眼睛是心灵的窗户。当我们在街上看到有人好像在观察某一处时，我们的视线会不由自主地寻着此人的视线看过去，所以视线不只是方向的问题，而是另有意味。广告画面上的几个人物的视线如朝着同一个方向，或不同商品的方向安排相同，都会给人共同一致的感觉。

和色彩的对比或大小对比相同，视线的对比会使空间产生对比性的扩大，并产生立体感。如是两个人物的视线对立或交换，由于视线的交叉点相同，就会产生亲切、默契的感觉。如人物身体的方向与视线的方向相反（回头的动作)，在一个人的姿势中就会同时表现出前方和后方，形成复合的视线，有效地控制了背后的空间。视线所指的方向，或商品所朝的方向，会产生支配空间的“力场”。设计时，在视线所指的部位应留有适当的空白，避免堵塞和压抑，充分利用视线的方向的指向性作用，安置重要的内容。

图 15-9

图 15-10

10. 重复性表现。

重复是一种深入、详细说明的表现方式，广告版面视觉形象的重复性设计，不是一般简单的重复，而是有重点的、变化的重复。从不同的角度去表现同一商品的重要特点和细节，并按照主次顺序作有序的安排。这样可以避免简单、片面的传达，或因着重介绍商品使用的状况，而忽略了商品形状、特征的介绍。在作重复性设计时，要注意不同角度、特征之间的相互关系，注意版面的视觉流程的顺畅和协调。

11. 图解式表现。

用图解的方式来理性地说明广告的内容，是现代广告设计中常用的一种客观表现的手法。与塑造商品性格的感性诉求方式不同的是，图解式的画面多采用照片，把商品的性格和使用方法理智冷静地表现出来。所以，商品展示的角度采用正面或侧面，而且要通过合理的比例关系说明商品形状和尺寸，再配以详细的文字说明。这种图解式的表现形式，瞬间的吸引力是不够的，因此，常使用在杂志广告和商品说明之中。

（图 15-11）

图 15-11

## 第三节 广告版面编排的构成模式

### 一、标准式

是我们最常见到的一种简单而规则化的版面编排类型。图片在版面上方，其次是标题，然后是说明文与商标图形。这种编排类型具有良好的安定感，首先用图片吸引观众的注意与兴趣，然后利用标题来诱导观众注意其说明文而至商标图形，观众的视线是自上而下有顺序的流动，符合人们认识的心理顺序和思维活动的逻辑顺序，有良好的阅读效果，故而被广泛地运用于编排设计。

根据先图后文的阅读顺序，标题在图片的下方置于版面的中央位置，比一般将标题置于版面上方，有较好的吸引注意和方便阅读的效果。

### 二、标题式

标题在版面上方，然后往下是图片、说明文与商标图形。这种编排类型让观众先看到标题，以它作为图片的先导，让观众对标题先予以注意，留下明确印象，然后看到图片后获得感性的形象认识，激起兴趣，进而在版面下方阅读位置安排适当的说明文和商标图形，使观众获得一个完整的认识。

安定而平静的构图，使人的视线自上而下自然流动，广告形象完整突出，欲用广告提高产品或企业的知名度或着重宣传企业的经营观念和表现企业的庆祝活动，诉求重心放在标题或标语上的广告，宜采用此种编排类型。

### 三、中轴式

是一种对称的构成形态，标题、图片、说明文与商标图形放在轴心线的两边，版面上的中轴线在视觉上可以是有形的，也可以是无形的，以此变化来弥补由于对称造成的过分平稳感，从而吸引观众的视线。

这类编排具有良好的平衡感。在安排构成要素时，要考虑人们心理和生理上的影响，把广告的诉求重心放在左上方或右下方，以符合视觉流程的心理顺序，使观众的视线一开始就能投向版面的重心，抓住商品信息的主要部分，以此来开拓视线流动，获得完整的信息。

### 四、上下分割式

把版面分割为上下两部分，在上半部或下半部配置图片，另一半安排文案。这种形式构成的版面，图片部分以感性的形式表现，令人产生浓厚的情感，文案部分可以以理性的形式加以说明。这种形式虽然把版面分割为上下，实际上是分而不离，应注意上下的联系和交换，整体统一。

(图 15-12)

### 五、左右分割式

把版面用垂直线分割为左右两部，左右版面就形成了对比关系。如果再加上明暗的区分，这种对比关系就更加鲜明。在设计中常把一半安排图片，另一半安排文案，其画面效果和上下分割型非常相似。同样需要注意的是“形分意合”的问题，可通过标题、广告词、商标、强调突出重点等手法，兼顾两边，打破界限，以求统一。

### 六、斜向分割式

利用斜向的配置或斜线来分割版面，使版面充满运动感和速度感，这是一种强力而有动感的构图，视线因倾斜角度由上而下，或由下而上流动。构图时全部构成要素或主要构成要素向右边或左边作适当的倾斜。如果把冷漠性的商

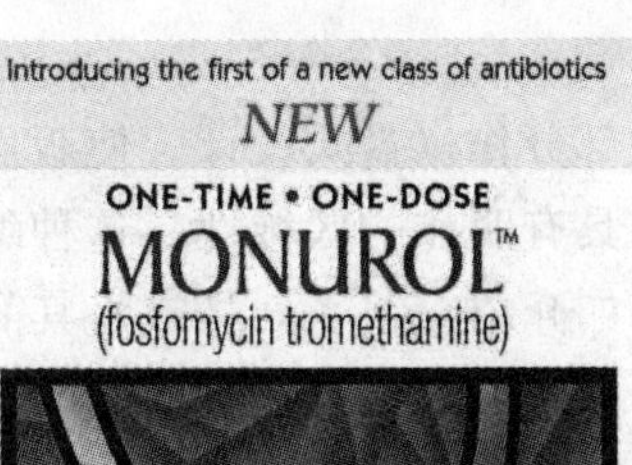

图 15-12

品作斜向分割构成时，效果更明显。在进行斜向分割构图时，可利用水平线、垂直线或稳定的面来与斜向的分割交叉、重叠，要利用一些稳定的因素，调整画面的整体平衡。

编排中将构成要素主体作斜置，而将其他部分作水平配置，则能产生一种对比效果，构图上也更富于变化，使整个版面既具有动感又具有一定的安定感，更适合人的视觉心理要求。

### 七、圆图型

构成要素排列的顺序与标准型相同，以圆形或半圆形图片构成版面的中心形象，在此基础上安排标题、说明文和商标图形等，观众的视线首先被中心图片所吸引，然后才向其他部分流动。

在几何图形中，较之于其他图形，圆形是自然的、完整的、有生命的象征，在视觉生理上它给人以庄重完美的感受，具有向四周放射的动势，因而在画面上具有相当高的引人注目和激发兴趣的心理价值。

这种编排适用于女性用品或着意表达一定情调的广告主题。由于受圆形自身过于完美所限，在设计时要恰到好处地处理好圆形与其他构成要素的关系，有时可以用半圆形来解决，可获得良好的视觉效果。

## 八、棋盘型

编排时将版面全部或部分作棋盘式设计，使版面全部或部分被分割成若干等量的方块形态，让它们具有明显的区域性。这种编排适宜用于版面上需要安排许多份量相同的单元，如介绍一组系列品或将其品牌作不同角度和场合的反复展示。上下左右相连的方块形态，可作有规律的黑白色差处理，以增加版面的动感和韵律感，深色区域可安排图片，白色区域可安排文字，也可把图片与文案字句安排在同一方块内。

这种编排由于过分规律化容易造成单调的感觉，可编排时采用部分的棋盘式，或将方块的大小与色彩进行适当地不规则变化，以此不规则变化来构成版面的视觉中心，不仅增加了版面的兴趣，而且对视觉流程顺序性有了明确的起落点，起了良好的诱导作用。

（图 15-13、图 15-14）

图 15-13

## 九、指示型

版面编排中结构形态上有明显的指向性。此指向性构成要素可以是图片作箭头型的指向构成，也可以是标题或广告形象动势指向广告内容，起到明显的

图 15-14

指示作用。指示型编排有鲜明的视觉诱导方向，把观众的视线导引到广告内容的诉求重心，以便观众极为简捷地把握住广告的宣传概念，领会信息的基本要点。作此种编排设计时，一定要将广告的诉求重心以极其简明的表达安排在指示构成形态的终止处，使视觉流程的顺序终点与表现表达要点吻合，从而取得良好的视觉传达效果。

### 十、散点型

编排时将构成要素在版面上作不规则的散点构成，形成一种随意的不经心式的视觉效果，使人感到轻松自如。这种编排貌似平常随便，如偶然得之，其实在内涵上往往包含着设计者别具匠心的创意和美感，在视觉传达中这种好似超脱的编排，却容易获得意外的良好的视觉感受。

在编排时要注意的是虽然版面注意焦点分散，但总体感上则须具有统一的气氛与效果，如统一的色彩主调或图形的相似性，不然就会缺乏统一感而显得杂乱无章。为了便于视线诱导，可将构成要素作适当变化，或将其作局部完整放大，以规则的块面嵌入散点构成的特定部位，以使观众一开始就能把视线集中在这些经过着意设计的部分，激发起注意，然后再作无顺序的视线流动，以获得完整的印象。因此，特定部位的选定与处理应是精心独到的，使它成为整个版面上的视觉兴趣中心。

### 十一、交叉型

广告版面上如果只有两个重要的构成要素，即图片与广告标题，将其一个叠在另一个上面进行交叉，交叉的形式可以成十字水平，也可以作一定的倾斜，由于一个构成要素被另一个构成要素局部的遮盖，使两个交叉在一起的构成要素产生了前后的层次感，增加了版面的视觉深度，两个构成要素交叉的部位即成为版面的视觉中心，这种紧张对立的形式有利于捕捉观众的目光，使其产生注意。

图片与广告标题哪个构成要素应该放在上面，要依据广告创意的需要来决定。一般均将广告标题或商标图形放在上面，用其简洁突出的形体来引起观众注意，进一步引导观众把视线转向图片。

### 十二、强调天地式

在版面的上方或下方，留下大量的空间，以配置强调的图文，称为强调天地型的构图。要造成强调天地的形式，要通过画面形态的大小、空间的疏密、主次的关系、局部与整体等对比因素综合运用。使画面的上方或下方成为读者注目的重点，以此重叠重要的信息。也可以同时强调版面的上方和下方，形成垂直对称的效果。

（图 15-15、图 15-16）

图 15-15

图 15-16

## 十三、强调中间式

强调中间式的构图，与上面所述强调天地式的原理是完全相似的，该构图也是将空间留给画面的中间部分，两端的图形或文字作为背景，中间的图形或文字成为画面的主题形象，引起观众的注意。

## 十四、强调左右式

强调左右型的构图模式，是强调上下型的变体，重点在画面的两头，把文字或图片配置在画面的左右两端时，很自然会产生水平作用力，并互相呼应，这是一种对画面的支配力，是高格调与稳定的形式。如一个商品说明书的版面编排，压在左右两边的商品图片，使水平方向的力呼应起来，从而支配了整个版面，而且左右对称，体现了高格调的平稳性，在设计中要注意左右图片之间的启承和照应关系。

重点分置图面左、右两端的强调左右式，易产生稳重的效果，使人们因对中间空白感到好奇，而主动探寻两端间的关系。但左右式的广告最好不要与其他广告放在一起，而应单独出现，因为其重心分居两端，容易与旁边的广告相混，而使广告力量大为降低。

## 十五、控制四角式

版面上的四角，无形中隐藏着一股稳定的力量。控制一个角，就等于控制住了版面的两条边，因此在版面的四角配置图片或文字，很自然就会产生稳定感，使原来并不太均衡的构图，可以转变为稳定的画面。在设计中，常用图片、商标、品牌名称或其他因素压住四角，给人一种似乎不经意的，但是很有效的稳定感。

## 十六、横直对比式

横直对比型是一种称之为“卜”字形的构图样式，在画面的一侧强调垂直的构图，另一侧作水平的配置，因此产生“卜”字形、正“T”形或倒“T”的形状。利用这种构成方式来作配置，具有截长补短的效果。“卜”字形的构成形式，一般通过图片来完成，配合变化的文字标题或广告词来平衡画面。正“T”和倒“T”的构成形式，具有良好的稳定性，其视觉流程也比较简洁顺畅。

(图 15-17)

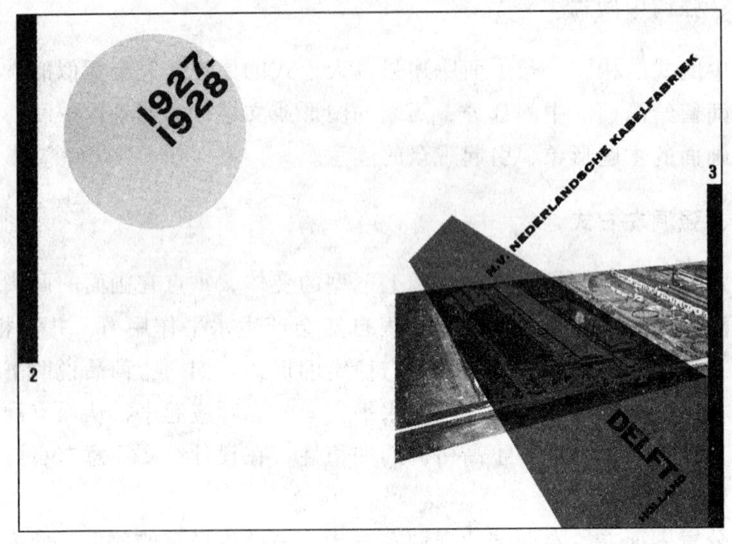


图 15-17

## 十七、大小渐变式

每当我们翻阅杂志和商品说明书等印刷品的时候，首先注意的是版面上最大的一幅图片，然后才会由大到小地逐一浏览小图片。这是由于图片的大小是其视觉冲击力强弱的重要因素，视线受到诱导所引起的阅读趣味中心的转移。大多数大小渐变型的设计实例，采用自上而下的构图，结合图片从大到小的变化，自然流畅。

## 十八、螺旋渐变式

螺旋渐变型是大小渐变型的特殊形态，其图片或文字的配置是由大而小、由外而内有秩序地排列在画面上，形成漩涡的形态。由于其移动的轨迹在画面的整体上，呈现大幅度弯曲的螺旋形状，在视觉上造成了有力的动感。采用这种方式来构成画面，可以使我们的视线很容易就被诱导到视觉的中心点，该中心点自然就成为安排重要信息的关键点了。

## 十九、向心构图式

沿着画面的外围配置大幅的图片，而在中央部位配置小幅的图片，读者的视线很自然地会落在中央的位置，这种以大衬小的对比构图手法，称之为向心构图型。向心构图的设计，要取得令人满意的传达效果，还必须注意图形内容之间的关系。外围的图片一般是中心图片的背景、前提和衬托，或者是大体的表现，中心的图片或文字，必定是传达的要点和主题。

## 二十、中央核心式

中央核心型和上述的向心型有所不同，中央核心强调注目的中心，独一无二的中心，首先被读者注意的中心。因此，在广告画面的视觉中心（不一定是几何中心）的位置需安排强而有力的视觉对象，它不仅是视觉的捕捉物，而且是广告的重要主题。这种构图形式具有很强的安定感，是容易引起读者信任的视觉语言。在设计中需注意的是主体和陪衬的关系，其他画面要素，要保持与主体的距离，不能影响主体的中心地位。

（图 15-18）

图 15-18

## 二十一、平行型

编排时将所有的构成要素或大部分构成要素作水平的组合，可以是垂直平行、水平平行、倾斜平行等。水平平行和垂直平行具有安定感，有明显的水平方向的视线流动；垂直平行具有上下方向的视线流动；倾斜平行具有鲜明的动势感。任何一种平行编排都会把版面划分成若干视觉区域，促使观众的视线进行阶段性的流动，造成视觉流程节奏性和明显的顺序性，有利于保证视觉诱导按设计意图分层次地进行。

这种编排中，如将其局部构成要素作特异性处理，以适当调整其水平动势，不仅能造成对比性变化，也能增添编排中的趣味性。

## 二十二、高低错位式

高低错位是版式设计构图中追求变化的基本法则之一。我国的山水画一向很讲究布局、动势和调和等构图美学，如果画面上有远山或瀑布，画家决不会把这些题材配置在同一高度上，而是根据高低或深远的需要，作高低错落的安排，使画面富于变化而不至于呆板，同时也具有自然流畅的气氛。在平面设计中也同样如此，高低错落的变化，能使画面充满生气。

## 二十三、黑白相间式

黑白相间的版式，是运用色彩明度对比的手法，使画面醒目明快的一种有效的方法。设计时常常将画面按比例的分割，再进行黑白配置或深色调的图片和白底的对比配置，会产生类似花格的效果。需要注意的是，黑白相间处理不好会使画面形成割裂的情况，或变成对等的两个画面，影响整体传达的流畅和统一。

## 二十四、对角线配置式

连接画面对角的线称为对角线，对角线是画面的主干线，把主题配置在这一条线上时，便可以支配画面空间，而且易产生安定感。在设计时应注意视觉要素之间的阅读顺序和启承关系，不能平均对待，要有主次，在视线的起点和靠近视觉中心的位置安排有力的视觉捕捉物。

(图 15-19)

## 二十五、正三角形式

在各种几何骨骼的构图中，最具安定感的是金字塔型，所以在设计中常出现不认真研究表现和阅读对象而过度使用的情况，反而使画面缺乏动感。任何形式的构图都有其突出的特点，也有其不利的一面，过度使用，会给人缺乏创造性的印象，也会令读者反感。

图 15-19

## 二十六、倒三角形式

将正三角形的构图倒转过来，就形成了倒三角形的构图。倒立的三角形底边朝上，产生了动感，三角形的顶点虽然在下方，但仍然在底边的范围之内，因此，不致于完全失去平衡。由图形或文字形成的三角形构图，可以相互连接而成的实体，也可以是在空间的三个位置的视觉要素所暗示的虚三角形。

## 二十七、侧三角形式

把三角形侧过来，支点放在水平方向的状态下，这种侧向的三角形不同于一般的三角形构图，虽具有明显的动感，但也不会失去稳定性。侧三角形往往在画面的一边配置整幅的图片，而另一边用小的图片（整幅的或去背的）来呼应或平衡。

（图 15-20）

图 15-20

## 二十八、N 折线式

在版面上按照 N 式的折线作之字形运动的构图，诱导读者的视线上下来回地阅读，形成反复的阅读效果，整个画面自然均衡。N 型的构图是商品说明书常用的构图版式，不仅可以安排较多的内容，而且会使读者始终保持较好的注意力，是一种节奏感强、丰富活泼的设计版式。

如果将 N 式侧倒构图，就成为 S 式的版式，其构成的手法基本相同。

## 二十九、L 式

在设计时把大型的图片依版面的一个角配置，图片的两边作出血处理，版面的其他两边就自然形成 L 式的留白，称为 L 式的版式。这是一种较大胆的构成设计，一旦图片挂角形成两边出血的情况，容易造成视觉上的不平衡，为此，如何在险中求稳就成为设计的关键。通常的做法是，两边出血图片中的主题形象要有明显的运动感和方向性，而且要指向留白的空间，或者用其他因素进行点缀，以打破这空间分割。

### 三十、U式

与L式版式相似的是U式的版式，其图片是一面出血，三边留白，构成方法与L式基本相同。把图文配置于版面中央，在图文三侧留白、置底纹或加边框，形成U形构图；也可以把图文排成U形，中央留白。U形平行的两侧常设计成对称状，这种构图看起来具有对称美感，易于强化图面的视觉效果。但也要防止对称带来的呆板，可采用重叠、穿插和借用的方法，打破U形的外形，使画面富有变化。

### 三十一、并置式

将图片处理相同大小，并置排列在同一水平、垂直线上，给人以整齐划一的感觉。并列的版面具有安定性、调和感和解说性，促使读者认真阅读和比较画面的内容，因而接受到的广告信息量也较大。该并置型的构图设计，不是图片随意或简单的拼凑，为了说明商品的使用方法、使用过程和注意事项，或将几个并列的诉求内容用图片表现，图片形式、风格、色彩和分量的统一是关键所在。

并置型将图片并置于图面上，可与以上其他图面构成型式并用。并置在构图采用重复手法，图片内容虽然可重复，但通常内容有差别。由图片内容可分为比较并置型、时间并置与群化并置型。

（1）比较并置式——并置不同图片，让阅览者比较图片中事物。

（2）时间并置式——并置的图片，其内容互有连接的关系，即如实验照片图解说明，可以表达一连串的程序和时间的轨迹，常以箭头标示方向，具有说理作用，一目了然，效果颇佳。

（3）群化并置式——不同图片可并置使之产生关联，形成一体的印象。例如利用图片不同比例的缩放，将图片内的线条在并置时连成同一水平线，让多张图片产生合而为一的错觉，使场景加宽加深。

并置方式可分为左右并置型与上下并置型：

（1）左右并置式——将图片左右并置时，强烈暗示图片的地位相同，而且这些图片具某些重要的共同点或相反的特点，并使这些特点明显凸现。左右并置于稳定性与平衡性均佳，能产生相互呼应的效果。

（2）上下并置式——将图片上下并置时暗示着变化，图片的地位往往不相等，通常是最重要的或时间最早的放最上面。

（图15-21）

图 15-21

### 三十二、全景图式

全景图式是一种俯视全面的版式，尤如鸟瞰地面一样，不仅可以观察某一物的形状和细节，而且能从全景中了解物与物之间的主题关系，从整体关系中发现新的视点。那些在个体中不是那么有趣的主题，放在全体之中，则产生对比的效果，和并列的表现手法一样，会留给读者强烈的印象。有一种类似摆地摊式的全景图，常用于海报设计、商品说明书设计中，表现轻松、自然、平实的视觉印象。

### 三十三、放射式

放射式是将构成要素纳入一个呈放射状的结构中，统一于视觉中心，具有多样统一的综合视觉效果。编排具有强烈的动势感，在视觉上有很强的刺激力度，很快捕捉到人的视线。

这种编排在视觉心理上能给人一种崭新的别开生面的视觉感受，具有鲜明的现代感象征，容易诱惑观众的好奇欲望，因而容易获得良好的引人注目和激发兴趣的视觉效果。较适合表达现代产品的广告创意，用于表达其他产品也能创造出不同一般的编排效果，具有新颖的设计格调。

放射型编排由于本身具有强烈的辐射外向的动势感，显得极不稳定，因而在安排其他构成要素时宜作平衡与点缀，不宜产生更多的重叠与交叉，以避免破坏构成动势的单纯性，造成视线流动顺序的繁杂和混乱。

### 三十四、背景式

在编排上以实物或纹样或某种肌理效果作为版面的全面背景，然后才把标题、说明文及商标图形重置于上，背景可以作由远而近的透视处理，以造成画面的一种纵深感。如时装广告可用呈现不同色彩和肌理效果的衣料为背景。巧克力广告可用众多的巧克力糖块不规则地排列在背景上，片状的药品广告可以用药片规则地排列在背景上，产生一种衬底的图案效果。

用实物作背景烘托处理，能创造一种饱满丰富的特定气氛，具有很强的诱惑力，能很明确地将广告主题表达出来。

这种编排宜在背景处理上多下功夫，如用实物作有规则的稍有变化的排列，不适宜作跳动过大的变化处理，破坏了其“静”的形态，也就难以对置于其上的其他构成要素起到良好的烘托、对比和呼应作用。

### 三十五、切入式

这是一种不规则富于创造性的编排，在编排时有意将不同角度的产品图形从版面的上、左、右三方作切入式的不完全进入版面，然后在其空白处安置标题、说明文和商标图形。

这种编排突破了版面的限制，在视觉心理上无形地扩大了版面的空间，给人以空畅之感。由于产品图形不规则切入，版面显得跳动活跃，切入的产品图形由于是从设计上考虑安排的局部，故使观众的视线对局部的结构和功能审视得更为深入细致。较之产品从单一角度的展示，呈现一种多元化的优势，使产品外观变得更为具体入微，更能满足观众的要求，也更能激发起消费者购买的欲望。

这种处理需要注意的是在版面的某个部位必须安置一个完整的产品图形，以便给观众一个完整的印象，此图形与广告文案等构成要素，均须保持水平状态，以便和切入的产品图形形成“静”与“动”的对比，使画面保持安定感，以适应观众的视觉心理。

### 三十六、字体形象式

在编排中以构成要素的品名或文字组合体的商标图形进行放大处理，使其在画面上成为夺人眼目的视觉要素。如字体条件相符，可将个别字母转换为产品形象，不仅增加了版面的变化情趣，也极为巧妙地点出了广告主题，它不仅使人的视线集中，也给人留下了深刻的印象。

这种编排在创意上一定要巧妙自然，切不可生拉硬套，给人以拙劣的拼凑感。在选择的构成要素中一定要简洁有力，造型富有力度，这样才能发挥良好的视觉传达作用。另外其他构成要素均应与它作高度集中的排列，以使观众的视线始终对准它，而不游离到版面的其他部分，这种编排在视觉流程的设计上，引导路线是最短的，只流动在版面的有限部分，正是因为其路线短，所以才能给观众一个强而有力的视觉印象，将产品名或商标图形映入脑海之中。

（图 15-22）

图 15-22

## 第四节　广告版面编排的构成方法

### 一、以点来支配空间

在决定图片在版面上的位置时，先试着将图片放在某个点上，比较不同位置的空间效果，是版面编排时常用的方法。如果用点来控制版面空间的话，尝试改变和移动这些版面上的点，我们会看到画面空间关系在发生变化。正如一粒石子投进水中，激起不断扩散的涟漪，版面上的一点会对周围的空间产生力场，从而支配和控制周围的空间。各点之间的距离和角度的变化，直接影响空间和面积的大小变化。

**二、围起来**

用图片、装饰图案或其他视觉因素，将版面的四周包围起来，形成一个安定空间，给人以别具一格的感觉。往往被包围起来的空间的独立性较强，在被包围起来的空间里，设置广告的主题，容易引起观众注目。

**三、窥视**

从版面的外面探望对象物，这时候读者的视线会受随物体动向的诱导，去注意版面的主体物，这时就产生了窥视的效果。四周不完整的、大部分在画面以外的物体，不仅造成了向心的运动效果，而且在读者注意主体形象时，还会产生向外扩展的感觉。

**四、出血**

图版的一面出血，就好像出了一口气，出血的部分造成了构图上的动感，将读者的视线吸引过去，增加了阅读过程的节奏变化。和窥视不同的是，出血的形式主体部分仍在画面以内，不在画面之外，被外框裁切的只是靠近图片边缘的部分。出血是在这个范围内向版面外的运动，具有通气孔的作用。

(图 15-23)

**五、图与图之间隔**

合理安排图片与图片之间的间隔，通过距离的远近来表达相互间的关系，是版面设计中需认真注意的问题之一。正如园林中的曲径小道上铺设的石头，石头和石头之间不仅保留适当的距离，而且具有微妙的变化。石头和石头之间既不宜紧密相连，也不宜等距离的拼置，必须依自然的美感来拼置。

在版面设计上也和铺小道的石头一样，必须依自然的美感来配置。距离紧凑的编排有紧张感和精致感，距离宽松的编排有轻松感和自然感。距离的变化有明显规律性和条理性的编排，会给人高度的信赖感和实力感。距离变化复杂、无规律性的编排，会给人生动、活泼的气氛。

此外，距离作为版面造型的主要因素，是我们处理版面视觉要素亲疏关系的基本依据。正如我们通常把两个靠近的同学看作是好朋友一样，距离较近的

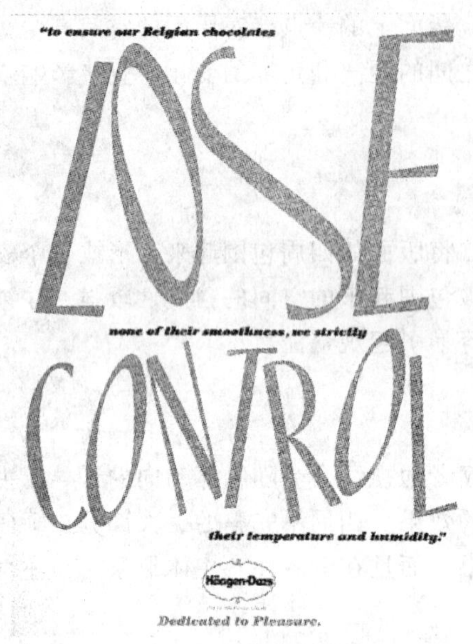


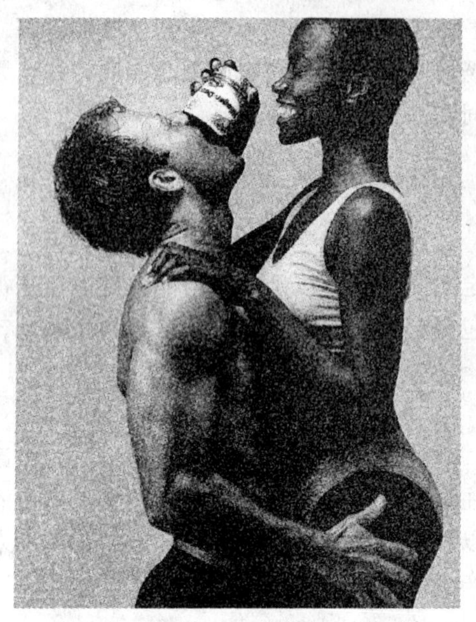

图 15-23

图形和文字容易成为一组或一对，距离较远则说它们缺乏联系。

### 六、分解组合

把原先完整的图片，或相互关联的图片切割分解为两块或几块，再根据需要进行组合的方法称之为分解组合。由于被分割图片的两个断面会形成互拉的作用力，从而引起读者的视觉注意和关心，进而探究其中的原因。利用这种方法把拥有共同部分的事物故意拉开一点距离，会产生很有趣的效果。

### 七、统一调子

要将数张图片组合在一起，并使之形成一个整体，除了可通过统一的外形、尺寸进行编排外，图片的色调也是重要的因素之一。图片的色彩和明度应力求统一，共同性越鲜明，画面的整体感就越强。调子的问题还与版面的风格或整体印象有关，如要追求沉稳、有力的风格，版面的图片应为低彩度、中等明度和中等的对比度的色调；如要表现自然、爽朗的风格，版面的图片应为中等彩度、高明度和高对比度的色调；如要表现欢快、刺激的风格，版面的图片应为高彩度、中等明度、高对比度的色调。

## 八、统一位置关系

当版面上图片的高度或宽度一致时，看起来整齐而稳定，有时也会产生并置的效果，使对比更鲜明，或产生新的视野。追求画面关系的统一，永远是设计中的首要问题，尤其是广告的信息量较大时。单纯的诉求，是提高可读性和增强记忆效果的有力手段。

（图 15-24、图 15-25）

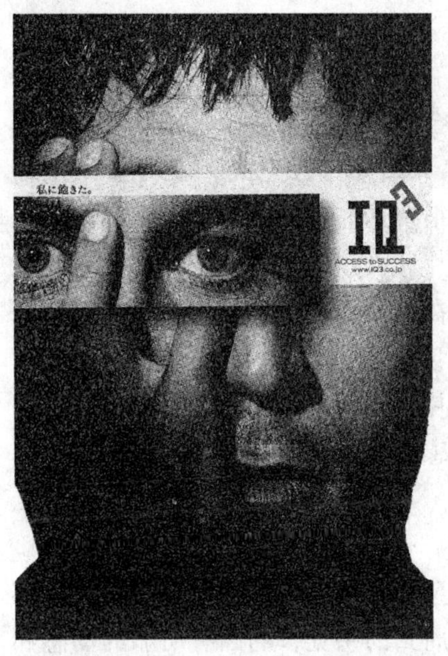


图 15-24

图 15-25

## 九、分组构成

在版面构成中，将图片之间的距离拉近、靠拢，使图片重叠或用线围起来，或使用统一的底色、底纹、背景等，就会使图片形成一个小组。在版面的设计中把有关的图片分组配置，能使读者更容易了解，这也是格式塔心理学的基本原理之一。尽管图片的外形和色调有所差异，只要把它们编排在一起，或限制在一个外框内，读者自然会将它们当作一个单位来看待，此时，图片之间的差异往往会被淡化。

## 十、重叠

就像排成一队的人相互间手拉手，显示出团结一心，互相协作的整体形象。在版面的设计中，将图片部分重叠，就会显示出鲜明的关联性和整体性。在图片相叠大的地方，会产生活泼的气氛，这也是年轻人喜爱的编排方式。在文章中如果要注解或补充某个词的意思，最直接明了的方法是用一个括号表示。在版面的配置上如果采用个别图片重叠的方法，同样具有说明或注解主题的作用。

## 十一、图版和文字的间隔

在版面设计中，图片和图片之间的间隔会影响整体的效果。图片与图片之间的距离大，版面就显得清晰，具有稳定感。如果过分宽大，就会显得很零散，好像一篇没有标点符号的文章，读起来很费劲。图片和文本之间的间隔距离，是表明其相互关系的重要因素。如果图片和文字间的间隔较大，超过正常的尺度，会产生各自的独立感。一般来说，在版面编排设计中，图片与图片之间，图片与文字之间的距离，以两个字的宽度为标准，根据版面风格的需要，适当进行调整。图片与图片之间、文字和图片之间的距离接近，容易形成统一的整体，同时会给人内容丰富、信息量大的感觉。

## 十二、图片的外形和边框

图片的外形是重要的视觉语言之一。黄金比给人以传统、严谨、正规的感觉，正方形显得四平八稳，圆形会给人工整周到的感觉，椭圆有明显的动感和工艺性，三角形和变异形是独具个性的、引人注目的形态。

变化图片的边框，突出图片的个性，强化版面的视觉风格，是设计时常用的手法之一。把图片的轮廓用不同粗细的线条、装饰线、虚框或记号围起来，或采用不同的绘图工具画出轮廓，形成轻松、精致的感觉，是创造画面气氛的有效方法。

(图 15-26、图 15-27)

## 十三、变异的表现

采用图形的变异方法，创造与生活中常见形象背道而驰的新异形象，是现代图形设计的常用手法。通过变异创造的新形象，很容易引起人们的兴趣，激发读者关心广告的具体内容。当今的变异设计的手法加上电脑制作技术的应

图 15-26

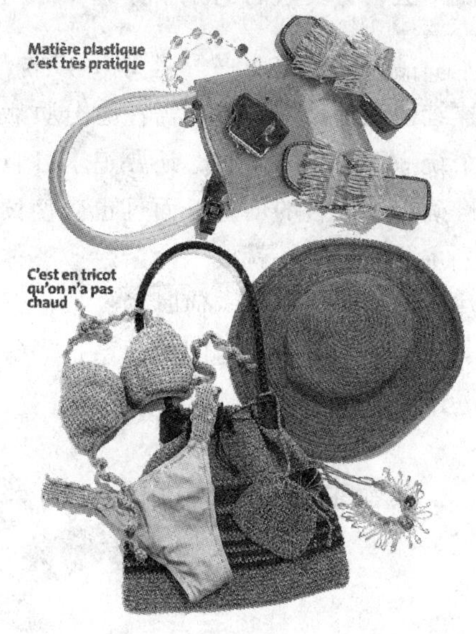


图 15-27

用，使视觉设计又上了一个新的台阶。广告常用的变异方法主要有以下几种：共生、共识、剪影、影画、歪视、边虚、维变、虚画、仿结、弯曲、闭琐、戏谑、相悖、仿透、重叠、置换、复合、散集、增殖、卡通、延异、断置、象形、漫画。

## 十四、喧闹的表现

喧闹的表现是一种充满热闹气氛的版面形式。一般来说，版面的图片配置以角版为主，用这种方法比较容易控制版面构图的平衡。有时为了创造与角版不同的格调，采用去背版（烂版）方法来调剂画面的氛围，去背的图片上加各种边框或装饰图案，不仅冲淡了对图片的注意力，而且去除了背景的物象和装饰图形，使版面充满生动、愉快、热烈、轻松的气氛，因此，有人形象地将这种效果称之为噪音式表现。这种表现方法可能会影响图片的阅读效果，但它表现出的新鲜感、趣味感和轻快感，得到大多数年轻人的喜爱，近年来，喧闹的手法在广告的设计中被广泛采用。

**十五、分页版面的统一处理**

商品介绍、说明书等是 POP 广告的常用形式，它们的共同特点是多页面的连续性设计，在设计中需注意分页版面的统一处理，使一本介绍或说明书有一个统一的整体。同时，还要追求各页的变化，千篇一律的版式设计，不仅不能准确传达广告的信息，而且也会使读者反感。但一味追求版式的变化，离开同一主题和风格，就成了大杂烩。整体的分页设计，应考虑何时强调变化，何时注意平稳；何时松，何时紧；如何开始，如何结束；形成整体感的线索是什么，如何处理各章节之间的关系；等等。

（图 15-28）

图 15-28

## 第五节　广告版面编排中的对位手法

“经营位置”是南齐谢赫提出的中国绘画理论《六法》之一，论述的绘画的构图问题。是指画家在气韵和意境的制约下，对画面位置结构的感性经营。

特别强调表现作者的思想感情，把“情”放在重要的位置上。至于对画面的格律的要求则不十分严格。而广告的视觉传达设计，要受到对象、条件、受众的接受心理等方面因素的综合影响，所以它更重视经营构图的格律关系和科学性，对位则是经营位置中的重要内容之一。

对位的概念来自音乐，在作曲中有和声、和弦和对位。后来，又被运用于建筑的设计中，发展成为建筑设计中的基本法则之一。那么在广告的设计中，对位的概念主要体现在画面的比例和尺度关系所形成的整体特征上。就是在同一画面的空间中，两个图形之间的位置有某种正对关系。是指画面各种不同图形之间增强联系，从而使其统一的构图法则。

## 一、对位的三种类型

1. 心线对位。

即在同一面的空间内，有两个以上的图形，无论其形的面积大小，两个图形间的中心线若呈正对关系时，就称为心线对位。这是一种被大量使用的常见对位方式。

2. 边线对位。

即在同一面的空间内，有两个以上的图形，一图形与另一图形的单侧边线或双侧边线的位置呈现正对关系时，称作边线对位。这种对位有三种情况。一是两图形的不同侧边线呈现正对关系，叫做单线对位；另一种是两个图形的两侧边线全都呈正对关系，叫做双边对位；还有一种是两个图形的相邻两边都相互呈正对关系时，叫做错边对位。在边线对位中，由于错觉的影响，往往会产生误差，即两形在同一线上似乎不是正对关系，而是互相分离错位，两个图形间的距离越远越明显。因此，为了校正这种错视效果，可将两个图形适当内移。移动量的多少可根据两图形间的距离及直观感觉而定。

3. 数比对位。

即在同广告画面的空间内，有两个以上的图形，一图的边线与另一图正对位置在一定的数比位置上，称做数比对位。运用这种对位形式时，必须注意其数比关系不要超过人眼的感觉尺度，否则将失去它的意义。一般情况下 1∶2 ~ 1∶4 是常用的数比形式。这种对位形式也有不同，一种是只有图形的一边与另一边图形呈数比关系；另一种是图形除一边与另一图形呈数比关系外，它的另一边与另一图形的边线也呈正对关系。我们分别称它们为单边数比对位和双边数比对位。

上述分类是从宏观上进行划分的三大对位类别，仅仅这些还不能把平面广告设计中遇到的所有现象都包括进去，所以，还必须从横向找出它的格式来。

（图 15-29、图 15-30）

图 15-29　　　　图 15-30

## 二、对位的其他形式

深入划分对位又可以分为竖向对位、横向对位、斜向对位和曲线对位四种形式。而且每一种形式都具有不同的性格。它们各自的性格和构图中的方向要素相关联。竖向对位具有庄重感，横向对位具有平易感，斜向对位具有活泼感，曲线对位具有律动感。

应该指出，广告设计中的构图是由总的和具体法则综合构成的。所以不能孤立地使用对位形式，一定要同其他形式法则一起综合使用。“多样统一”或“统一中有对比”是一切设计艺术的基本规律。从属于它的有对比律、同一律、均衡律、节韵律和数比律五个具体规律。而对位法则就是同一律的一种形式。它的任务就是探求广告画面形式中的位置的联系因素，从而使位置具有逻辑性的一种方法。

为了使对位和格律式构图统一起来，可以运用米字格的方法。这种方法简便易行，效率高，容易使画面的数比关系协调，又适应于各种不同比例的广告画面。

这种格子的作法是，先在画面作对角线，再作十字线，接着再分别将分割出来的四个小格子作对角线，再作十字线，直到适应设计的要求为止。但要注意不要把格子分的过密，超过人的视觉判断程度。如果格子不够用时，可以在局部的格子中再作细分，这是允许的，因为，这不影响画面的整体效果。

格子画好之后，再依照构图的一般原则推敲总体结构线的位置关系。实际上就是在特定的内容的制约下作线的构成。这些线就是画面内所有图形的中心线，也叫骨骼线。这时才能按对位的法则和要求，来推敲图形间的位置关系。可以把各部分的文字和形象都概括为不同程度的面来理解，这样，当具体的位置关系确定了，构图的格律关系也就形成了。

在国内外的一些优秀广告设计作品中，构图的对位是非常讲究的，对位的关系也处理得比较好。例如，采用网格法设计（即在方格纸上推敲图形的位置）的作法。西方建筑大师柯布西埃就曾经用这种方法做建筑设计。他的设计在整体和局部的数比关系上是很协调的，这种格子在客观上必然使画面形成一定的对位关系，可是它不能完全代替对位规律。从某种意义上说，这只是简单的对位。

（图 15-31、图 15-32）

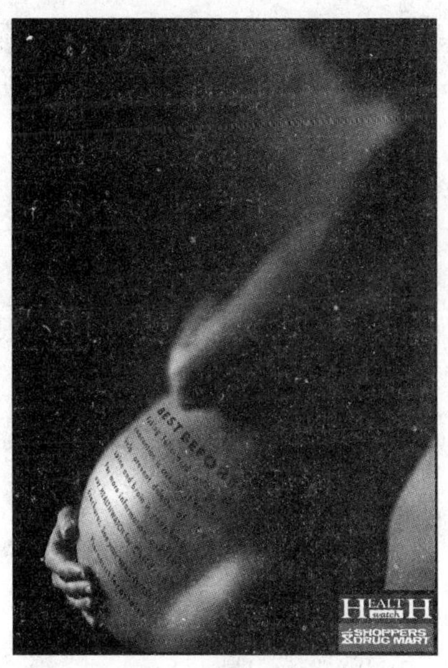

图 15-31

图 15-32

### 三、对位方法的灵活运用

在对位的构图中，经常会碰到大量的不规则形状，在对位过程中要慎重对待，灵活运用对位规律。一般可采用以下几种方法：

（1）找出图形的中心线构成对位关系；

（2）找出图形的突出点，作为构成对位的中心；

（3）找出形象的感觉中心，作为对位的依据。

在设计时除了运用以上的方法外，还必须在设计思想上确立综合的和辩证的态度，实际上在一幅广告作品中，有许多法则在起作用，对位的法则必须在其中扮演恰当的角色，不能忽视其他法则的相应地位。

其次要注意的是，对位的形式往往是在画面造型因素较多、较复杂的情况下采用，目的是为了在多中求少、乱中求治。不只是追求变化，而在于统一和充实。

还有，当画面出现斜线的时候，要注意两端位置的确定性，要按严格的格律关系加以处理。同时要注意，当画面中出现很多斜线时，要使它们的斜角类型不要太多，因为斜线具有动感的、变化的属性，所以，这时就要着力于处理他们之间的统一关系。

应当说明的是，对位法则是从设计的实践中总结出来的一种法则。归根到底，它是为准确地传达广告的信息服务的，切不可颠倒过来为形式而设计，而应在实践中不断地发展创新。

## 练习与思考

1. 广告版面编排设计的意义。
2. 广告版面编排要点。
3. 广告版面编排的设计原则和程序。
4. 广告版面的主要类型。
5. 广告版面设计的构成原理。
6. 广告版面编排的构成模式。
7. 广告版面的构成方法。
8. 广告版面编排对位的原理和方法。

# 第十六章 平面广告创意的视觉表现

**本章提要：**广告创意就是运用独创性意念和构想来传播广告信息，广告创意的视觉表现并不是一个单纯地寻求新奇的视觉艺术形式，目的是以生动的视觉形象传播广告信息。广告创意需要有创造性思维，创意的视觉表现需注意策略性，要合理使用和组织视觉元素，充分发挥视觉形象的艺术表现力，才能创造既意料之中又意料之外的传播效果。

## 第一节 创意与思维基础

### 一、创意的概念

所谓创意，即是创造新意——寻求新颖、独特的某种意念、主意或构想。

创意中的“创”的核心是创造性，创意是一种创造活动，其行为结果也必须是“独创的、新颖的”。

广告创意，就是运用独创性意念和构想来传播广告信息。但广告创意并不是一个单纯地寻求新奇视觉形式的过程，它是始终围绕传播广告信息这一主旨来展开的创造性活动，传播信息才是它的目的。

所以，广告创意的完整涵义应该是：以传播信息为根本原则，以创造性思维为先导，寻求独特、新颖的意念表达方式和表现形式，以独特而清晰的阐释方式说明信息内容，以独具匠心而新异的形象和画面引人关注、发生兴趣、产生感染，并留下深刻印象，从而使观众接受广告信息的活动。同时，还应以独特的表现方式，展现对事物的全新理解，给人以思想和智慧的启迪，以超然的意境和独特的审美情趣给人以美的熏陶和引导。

创意之“意”，包含了主意、意念及意趣、意境等多层含义。绝妙的策略性主意和独特的传达方式以及新颖的视觉形式的完美结合和统一，并在传播中共同发生效应才是创意的完整意义。

创意，是广告视觉传播设计的核心。视觉设计没有创意，我们的作品就会陷于平庸，或与别人类似、雷同而被信息的海洋所吞噬，就不能有效地进行信息传播。

创意，将使广告充满勃勃生机，将使广告具有让人惊叹而难以忘怀的力量。设计，必须以创意为先导而进行，因为设计始终是意在笔先。设计，必须以创意为动力而获得发展，因为创造性思维是广告信息视觉传播的关键。

"独创"与"新颖"的广告设计，源于我们认识事物时有了全新的发现。只有找到了全新的视点，对事物有了全新的理解方式，发现人们习以为常的事物中的全新含义，我们才会有新颖的表现切入角度，才能创造独特的表现方式。

只有发现了相距遥远的事物之间的联系，才会启示我们找到全新的表现方式，并进行组合来获得创造性的结果。总之，全新的视点、全新的认识和理解才会引发与众不同、突破成规的表现，才使我们具有化平淡为神奇的创造力。

但是，要有所"发现"，首先需要我们把思维从一点引向发散，展开思想"眼睛"之视角，对事物由点及面、由表及里、由此及彼地进行审视。要想有所创新，我们就必须在多个视角中，发现全新的视点，在多向的思路中独辟蹊径，在由表及里的审视和剖析过程中，发现事物的全新含义并赋之以全新的表现方式，在由此及彼的比较中，发现事物之间很难发现的联系。对它们进行全新的组合，这就需要以联想为先导打开思路，再通过分析、选择最具新意的表现角度、方式、方法。

所以，联想和分析是创意的思维基础，丰富的联想与科学的分析孕育着伟大的创意。(图 16-1、图 16-2)

### 二、想象的特点

1. 什么是想象。

想象是指用过去感知的材料来创造新的形象，或者说是在人脑中改造记忆中的表象而创造新形象的过程。心理学上把客观事物作用于人脑后，人脑会产生出这一事物的形象叫做表象。那么对于已经形成的表象进行加工和改造，创造出并没有直接感知过的事物的新形象就是想象。

要形成想象，必须具备三个条件：第一，必须要有过去已经感知的经验，但这种经验不一定局限于想象者的感知；第二，想象必须依赖人脑的创造性，需要对表象进行加工；第三，想象是个新的形象，是主体没有直接感知过的事

图 16-1

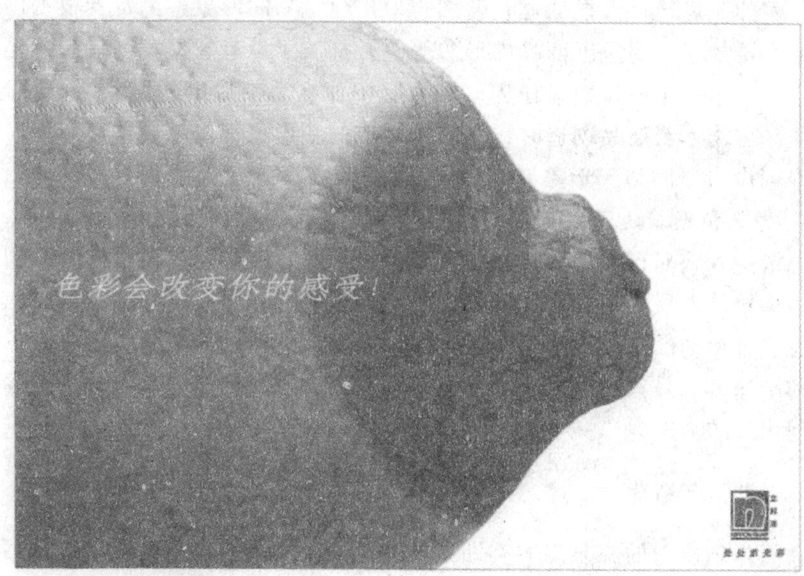


图 16-2

物。例如,《西游记》中孙悟空、猪八戒的形象,虽然在生活中从来没有存在过,但人们的头脑可以把人与猴、人与猪的形象,进行分析与综合、加工改造,创造出人们并没有直接感知过的孙悟空、猪八戒的新形象。

想象是人类所特有的一种心理活动,是在人的实践活动中产生、发展起来的。通过想象,人们才可能扩大知识、理解事物、创造发明、预见行动的前景。消费者在评价商品时,就经常伴随有想象。例如评价一套高级家具,往往伴随对生活环境的美化效果的想象,或社会性需要对主体满足程度的想象等等。

2. 想象的种类。

按照想象活动是否具有目的性,想象可以区分为无意想象和有意想象两大类。

无意想象是一种没有预定目的、不自觉的想象。它是当人们的意识减弱时,在某种刺激的作用下,不由自主地想象某种事物的过程。例如,人们看见天上的浮云,想象出各种动物形象。有意想象是指按一定的目的、自觉进行的想象。例如,科学家提出各种想象模型,文学艺术家在头脑中构思人物形象,都是有意想象的结晶。在有意想象中,根据想象内容的新颖程度和形成方式不同,可分为再造想象和创造想象。

再造想象是根据言语的描述或图样的示意,在人脑中形成相应的新形象的过程。例如,建筑工人根据建筑蓝图想象出建筑物的形象,消费者根据广播里广告的言语描述,想象出商品的形象等等,都属于再造想象。创造想象是创造活动中,根据一定的目的、任务,在人脑中独立地创造出新形象的心理过程。在新作品创作、新商品创造时,人脑中构成的新形象都属于创造性想象。如鲁迅先生创作的“阿 Q”形象,就是一个具有创造性的新形象。

3. 想象和思维的联系与区别。

思维是人脑对现实的间接认识和概括认识。只有在思维过程中,人们才能够认识事物的本质及事物之间的关系。想象离不开思维,特别是创造性想象,必须有思维活动的参与。两者都是比较高级的认识活动。两者的区别是:想象活动的结果是以具体形象的表象形式表现出来,思维的结果是以抽象概念的形式表现出来的。

### 三、创意与联想

联想是创造力的源泉。人类即是在联想之中不断获得新的发现,从而不断发明创造。

创意,亦是以此为始端,去拓展我们的思想,去启发我们对事物的理解,最后获得创造的启示。著名广告专家韦希物说:“创意是一种新的组合,创造新的组合这种才能必须通过观察事物的关联才能得以提高。”这实际上就说明了联想思维对于创意的重要性。

联想，可将诸多相距遥远的事物和概念，甚至是毫无关联的要素相互联接起来，使之在偶遇、交合、撞击中产生新意。也就是说，联想从某种意义上说，本身就是一种组合创造，是思想的组合，是诗意的创造。

因为联想思维的关联性能使我们在对信息表述方式进行思考时，获得旁征博引的启发，从而寄情于物或借物喻事、喻理，使传达变得更有意味和更具创造性。或使现实在我们心中转化为饱含个人对事物的理解，某种意志、意愿、理想的合成体，而得以精神价值的提升和思想内涵的注入。“飞流直下三千尺，疑是银河落九天”，即是联想使诗人把庐山瀑布的雄壮气势转化为超越现实而独具意境的传世佳句。

联想，是化平淡为神奇的魔器，是我们在广告创作中，运化新意、创造意境的基础。联想可以将无形的、抽象的某种理念和心理状态转化为一种具体的形象。“大风起兮云飞扬，威加海内兮归故乡”，即是刘邦通过联想把当时意气风发、踌躇满志的心境转化为风、云之象而得以表达。同时还使我们可以通过风、云的磅礴气势去领会他的心理和胸怀；“惟有南风旧相识，偷开门户乱翻书”，也同样是用联想方式将无形的风拟人化为有情、有动态的“形”。联想，是意的物化过程，对视觉传播设计而言是非常重要的。

联想思维的延伸使我们在认识事物的时候获得更多更新的认识角度和理解方式，由此孕育全新的表现方式和形式，是引发创造性结果的思维，因而，创意离不开联想。

### 四、创意过程中联想的运用

联想的四种形式是我们拓展思维和视角的四个导向。这四种形式是：相似联想、相关联想、相反联想和因果联想。

1. 相似联想。

相似联想是指由一个事物的外部构造、形状或某种属性与另一事物雷同、近似而引发的想象延伸和连接。比如“新月似银钩，弯弯挂客愁”就是因相似联想找到了月亮与银钩在外形和色彩上的近似，而巧妙地用“挂”字将月亮引为游子无限乡愁的寄所。

2. 相关联想。

相关联想是指由一个事物与另一个事物有密切的邻近关系和必然的组合关系而引发的想象延伸和连接。比如我们看到香烟就想起烟缸，看到马鞍就想到马，这就是相关联想的结果。

3. 相反联想。

相反联想是对与事物有必然联系的对立面的想象延伸和连接。比如我们看到黑夜想到白天，看到战争就想到和平，这就是相反联想的结果。相反联想就包含了逆反思维，它可以启示我们打破常规去思考问题。如“吸烟有害”，逆反思维可能使我们想到：吸烟对身体中的病菌是否也有害，反而在某种意义上有益健康呢？

4. 因果联想。

因果联想是由于我们对事物发展变化结果的经验性判断和想象，如看到蚕蛹就想到飞蛾，看到鸡蛋就想到小鸡。这种想象就是因果联想。

以上四种联想形式可以使我们的思维朝多向延伸，在博采众长中发现创造的灵感而另辟蹊径。另一方面，联想与我们自身修养学识密切相关，只有丰富的知识积累，才能真正充分展开联想，服务于创意。

(图16-3、图16-4)

图 16-3

图 16-4

## 五、创意与分析

联想中的“发现”和“获取”，对创意而言，并不全都可用。联想过程的完成并不意味着必然产生优秀的创意或创意的完成。我们如果把整个创意过程比喻成一次旅行的话，联想的完成仅相当于开辟了四通八达的道路，并准备了多种交通工具，而旅行是否顺利美满，还需要我们在起程之前，针对各种条件进行科学分析、选择，确定真正能够达到目的地的最佳行程路线，尤其应选择具有高效率和理想效果的交通工具。所以，在创意过程中，联想与分析需要时时交叉使用。经过分析，可在多种联想结果中选择利于诉求而有新意的移情方式、组合方式、阐释方式。只有丰富的想象而没有一个科学的分析、抉择过程，就很容易使创意偏离诉求目标。

国外有这样一组因联想引出的广告创意，收到了出人意料的效果。一家理发店的招贴，其中一幅广告的图形是头发松散杂乱的爱因斯坦的画像，其广告词是："糟糕的理发会使任何人看似笨蛋。"另一幅广告图形是莎士比亚的画像，其广告词是："蹩足的理发才是真正的悲剧。""糟糕的理发"与爱因斯坦一贯散乱的头发是相似联想的结果，而"笨蛋"与爱因斯坦这一绝对"聪明"的人又是相反联想的结果。其中明显贯穿着一个潜台词，"爱因斯坦那散乱的头发，使如此聪明的人看起来也像个笨蛋"。从而对"理发对于每个人是多么的重要"这一理念予以诉求。

因此，这一创意既新奇而又有诉求的准确性。这组广告的另一幅也是如此，莎士比亚是著名的悲剧作家，广告语中的"悲剧"一词和莎翁的联系是相关联想的结果，但整个创意始终围绕的中心思想是"不注意发型，带来的悲哀是无尽的"，无形中把沙翁的悲剧作品的"悲剧"作为尺度说明了"悲"的程度，构造出的潜台词是："莎翁的任何作品的悲剧结局都比不上糟糕的发型给人所带来的悲哀。"同时，两幅招贴用人人熟悉的名人画像达到了易于记忆的功效，并通过其中的调侃幽默，给人以欢乐并再次加深印象，使广告获得了极其良好的效果。这些成功的创意显然是充分展开想象而始终立足于明确的诉求内容进行科学分析、选择而获得的。

所以，创意既要依靠联想来打开思路，获得意念的开发，同时也要立足诉求进行科学和逻辑性的分析，然后进行抉择。分析就是检查我们的奇思妙想是否对主题诉求有用，是否在广告语句上具有逻辑性，是否能更加有力而具体、生动地说明我们想表达的意思。因此，只有通过思维的发散而获得的灵感闪现与科学性、逻辑性的结合，才可能产生优秀创意。

在创意过程中，我们对创意方案的抉择标准应该是：择优、异常、逆反、差异。"择优"就是选择最有新意、最准确的构想；"异常"、"逆反"，就是选择异于常态、逆于常规的奇思妙想；"差异"就是创造与众不同的表现方式和形式，引人关注。创意的思想原则就是多向发散并具有逻辑性，异常而不荒唐，独特、新颖又针对主题。

## 六、创意的方向

要切入创意，必须先对受众心理、传播环境、条件等诸多因素加以研究，然后针对不同的具体情况，依据人员、地理、时间等因素的差异制定策略与方针，确定与之相适宜的表达方式，最后再进行表现形式的创造。

有许多人常常是先从表现形式角度切入创意，然后再设法与主题挂钩，这很容易导致为形式而形式，落入仅为形式而无目标的自我艺术表现的境地。这虽然可能创造型式新颖的作品，但也很容易出现形式与诉求主题相偏离，获得的实际设计视觉效应与我们祈求的社会效应相悖逆的结果。这种情况下，创意就不可能有效地促成信息的传达，这样的创意就毫无价值。

创意的价值在于“独创”、“另辟蹊径”，甚至从某种意义上说是可遇而不可求的，但创意程序正确与否，直接影响着工作的成效。

创意的方式虽然多种多样，但其基本程序则有规律可寻。我们必须首先关注主题、关注受众，再确定所需的表达方式，同时还应牢记创意的中心目标——面对受众，传达信息。

(图 16-5、图 16-6)

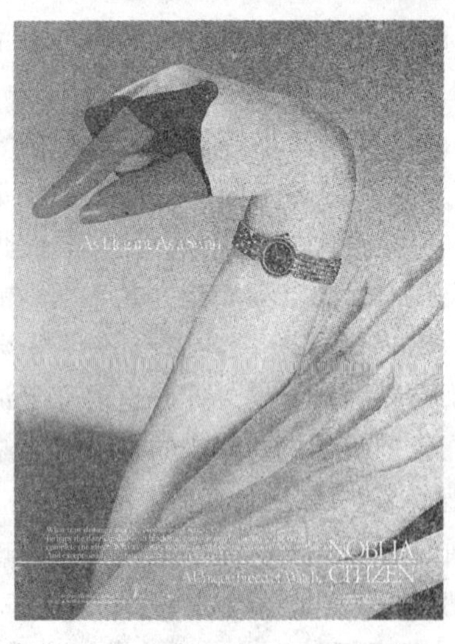


图 16-5

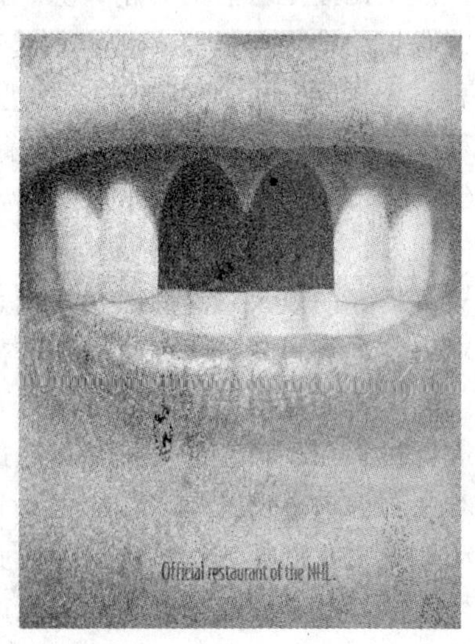


图 16-6

## 七、广告视觉传播设计中的想象与创造

某些广告具有很大的吸引力，不仅在于它们向人们传达信息，更重要的是它们的设计巧妙，构思独特，具有创造性。广告视觉传播设计与制作的过程中，要充分发挥人的创造性思维，才能取得较好的效果。

诚然，只满足于向人们传达信息的广告并非是好的作品，广告要达到比较完美的艺术效果，是创作活动主要依据之一。在广告的创作活动中，要使广告能吸引人们的注意力，要照顾各种不同类型的消费者的心理特点，采取消费者喜闻乐见的形式，给消费者以艺术享受。

广告视觉传播设计中的素材都是建立在许多具体的素材基础之上的，素材主要来自视觉或听觉表象。表象具有生动、直观的特点，同时，它又不同于知觉形成的直观形象，具有概括性的特点。广告的创作便是商品的表象及其引发的各种表现，其实质是一个形象思维的问题。创作者应充分展开想像力，善于突破原有的思维模式，不断创新，运用求异思维，设计独特的广告形象。

1. 再造想象与广告创作。

广告的设计者可以通过再造想象去创作出引人注目的广告作品，广告的接受者则通过再造想象的方式，理解与接受广告作品，主要受到广告作品所提供的艺术形象的制约。广告作品以视觉形象呈现，但是广告接受者的这种接受过程并不是机械地复制出广告呈现的形象，而是要通过表象的再创造去补充、发展这些形象。这种广告就具有了创造的性质，它不再是像镜子那样简单地去反映广告的信息。

为了加深广告接受者对于广告信息的理解与记忆，广告的设计者应该注意发挥广告对于消费者在广告接受过程中所具有的再造活动特点，在广告作品的设计与表现手法上，尽量刺激人们的欲望，能给人们的再造想象活动提供尽可能多的线索，使广告的接受者能充分发挥自己的再造想象，更好地理解记忆广告的信息。例如，卡拉 OK 热是从日本掀起来的，每到节日，日本人都要举行各种聚会，人们就把歌词记在小本子上，这样不很方便，于是，日本商人为了更多地推销自己的商品，就制作了一种印有歌曲的手绢，不仅可以作为歌本用，而且可以使消费者在使用过程中，把它作一种礼品接受下来，通过自己的再造想象而更进一步加深对广告信息的记忆。

2. 广告视觉表现中的形象思维。

在广告的创作过程中，广告的设计者应该怎样去有目的地运用创造想象呢？心理学的研究表明，创造想象的过程不同于再造想象的过程，它具有很大的偶然性，是人们靠自己的顿悟而形成的，但是在广告创作过程中，新形象的

形成也是有规律可循的。

一种常见的方法是把不同的形象综合起来，形成新的形象。组合是一种创作的基本，但是创造性的综合与简单的、机械的组合是不同的，它可以使图像中创造出原来消费者所从未见到的新形象。现代广告表现技术可以将以上形式通过合成的方法加以综合，例如，把人们熟悉的商品形象与太空飞行图像组合起来，使人们对商品有一种新颖、高科技的印象，从而提高了人们对商品的信赖程度，达到促销的目的。

另一种是放大或缩小某些广告对象的特殊性质、功用或特点。如消费者对商品的功能非常熟悉，久而久之，就会产生一种无需说明的印象，如果广告还去不厌其烦地重复这些功用，肯定不会引起消费者的兴趣。因此，此时广告的传播策略就应采用一些创新手法，不断提醒消费者的注意。

3. 广告表现中运用形象思维的方法。

广告表现就是设计者发挥形象思维过程，广告表现中经常使用的形象思维手法有：

（1）比喻。

即运用人们所熟知的事物作类比，使人产生联想，增强对商品的认识。比如，解放前，上海南洋烟草公司开业，香烟投放市场之前，向批发香烟的商店赠送红鸡蛋，香烟投放市场当天，又大登广告宣扬婴儿出生了，以此比喻新牌子香烟的问世。

（2）寓意。

即运用有关事物间接表现主题，启发人去思想与领会。如丰华牌圆珠笔广告，是一支崭新的圆珠笔靠着一大一小的手掌竖立那里，广告标题是“终身伴侣”，广告语：“丰华牌圆珠笔助您获取知识，增长才干，事业成功。”一大一小的手掌寓意是，从小到大都用这种圆珠笔来写字。

（3）比附。

用外表不相关但有内在联系的事物来表现广告商品形象，给人以生动、深刻的印象。如日本太平洋牌电冰箱广告，电冰箱的背景是美国的尼亚加拉大瀑布，以此衬托该冰箱如大瀑布一样清凉。

（4）夸张。

即用显而易见的含义夸张或形体夸张突出商品形象，给人以强烈的印象。比如日本富士胶卷广告，一个巨大的彩色胶卷立在中间，许多小人围着它，表现人人争着它来拍照，以其夸张形体引人注目。

（图 16-7、图 16-8）

You only have two hands. But it's amazing what they can reach.
See the World Differently. Fly Like an Eagle.
UNITED STATES POSTAL SERVICE

图 16-7

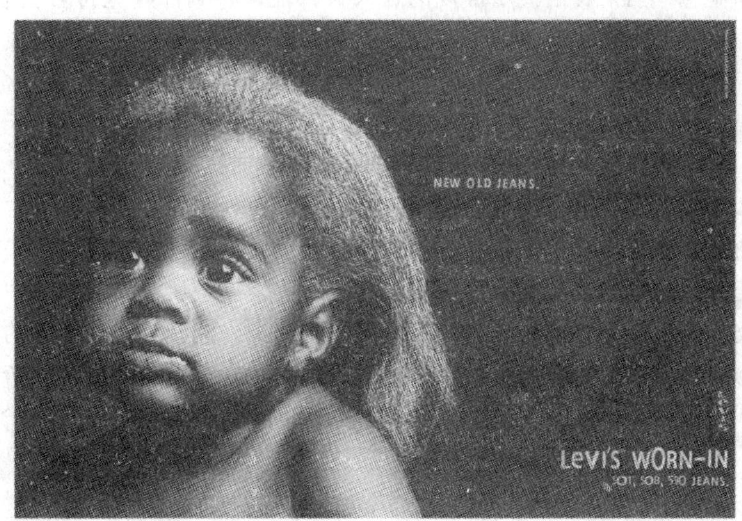
NEW OLD JEANS.
LEVI'S WORN-IN
501, 508, 590 JEANS.

图 16-8

## 第二节 创意的视觉表现方法

视觉传播设计最终是以形象和画面“说话”。是通过对代表不同词义的形象进行组合而使其含义得以连接，构成完整的视觉语句进行信息传播。所以，在阐释信息内容的思路和文字的表述方式确定以后，就必须考虑如何以形达“意”，创造一种与我们确定的表述方式一致，能反映我们的构想，传达信息的外在形式。

正因为一个完整的视觉语句主要是由形象元素组织而成的，所以，对表述形式的创造首先就是收集、整理设计所需的形象元素，找到阐释信息内容的文字语句中的视觉表征形式，即意形转化。特别应该收集各种代表同一词义的不同形式，然后选择最具新意而表意准确的形象作为构建完美视觉语句的“建筑”材料。

可能有人会问，既然明确了文字的表述形式，其中词义自然会引发形象联想，从而使我们获得能代表各词句含义的形象来建构视觉语句，何需刻意“寻找”呢？这是因为，要想创造具有独创性的广告，也需要在“广采”之中发现多种象征方式，然后选择其中最具新意并能代表主题的视觉表现形式为设计元素，才可能将之组合为具有奇特视觉效果，超越恒常的视觉信息形式。一个词句和概念，如果我们仅用常规的、人人都能联想到的视觉符号去表现它，那谈何独创性呢？独特的视觉设计元素、独特的形象表现方式才能构成独特的视觉语言，构成独特新颖的广告。所以，设计元素的寻找过程又是一个收集、整理资料的过程，更是一个寻求创意表现的过程。在意念转化和设计元素的收集过程中，寻找过程就是一个锤炼、精炼创意构想的过程。

那么，如何进行这一过程，又怎样才能有所发现呢？

这依然需要我们以丰富的思维想像力，从多方面着手。首先是对一个广告主题进行分析、分解、化整为零，从解构之后的诸字词所引出的形象中选择能代表完整词义的形象为设计元素。二是寻找与词义内涵具有同构因素的其他词句或概念，在由此引出的其他形象中寻找设计元素。三是从一些偶然产生的视觉符号或形象中寻找新的表达方式。

### 一、解构与设计元素的发现

世界万物都可无止尽地切割、分解，变成无数细小的单位，而每一细小的单位又分别包含了这一被切割的物质的特性，这可能就是为什么“一”可生“万物”，而“万物”又可浑然一体的原因吧。所以，我们在面对某一词组、某一语句，想寻找多种视觉表现形式的时候，不妨先把此词句进行分解。进一步引向具体，变成细节。这分解之后产生的各种字词引出的多种视觉形象，一般说来都不同程度地带来原来的完整词句。然后选择其中最有代表性而又别致的象征形象为建构完整视觉信息形式的设计元素。

解构过程也是通过联想方式展开的。假设我们要设计一幅有关战争题材的招贴画，并准备以具体战争史实为例证进行具体表述，而且选择了“奥斯特里茨战役”为例证，相关联想可以使我们得到“拿破仑”的形象为设计构成元素，也可以使我们联想到当时的战争场面、武器为设计元素；因果联想可以使我们想起“库图佐夫被打瞎了一只眼睛”；相似联想又可以使我们想到许多“以少胜多”的其他战争事例；相反联想又使我们想到“滑铁卢战役”之败，引发我们用对比、反证等方式进行诉求，甚至还可以使我们逆反性地想到运用与之毫不相关的事物为例证进行诉求。

一般说来，解构式的意形转化所获得的设计元素多趋于细节化，引出的设计和表现形式多具有具体性和具象性。

### 二、“形”的发现与创造

一想到意义转化，绝大部分的人都只能想到把代表这一词义的某种物质用摄影或绘画形式进行表现，也许还能想到的用一些抽象几何图形进行象征。这种思维往往成为创意表现的局限和误区。要想获得具有独创性的视觉设计作品，首先需要我们对“形”的概念要有全新的认识。其实任何一种只要视觉能感知的内容均能表示一定的意思，并构成情感的刺激。随手的涂鸦笔触，就能给人以轻快的情绪暗示和感染，能表现出幼稚、天真或率直的意味。岩石表面的粗造的肌理就能在人脑中构成“朴”、“拙”的词义。因此，一切能在平面上制造痕迹的行为都可能成为设计造型的手段，一切有视觉触动的行为结果都可能成为设计语句。一个脚印、一张揉皱的纸、一盘蚊香在纸上燃完后留下的焦痕、一个切开后的卷心菜、一个在复印机上复印所获得的同心圆纹理，这些不成“形”的“形”或者说是偶然形，往往使人们的设计别具意味且依然能准确表达一定的含义。当然这需要我们拥有足够的“冒险”精神和大胆的想象与探索，才能发现并利用这些具有独特意味的形象。

另外，要想发现一些具有奇特视觉效果的“形”，还可以通过对物质的观察角度、光源等因素进行变化而获得。只要是运用前人未曾运用过的造型方式，取常人不轻易摄取的角度，都可能创造出全新的形象，创造出独特的词义表征。有心理学家就做过这么一个试验，他把常人不熟识的许多器物作为摄影对象，而所取的摄像角度和布光方式完全异于平常，其摄影作品的认知率仅为

10%。不过，我们在创造新视觉形象的同时，也千万不要忘记这一切努力最终都是为了创造具有独创性并且表意准确的视觉形式，从而进行信息内容的传播。

### 三、图与形的组织

如何将创意思想表现为一种完整的外在形式？如何创造性地构建一个具有完整语句意义又能传播主题信息的视觉形式呢？

文学作品是以语言文字说话，所以写作是通过对文字词句的组织所产生的清晰的文理、优美的文采来表达思想。广告则是以图与形来说话，所以广告的视觉传达设计是通过对代表不同词义的视觉元素进行有序的组织形成视觉秩序，构成完整的视觉词句，对广告表现形式的构建主要是依靠图与形的组织得以实现的。

建构视觉表现形式的文法体系极为庞大，所涉的相关技法和方式也很多，很难逐一叙述，所以只能从主导思维方式上予以论述。要想获得具有独创性的视觉表现形式，可以从以下的思路为引导。

1. 制造极端、追求新异和个性。

任何事物的发展变化，只有达到某种极致，才会脱颖而出。艺术表现也是如此。利用极端方式就可以获得与众不同的创造效果，如在构图上极空灵，以致画面几乎等于空白；或极细密，而达到眼睛几乎看不过来的程度；或重心极不稳定，以致其重力失衡部分让观众欲展臂一扶；或极单纯，以致画面上是“重复”、“单调”的视觉符号；或极简练，以致画面上仅是随手一笔，等等。极端性的构图方式都可以制造新异之感。又如在表现风格上，极古朴，甚至着意展示粗拙的手工感和原始味儿；极强烈，以致画面无一调和之处；极细腻，以致观众仅为其精细制作就深为折服。

2. 制造冲突和矛盾，追求引人深思的新异形式。

只要我们逆于恒常，背离其现有印象，制造异于事物本身状态的超现实状态，制造对立于事物本身属性特征的形式，就可获得创造性结果。达·芬奇在谈到其创作经验时就总结出这么一个规律：做雕塑要像对待绘画一样去描绘，绘画时要像作雕塑一样去雕琢。这一规律的实质就是悖逆常道而制造冲突来取得创造性结果。如我们在进行平面作品的设计时，反而有意地制造立体的幻觉和“真实”、亲切的可触摸感；在对印刷品进行设计时却制造真切可信的“手绘”效果；平面广告招贴，我们反而有意让观众误以为这张纸是木板、竹编、皮革等；水中的鱼，我们给它画上两只脚在地上行走；我们可以让一个动物置身于现代家庭空间，坐在沙发上，喝着雀巢咖啡。如此反常和矛盾都能制造引人关注并耐人寻味的奇异形式。

（图 16-9、图 16-10）

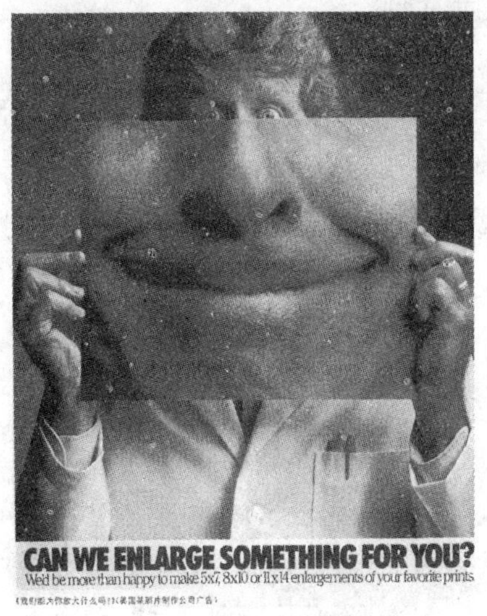


图 16-9

图 16-10

## 第三节 广告创意的视觉表现策略

医术讲究“对症下药”，因为只有在针对性明确以后，制定相应的对策，治疗才会行之有效，创意亦然。只有针对我们在广告信息过程中可能面临的一系列问题，并就这些问题在创意之中作出对策性处理，我们的创造才真正具有价值，创意才能有助于信息的有效传播，才能获得预期的社会效应和经济效应。因此，我们在创意过程中必须针对如下几个方面的问题进行思考：

### 一、对不同的信息受众应有不同的策略

不同年龄、性别、职业、文化程度、社会地位的人，就有不同的心理特征、理解能力和爱好、兴趣。只有首先明确我们的设计是针对那一个层面和范围的信息受众，然后采用他们能够并愿意接受的语言方式，创造他们喜爱的视觉形式，才能有效地将信息予以传播。例如：针对儿童的广告视觉传播，创意就应先考虑如何塑造可亲近的氛围，如何注入对儿童最具诱惑力的内容。据此要求在画面处理上就应努力追求一种稚趣、活泼和欢快的情调，在信息内容的诉求方式上应力求直观、浅显易懂，甚至还要考虑孩子家长的心理反应，以获

得他们的支持而帮助实现信息的传达。

## 二、对不同的信息类别应采用不同的策略

各种复杂的信息内容归纳起来可分为两大类别，一是以商品销售和市场竞争为目的的商业信息；二是关于社会教育的科技文化信息。不同类别的信息需要实现的社会效果截然不同，所以在策略上也不能完全一样。前者就允许有适当的服从于商业目的的艺术加工和包装修饰，重在塑造醒目、突出、鲜明和刺激消费的诱惑力，使受众“不得不”接受；后者有时则应尊重受众的选择，并常常将重点放在准确、客观、详尽、完整、有现场感、深刻性和启发性上。

## 三、对不同的时代、社会环境应采用不同的策略

不同的时代、社会环境就有不同的传播条件，包括政治、文化、风俗、人情世态、生产经济、科学文化等因素。我们必须充分考虑这些因素并利用其中对信息传播有利的条件、机会，回避其局限性进行创意设计，努力将不利因素转化为优势因素，传播才具有效果。不同的社会环境、时代背景等因素直接影响着我们的视觉设计，设计必须作出策略性反应，才能有效地进行信息传播。

## 四、对不同的传播竞争应采用不同的策略

也就是说，在创意之前，应先对我们的竞争对手予以研究，作到知己知彼，然后采用相应对策，才能使我们的设计在竞争中脱颖而出。这里说的竞争对手指两个方面：一是同行业者和同类信息的传播者；二是与我们的信息媒介可能并列相处的其他具体信息媒介。只有对别人一贯的战略、表现手段有所了解，对我们的广告周围那些可能构成竞争的其他广告有所研究，然后采用差异策略，我们的设计才可能脱颖而出、引人注目。例如，设计一幅路牌广告我们就得先考察、研究这一信息媒介所处地点的其他比邻广告，如果它们的设计风格都趋于细腻、复杂，我们可能就应以简约取胜；如果它们的表现手法多是写实式的摄影表现形式，也许我们会采用抽象表现形式或有涂鸦韵味的徒手绘画风格更能使设计鹤立鸡群。这是一个研究对手、又研究自己的分析过程，扬己之长，击彼之短，创造差异是创意表现的主要原则。

(图 16-11、图 16-2)

## 五、对不同的媒体和条件采用不同的策略

任何信息设计最终都要在不同的媒体和材料之上，各种媒体形式、不同的媒介材料均有其表现上的优势和劣势。创意必须考虑如何充分发挥其优势因素

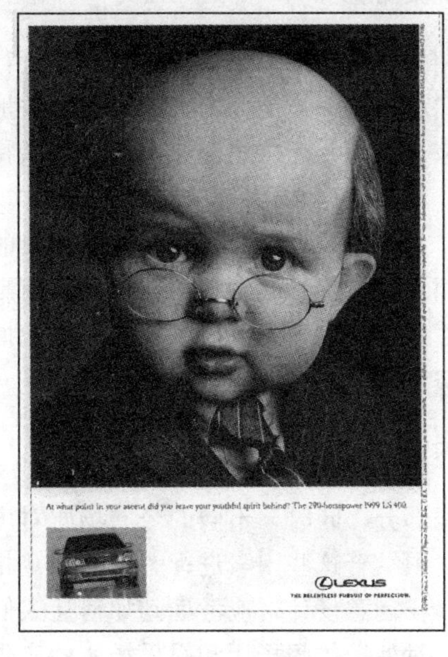


图 16-11

图 16-12

和工艺特色，回避其局限。如设计户外的广告牌时，因其制作工艺就迫使我们在塑造画面形象时，需考虑观众的观察方式和规律，还要考虑加工材料和实施可行性。

### 六、对不同的时机采用不同的策略

不失时机就是一种策略，不同的时间阶段，大众心理状态和审美需求也不一样，特别是时代风尚的变化，将直接影响大众的兴趣和爱好，比如在彩色摄影技术还未普及之时。你运用彩色摄影图像的表现形式，给人的印象是先进、新颖，但现在黑白图像似乎更具韵味。同样的东西，不同时间体现出的内涵、寓意就不一样。如“文革”时期的大批判宣传画，其形式在当时体现出的是政治的严肃性，但如果现在将其设计风格或形式引入商品广告的视觉设计，所显示的意味显然是不合适的。

另外，视觉设计的目的是传播广告信息，创意必须考虑广告传播的主题。一个企业或商品的广告策略，可能它上市之初重点是进行商品功能和品质的宣传，然后才是品牌形象宣传，最后企业形象宣传。不同的阶段就有不同的诉求重点，设计即应因此而采用不同的手段和形式，采用不同的视觉形象作为画面主体。把握步骤，不失时机地进行信息传播是创意的任务之一。

## 七、不同的主题内容应采用不同的表现策略

一个主题内容的背后连着许许多多的相关因素，创意必须对这些因素进行全面、综合分析，采用与之相适的表现形式和手段，才能完整、准确、有效地传达信息。如广告传播设计就必须采用与该产品市场定位、企业个性、商品特征、商品属性、品质等相一致的诉求策略。公益性、文化性的广告设计应体现与社会发展需要一致的立场、态度。因此，我们如果设计一张赈济非洲难民的招贴，就不能使用调侃的语言方式进行主题诉求，不然就会破坏其严肃性而影响其社会效益。而对于一个可以运用调侃方式进行诉求的主题，也应严格把握究竟运用善意批评式的幽默呢，还是挖苦讽刺和嘲笑抨击的态度。

## 八、根据不同的环境和场所应用不同的策略

许多信息媒介已成为我们生活环境的一部分，同时，不同的公共场所对广告的传播效果也有不同程度的影响，创意必须结合这些因素进行考虑并制定相应对策。比如，设计公路旁边的路牌广告，在创意设计时应考虑到如何让人们在高速行驶中也能清楚而准确地获得信息；对处于休闲场所和娱乐场所的广告进行设计，就必须考虑广告和环境氛围的协调，不能让观众产生反感情绪和排斥心理。总之，创意必须结合丰富的内容进行策略性思考和设计定位，才可能获得成功。

（图 16-13）

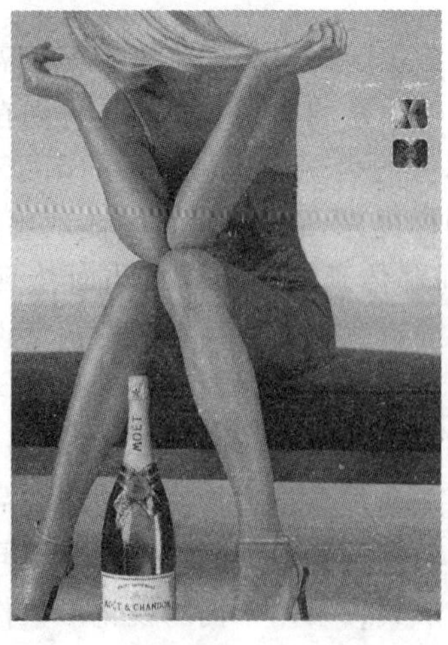


图 16-13

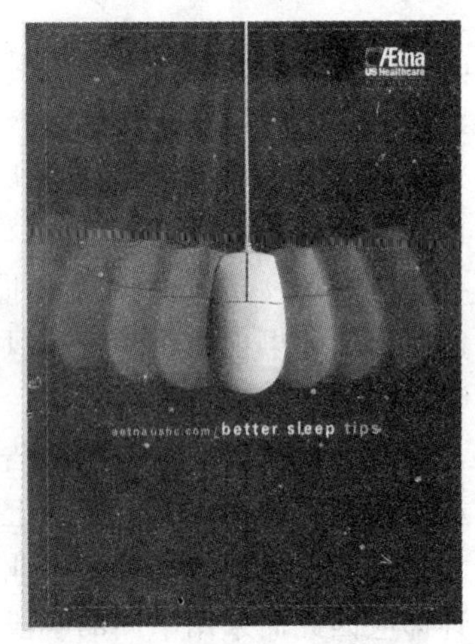


图 16-14

**练习与思考**

1. 创意的概念。
2. 想象与联想的方法。
3. 创意过程中联想的运用。
4. 广告形象思维的方法。
5. 形象元素的发现、创造和组织解构与设计元素的发现。
6. 广告创意如何选择合理的表现策略。

# 第十七章 平面广告的视觉诉求形式与版面构成

**本章提要：** 广告视觉诉求就是运用视觉表现的形式吸引观者注意，通过具有鲜明视觉特点和风格的版面构成形式，激发其对广告的兴趣，领会广告的主要意图。平面广告的视觉诉求形式非常丰富，在实践中形成了行之有效的方法。广告版面构成要配合诉求的内容进行，通过合理使用和组织版面的视觉元素，创新表现形式，充分发挥广告的视觉传播功能。

## 第一节 平面广告的视觉诉求形式

广告的表现方式变化多端，在此将之分为实证、证言、示范、说明、比较、名人推荐、情境、解决问题、意识形态、特点诉求、悬疑、反诉求、音乐、特殊效果及其他方式等15种。制作广告时，通常只选用其一，有时候也会多种并用。对于不同的诉求表现方式也有差别，例如实证、示范、说明、比较等属于理性诉求之表现方式；情境、悬疑、音乐等为感性诉求；名人推荐可能二者兼具，所以可就诉求方式去选择表现方式。

各种表现方式无优劣差别，全赖广告内容创意设计发挥其效力。现将广告表现方式说明如下。

### 一、实证式

实证式广告系将商品优点实际证明给消费者看，利用广告将商品的特色以文字或画面披露，让消费者眼见为凭，而相信广告信息，进而认同接受。实证式广告中又以现场极端最具说服力，即让商品处于极端状况下，接受性能考验，广告记录其过程，显示商品应付自如，以表明在一般状况下当然更没问题。

例如亚瑟士球鞋以鸡蛋从高处落下，跌在鞋底材质的垫子上而不破，表现其抗震力超强，做成的鞋必能保护足部。Audi（奥迪）汽车于1992年德国进行的十大名车测试中，历经各种冲撞等险恶状况，勇夺冠军，足以证明其安全性绝佳。采取实证手法时，应该注意下列事项：

（1）广告诉求重点必须是证明过程之重心。

（2）实证内容应简单、直接、而容易了解。

（3）证明所采用之表现方式应具创意。

（4）表现手法必须能让人信服。

（5）不可作假，以夸张不实的广告欺骗消费者。

例如Volvo汽车于1991年在美国拍摄一个新广告，内容为大客车碾压过一排轿车，其他品牌车均被压扁，只有Volvo汽车屹立不变形。广告拍摄前，先将品牌车辆梁柱剪断，并加强Volvo车身。作业情形被某消费者拍到，在该广告推出后揭发Volvo公司及广告公司，两公司均因欺骗消费者而违反“公平交易法”被提起告诉，信誉大跌，损失惨重。

## 二、证言式

证言式广告系由使用过该商品的消费者，说出使用后的好处与感想，以引起其他消费者的注意与认同。产品特色不易以实证式展现的商品，可藉由消费者的证言来证明其优点。

欲采用证言式广告时，创意人员必须深入了解商品性能，确定广告所说的功效能达到，否则便会构成欺骗。在市场上已推出的商品，可找受惠者作证；未上市的商品，可征求试用者，使用后再作证。

由于观众会怀疑被访者言辞的可信度及真实性，所以此种广告内容应力求真实，最好确有其人其事，由之亲自作证，以取信于消费者。广告场景、事物要生活化，证人用口语说出证言，表情自然流露，不能如背台词，更不能暴露明显的推销意味，以免降低可信度。

证言式广告是一种比较公式化的表现方式，应该尽量发挥创意性构想，让广告内容活泼生动。

洗洁剂也常用证言式广告，例如××洗衣粉广告，请妇女试用数种品牌不明的洗衣粉，选出洗净力最强的，原来是××洗衣粉；或让家庭主妇证言，只要一点点××洗衣粉，就能把孩子的脏衣服洗得干干净净。

健身减肥中心最偏好使用证言式广告，常以顾客加入前后的身材变化照片与感想，来证实其效果。

## 三、示范式

对具有新功能的产品、多种功能的产品，或消费者容易操作错误的产品，可采用示范式广告。示范式广告重点在于产品，因此广告上的示范解说，必须就产品操作或功能上的特点，以简单易懂的步骤清楚地表达出来。由于它兼具教学与实证的优点，如产品确有独到特色，广告表现设计巧妙，在销售上常能立收实效。

## 四、说明式

说明式广告系采用平铺直叙的方式，直接说明商品特点。其广告内容不需要特殊的创意设计，只要将产品优点、活动项目与参加办法、服务内容等说明清楚，通常以条列方式，让视听者容易认知产品的重点。因此内容应认真考虑，选择消费者最关心或必须让消费者认知的重点，加以强调。

说明式广告是一般商品广告、促销广告的常见形式，视觉设计要加倍用心，以别具创意的形式，来争取消费者注意，以留下深刻印象。

例如××纤维饮料，不直接提出难懂的营养成分名词与比例，而以相当于含多少比例的番茄、莴苣、胡萝卜等营养成分，让消费者产生具体概念。常用于赠奖式促销广告，说明抽奖或兑奖的办法和各种活动公告，也常采用此种广告表现方式。

## 五、比较式

比较式广告在我国的广告法中有明确的规定，不能以诋毁竞争对手获取利益。比较式广告首先要分析本商品及其他商品的特点，找出消费者对同类商品最关心之处，就消费者所关心的特点去发挥，很容易说服消费者相信该商品的优点。进行比较时应注意所比较的内容要以事实为根据，不能直接提示或暗示竞争商品的名称或品牌。

比较式广告的表现方式一般有两种：

1. 标榜本身优点。

若商品独具别品牌所没有的优点，比较广告表现方式效果特别好。例如我国台湾柔情200的电视广告以两盒面纸同时抽取，另一不知品牌面纸抽空时，柔情200还可继续抽取，而且桌上干干净净，另一盒却留下一堆粉屑，分量多寡及品质好坏一清二楚。

2. 使用前后比较。

产品使用前很糟、使用后很好的比较手法，清洗剂、减肥商品最喜欢应用。减肥中心常以实际案例比较减肥前、后体重，显示减肥效果；如某强力清洁剂广告，使用者在沾满油烟的抽油烟机上喷洒清洁剂，擦试后露出光洁的白色壁面，对照非常明显。

### 六、名人推荐式

名人推荐式广告系由社会名人，例如明星、名流，或高知名度的专业人士，在广告中推荐该商品，或介绍商品特色，利用他们的知名度与对公众的影响力，引起消费者的注意而接受广告信息，利用公众对推荐者的好感，以提高广告的效力。

推荐者应具有知名度，形象佳，影响力大，且愿推荐此产品。如果名人曾推荐过另一种商品，就不适合推荐同类或相似商品，因为推荐力会降低。因此找到一位合适人选并不容易。

有些广告采用卡通人物塑造代言人，如麦当劳之小丑打扮的麦当劳叔叔，波而茶广告中鼻子尖尖、胡子翘翘，手上还拿根钓竿的男人，广告中创造的特殊虚构人物，让消费者感到容易亲近而易于接受。

名人推荐式广告如果运用得好，广告与名人间的联结会很密切。使名人成为品牌的象征或代言人，并成为品牌的重要的无形资产。当名人与商品已在消费者心目中建立联结关系，一旦广告主与名人因故不再合作，可能会使行销发生困扰。

### 七、特点诉求式

特点诉求式广告强调独特的销售主张（UPS），首先分析产品特性，找出独具的特点，作为广告表现诉求的重点，也可以根据这一特点强调它可给消费者以什么利益，或进而想到可解决消费者什么问题，然后针对这一特点制作广告。

商品具有独到的特点时，用此方式最佳，由于商品本身已具竞争上的优势，若创意表现杰出，便能一举成功。例如：日本三洋洗衣机标榜用模糊理论设计洗洁过程，以电脑自动判别衣质，既省水以洗得干净，而大了出风头。如果缺少与众不同的特点时，也可以深入分析商品的功能，比较同类商品，为商品设计出心理上的优点，同样可以用此方式取得很好的广告效果。

### 八、反诉求式（警告式）

警告式广告系以与事实相反的状况或负面结果，作为广告诉求重点，提出消费者最介意的、最忧虑的、最害怕发生的状况，让他们产生同感，再指出应对之策，进而带出商品特色，以化解消费者心结，并对商品产生好印象。

反诉求式广告以保险业广告与公益广告使用最多。例如，以小伞代表小额保险，大雨来时小伞无法遮蔽全家，所以提醒消费者更换更大的"伞"，即改投保更高金额，采用"大伞"，才能完全保护全家。成功推广了重大保险的观念。

## 九、解决问题式

解决问题式广告，可依据某项消费者广泛重视的问题，提示其严重性，再由商品将该问题轻松解决。例如，惠氏健儿乐可以补充营养，化解孩子不喜欢吃饭的问题等。

问题解决式在广告表现上有三个重点：

（1）提出的问题为消费者关心的事项，甚至已经为消费者带来困扰。

（2）适度强调问题的严重性，可以引起消费者的注意。

（3）解决方法必须简便有效，易受消费者肯定。

## 十、悬疑式

悬疑式广告是基于人们的好奇心，对神秘事物探寻解答的欲望，制造悬疑性的广告。悬疑式广告往往先勾起观众的疑惑，再以解谜方式展现商品特性。悬疑式的广告很容易引起消费者注意，但是应谨慎使用重复的频次，重复太多会使观众厌烦。当问题的答案一旦揭晓，广告的吸引力即告终止。

推出新产品或新品牌时，使用悬疑式广告效果颇佳，利用此种创意手法，为产品赢得注意，如果能与促销活动配合，会吸引消费者热烈参与，使消费者轻易接纳并记住产品的特点。

悬疑式广告内容不宜太诡异，让人觉得不适，心生不安，对商品而言反而会降低亲和力。

## 十一、情境式

情境式广告系利用精心设计的一段情节，将商品融入其中，使消费者因关心该情节而接收广告信息。由于商品需经人们使用才会产生价值，因此情境式广告从消费者与商品的关系切入，利用一段情境介绍出商品特色、使用方式与使用效果。

情境式广告设计前要先了解目标消费者的喜恶与生活特性，据此设计广告场景，在不同的情节内自然凸显商品，让消费者信服接受。情境式广告可大概分为如下三种：

1. 生活片段式。

生活片段式广告采用日常生活题材，首重真实，因此广告中人物以口语对话，适时讲出广告信息。例如厨房清洁剂广告，可通过两位家庭主妇聊天的方式，透露新上市产品信息，及其清洁、除菌的特色。由于并非以业务员身份向消费者推销，消费者不会感到压力，以旁观者听闲话的心态注意到广告内容，而容易接纳。这种表现手法，可由广告中人物互相对谈，也可以用独白方式向看广告的人诉说，效果一样。

2. 剧情式。

剧情式广告采用具有戏剧张力的情节，来带出广告信息，让观众因对剧情印象深刻，而拉近与商品的距离。这种手法剧情要精彩而具魅力，才能鼓动消费者的情绪，对于商品安排也要相当费心，以免消费者为情节吸引，反而没有注意到广告信息。

3. 虚构式。

虚构式广告采用现实中不可能发生的情节，来加深消费者印象，因此创意非常重要。此种表现手法虽然夸张，故事也是虚构的，其中关于商品信息的部分要注意，切忌夸大不实。

## 十二、意识形态式

意识形态广告是一种表现生活观念和社会意识的广告表现形式，与商品无直接关系，而只是一种通过观念或感情的宣泄，暗示和介绍商品消费意识，让消费者因认同广告所表达的感觉而接受商品。

意识形态式广告画面从人的心理层面切入，表达出人们内心潜意识主张、个人想法与感受，其画面常由许多生活截图、梦一般的画面或抽象表现的图形等组成，没有分析与说明，消费者看广告如同观赏一种新的艺术作品，未必看得懂内容，但只要喜爱，基于爱屋及乌的心理，而接纳商品。

这种纯然诉诸感觉的广告，由于视听者反应偏向极端，不是喜欢就是排斥，对于高价商品而言，在行销上太冒险，因此很少采用。但对低价且销量大的时装、饮料、食品等商品而言，由于同质性高，消费者又永远有尝试新商品的好奇心，竞争激烈，必须时时求变，光怪陆离的意识形态广告由于其独特的表现形式，往往会获得广大消费者的青睐。

（图 17-1）

## 十三、音乐式

音乐式广告常用世界名曲、流行歌曲，或请歌星、作词家、作曲家本人等

图 17-1

出现在广告中，借助音乐唤起视听者与爱乐族的注意。当广告内容以述说方式表达觉得平淡时，若用谱曲唱出，也能因其与众不同而让消费者印象深刻。

由于音乐人人皆能欣赏，常引起人们的共鸣，用音乐作为背景陪衬或用来塑造气氛，能让人们经由感觉对广告更了解，留下好印象。

广告为了烘托内容情境，常以乐曲表达感觉。如果用商品或企业歌曲作为主旋律广告音乐，应根据歌词的意境配合适当画面。如可口可乐的广告常常以画面与音乐为主，配上文案字幕，而不用言语，给人以深刻的印象。如一种可果美番茄汁的电视广告，以广袤青绿的农田、无歌词的音乐，衬托得番茄似乎更红润美味。采用外文歌曲也能显示特殊风味。

同样的配乐风格能使同品牌的广告产生统一形象，活泼的音乐能使广告具有充满活力的感觉，也使品牌形象年轻化，因此以新编的现代流行音乐作配乐的广告日增。例如许多体育用品、电子产品、化妆品及日常用品，同系列的商品广告，其广告音乐或歌曲的韵律相同，给消费者以良好的印象，对建立良好的企业形象有长远的影响。

**十四、特殊效果式**

特殊效果式广告主要是音响、画面加上特殊效果，运用多种变化的镜头、电脑动画，使观众在视觉方面产生新刺激，留下难忘的印象。由于是使用特殊摄影机头、冲印技巧及最新的电脑绘图技术，所以能制作出现实中不易实现的画面。

如上海大众汽车1999年新车型桑塔纳2000的电视广告中，大量运用了电脑特技手段，汽车开到哪里，宽阔的大路就随之开辟到哪里，不管是城市还是乡村，不管是江河还是大海，不管是山川还是沙漠。

## 十五、其他方式

1. 比喻式。

比喻式广告常采用大众所熟悉的事物，解释一些抽象的概念。比喻须浅显易懂，如在某种饮料广告，表现沙漠中的狮身人面兽喝饮料，比喻该饮料解渴功效之佳。某胃药广告以火山爆发天降霹雳的景象，转变为天清湖静的画面，比喻该胃药可以使强烈的身体不适恢复安宁。

2. 象征式。

象征式广告使用某种事物表达产品特征或广告主题，让人们留下深刻印象，常用的象征物为动物、花草、宝石、宇宙等。如米老鼠为迪斯尼乐园的象征物；如某品牌的电池，为强调其电力持久，以兔玩偶打鼓，众兔先后停止，惟有用该品牌电池的兔子仍然持续不停，因而打鼓兔玩偶就成了该品牌电池的象征物。美的空调用三只可爱憨厚的北极熊为产品的象征，同样给人留下了深刻的印象。

3. 印象式。

印象式广告不采用语言说明产品的效用，而以画面、音乐等感性表现方式代替。比如雀巢柠檬茶，广告人物喝完后倒跌入游泳池的镜头，令人产生“它喝起来一定非常清凉解渴”的印象。又如钻石的广告常以昂贵的家具为背景，衬以悠扬的音乐，仪态优雅的盛装男女，不经意地展露所佩戴的钻石，暗示钻石是身份地位高贵的象征，吸引顾客购买。

4. 历史式。

历史式广告常用纪录手法或叙事手法，描述商品的演进过程。历史悠久的名牌产品每过一段时间，常会以此手法提醒消费者老牌最可靠，例如瑞士出品的表，总不忘标榜为百年老厂。如历史悠久的哈尔滨啤酒和百年张裕葡萄酒的电视广告，不约而同地采用了历史式的诉求方式。再如台湾金兰酱油的电视广告中，表现了从砖灶煮饭到现代化厨房，从新媳妇到老祖母，做出的菜奉呈婆婆尝试，吃起来都“有妈妈的味道”，表示金兰酱油历史悠久，古法酿造。这些历史式的广告常能深深打动人心。

5. 动画式。

动画式广告采用卡通等造型制作而成为动画或漫画，来传达广告信息。例如足爽以顽皮豹来表达治疗香港脚用药的有效，期望能减少视听者对药品广告的排斥感。

以上常见的广告视觉诉求形式，在创意的表现时，可选择其中一种表现手法加以运用，或结合新的广告诉求手法重新构思，有时会出现很好的创意。此外，各种类型的诉求形式可互相搭配，比如实证式加历史式，虚构式加比喻式，情境式加悬疑式加音乐式等，各种类型互相搭配运用，产生既意料之中又意料之外的视觉传播效果。

## 第二节　平面广告的版面构成

平面广告的版面构成是一项复杂的工作，有了好的创意和好的诉求重点，还必须要有好的版面视觉形式。广告版面的视觉构成要合理运用画面形式美的规律，同时也需要设计者具有较好的创新能力。

### 一、大小对比

所谓对比，就是将性质相反的要素配置在一起，使之产生排斥和分离的感觉，达到视觉上的紧张感。对比即矛盾，没有对比就不可能顺利进行广告的视觉传达。对比的范围很广泛，如色彩有：色性的冷暖对比、软硬对比；色相的补色对比；色明度的黑白对比、深浅对比；色纯度的灰与艳的对比。形态上有：大小对比、曲直对比、粗细对比、长短对比、自然形态和人为形态的对比等。运动上有：动静对比、急缓对比。数量上有：多与少的对比。在质感上有：疏密对比、虚实对比、软硬对比、粗糙和光滑、透明与不透明等。

大小的对比关系，是广告设计中形态构成的最基本因素，在任何的设计因素中几乎都与大小对比有关。特指形态之间在面积上的关系，大小差别小，给人的感觉会显得沉着温和；大小差别大，会使人觉得新鲜明快，给人以强烈的印象。

字体大小的对比可以增添画面的精致感、补充画面的力量。大的字体在画面上可以表现强而有力的效果，但缺乏精致感，若配合细小的字体来构成画面，不但可以相辅相成，形成生动有力的对比关系。大小对比是文字编排设计的基本方法。

缩小图形大小的差异，会产生缓和、平稳的意象。字体大小差距小，会产生温和的感觉，如果是图形的话，应注意的是这些图形的配置和排列，需使人一目了然，虽然图案的差异不大，但由于并列的关系，往往会给人以秩序较强的感觉。

**二、粗细对比**

字体的粗细对比，具有男性化与女性化视觉特征的对比关系。粗的线条、形状，会让人觉得粗犷有力，从容大度，具有男性化的主要特征；而细的线条和形状，给人以细腻、精巧的感觉，具有女性化的主要特征。

字体的粗细对比具有主从的关系。在进行字体的编排设计时，往往粗的字体容易成为主体，细的字体容易成为陪体，这是因为粗体字在视觉上比细体字更有张力的缘故，粗细对比，相辅相成。但必须注意的是，二者的分量比要合适，主次要分明，细体字如果分量多，粗体字的分量就应该减少一些，这样搭配起来才明快。

**三、曲直对比**

曲直的对比在广告视觉传达设计中，占有很大的比重。相对于直线的刚劲、挺拔和男性化，曲线很富有柔和感、优美感和女性化。自然界皆由这两种形态构成，只是我们平时没有注意这种关系。可是当曲线或直线表现某种特定的对象时，我们便有了深刻的印象，同时也会有相应的情感。因此在视觉传达设计中，我们常常为了突出曲线的特征而通过直线来进行对比，为了使直线的个性更加鲜明而以曲线来陪衬。只要把握好两者的主次和比例关系，就一定能产生理性的对比关系。

**四、明暗对比**

阴与阳、正与反、昼与夜等等，诸如此类的对比语句，可使人感觉到日常生活中的明暗关系。正如初生的婴儿，在视觉上最初只能分辨出明暗，而牛、狗等动物也只能分辨简单的黑白两色，对彩度和色相虽不能辨认，但这种局限却不影响它们对事物形状、结构、空间关系的识别。由此可见，黑白或明暗是色感中最基本的要素。

在广告的视觉传达设计中也同样如此，明暗对比是广告色彩对比中最基本的对比关系，色彩如果没有明度上的差异，其识别性就会大大降低，色相、彩度的关系就没有基础。

在广告的画面上，当明亮部分和黑暗部分形成对比的时候，就会产生时差的空间感，明亮的部分是一种环境，而黑暗的部分好像是另外一个环境，给人以强烈的反差，明和暗的对比，相当于光和影的对比关系，利用这些要素可以制造从阴暗的地方窥视明亮的地方，或从明亮的地方探视黑暗的地方的新奇感觉。

（图 17-2）

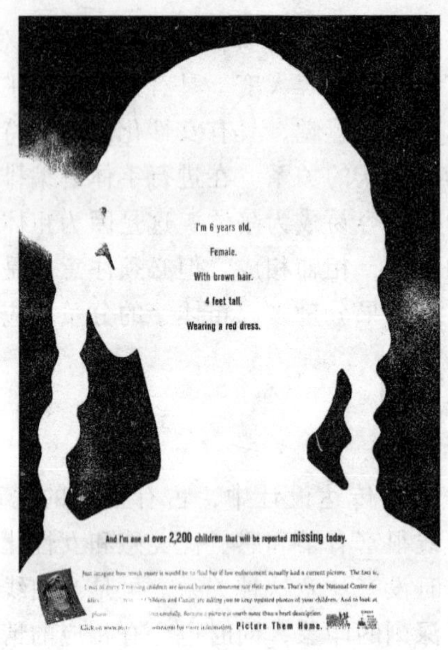


图 17-2

## 五、质感对比

在视觉传达设计中，质感是非常重要的造型要素，如坚实、柔软、迟滞、平滑、粗糙、细腻等皆是形容质感。因此，质感不仅仅是一种触感，也是很重要的心理感受，而且在很多情况下是融为一体的、不可区分的。正如我们评价一个画家的作品一样，不仅要注意其色彩与画面的构成，质感也是决定其作品风格的主要因素。

在广告的视觉设计中采用质感对比进行构成，通过直观的物象，激发人们思想深处的通感，强化信息的内涵和外延，是引起人们心理共鸣的重要秘诀。同样是线条，但铁丝给人冷硬的感觉，而毛线给人以柔暖的感觉，若用手去接触，质感的差异就更加明显。用钢笔、毛笔徒手绘制的线条与使用仪器设备绘制的线条，前者的不规则性给人很强的感性和人性化印象，而后者的规则性则给人明确的理性和机械性的感受。而它们均是由直观形态的质感所引起的一种通感，激发人们许多来自经验的联想。

在广告的视觉传达设计中，常常通过精致考究的字体和对位严谨的编排、生动大方的字体和活泼有致的编排来进行质感的对比；通过物体材料肌理的不同互相衬托出鲜明的质感对比；通过绘画的、摄影的或经过特殊处理的不同制作特点的图版突出不同的质感对比；通过不同的印刷工艺、纸张、开本表现不同的质感对比。在不少的优秀广告作品中，对比出插图的苍劲有力。再如以古画丝帛般的质感，象征唱机的音质。

### 六、位置对比

广告画面的位置感，是和画面的区域分割相关的，如水平分割产生的由上到下的位置变化，垂直分割产生的由左到右的位置变化，因对角线或中轴线的分割产生的对角和对称的位置关系。位置对比是指在对立的位置上，放置鲜明的造型要素，可显示出对比关系，并产生具有紧凑感的画面。如在画面的两侧安排构成要素，不仅可以强调两者的位置关系，同时也产生对比。在画面的上下、左右和对角线的四角都是潜在的力点，在这些力点上安排图形、照片、标题、标志或记号等，可显示出内在的呼应或对比关系，可使画面产生紧凑感。

如图例中，通过右上方的小型图片，与左边的大幅画面产生对比和呼应。小幅的图片虽然较小，由于其周围留有很多的空间，加强了其视觉上的独立性和紧张感。右边的图片，三面出血，开阔而平缓，与右图的对比呼应恰到好处。在另一幅汽车广告画面上，正与反、清晰与模糊、右上与左下、人物的颠倒排列，形成了鲜明的位置对比关系。

在现代广告视觉传达设计中，往往结合多种对比因素，构成富有变化的画面，将多种对比因素综合使用，以产生多种变化。

### 七、主从关系

广告版面和其他的艺术形式一样，只有主角和配角的关系明确的时候，观众的心理才会安定下来。一个家庭无主，便没了支柱；一个单位无主，不能正常开展工作；一个国家无主，则一盘散沙。确定主从关系，明确表示主角和配角的设计手法是一种正统的设计方法，容易使人产生安定感。如果，轻重不分、主次不明，会令观众无所适从。此外，主角要有主角的分量，不能让次要的因素干扰和替代了主要的视觉内容。主要的内容应占据重要的位置、色彩，具有突出的形象感。

### 八、动静关系

在一幅广告画面中，正如一个故事一样，有开头、发展、高潮、结尾，好像中国画和中国的传统园林设计一样，山、水、草为动，亭台楼阁为静。同样，在广告的视觉传达设计中，各个视觉要素之间也存在着动与静的关系，扩散的或流动的形象会显动，水平的或垂直的形象会显得静；变化多的或斜向分割的构图会显动，垂直或水平分割的构图会显得静；真实、自然的画面也有动与静的问题。在广告的画面上，处理好动与静的关系，能产生自然而生动的效果。（图 17-3）

图 17-3

### 九、起承关系

广告画面的空间，因为各种力的关系，而产生动感，进而支配画面的空间。产生动态的形状和接受这动态的另一形状，互相配合，使空间变化生动。就像建造园林时注重流水的出口，因为流水的出口是动感的出发点，整个园林都以它为中心进行布局。广告的画面也是一样，起点和受点之间会产生动感，双方的距离不管有多远，都会彼此呼应、协调。两者的距离愈大，效果愈显著，而且可以利用画面的两端，把整个画面带动起来。但是要注意起承之间的平衡，区分两者的强弱关系，如果平均对待，就丧失了起点和受点的特征。但也要防止强弱悬殊太大，一方太强或太弱就不能引起共鸣。

## 十、图地关系

图地关系类似于主辅关系或主次关系，是广告画面中重要的视觉关系元素。一般的印刷品都是白纸印黑字，白纸称为地，黑字称为图。相反的，有时会在黑底上印上白字，此时，黑底为地，白字为图，这是黑白反转的现象。习惯上，将白地的画面称为正片，将黑地的画面称成为负片。在广告设计中，常常利用图底关系的变化，设计出变化丰富的画面。

广告图形中的图地关系，除黑白反转外，还有另一种含义，就是在观众阅读画面的过程中，被注视的视觉形象成为图，未被注视的视觉形象就自然成为地，注目性好的形象容易成为图，注目性差的形象容易成为地。

## 十一、对称

在画面的中央，假定一条中心线，使图形被分为对等的两部分，相对的两部分形态相同，称为对称。被横线分割的对等形态是上下对称，被垂直线分割的对等形态是左右对称。对称的形态在自然界是常见的形态，首先，我们自身的体型就是左右对称的典型，以人类为代表的脊椎动物和昆虫类，或者动物里起高度作用的部分，都一般采取对称的形式。在植物世界里，许多花草也是对称的。甚至在有机界的自然中也可以找到对称的丰富实例。

许多自然物、汽车、家具和其他制品，都是对称的形态。作为对称中轴或基点的东西有对称点、对称线、对称面。以这些为基准，可以通过某种操作，把原始形反复配列（移动、反复、回转、扩大），可构成多种对称形式。

## 十二、均衡

左右对称的形态因在对称轴的两侧保持着平衡而不会左倾右倒，使人感到极为安定。我们把这种形态作为均衡的状态来理解。换句话来说，对称是均衡的最佳状态。

均衡又称平衡，是指在部分与部分的重量或感觉关系上，两者由一点来支持，并获得力学上的平衡状态，这叫力的平衡。正如用扁担挑两件货物，两件货物的重量相等，肩膀恰好在扁担的中央，货物取得平衡时，这种状态称为对称；如果两件货物的重量不相等，而靠移动肩的支撑点来取得平衡时，这种状态就叫做均衡。在立体物方面，有的是指实际的重量关系，而在平面的构图上，是指量和质在视觉上所获得的平衡。

在画面上，如果出现三个以上的主题时，或者存在着部分与部分之间的关系时都会产生均衡的问题。例如，在一个画面内配置大小各不相同的四个圆形，务必使其成为安定状态，也就是说，应使配置具有良好的均衡感。其结果大约可达千百种，但是被认为在视觉上配置均衡的图形，其重心和画面的几何重心却不一定吻合，而是非常接近的。

在平面广告设计中的平衡，不是实际重量或质量上的平衡，而是从重量、质量、大小及材质的感觉上所判断出的“平衡”，是视觉感受上的平衡。良好的均衡状态，一般恐怕有过于安定、静止的单调感，因此，常常产生破坏这种平衡的意图，故意要不安定，转而追求动感。失去这种平衡，广告画面就会产生一种不安定的感觉，称为不平衡。

（图 17-4）

图 17-4

## 十三、比例

在造型上所谓比例（proportion）乃是量（长度、面积等）的比率。例如有一个长方形，其长与宽的比例便是该矩形的比例，这时显示比例的数字越大的话，便意味着越加细长的长方形。比例近似 1 的话，则成了近似正方形的矩形。就人的外貌而言，如果说“那人的比例很好”时，那个比例是指头部与身长的比例或身体肥瘦与身高的比例给人以优美之感。

在古希腊的艺术中，非常重视比例的美，处处运用黄金比。在决定建筑物的高度和宽度的比例关系及柱子上装饰纹样的恰当位置时，把它们的比例关系归纳为黄金比的比例关系。以古希腊特有的平稳，恰到好处地造成紧张感的形象。纵横的比率及长度比、面积比等等的比例关系，与其他造型要素有着同样的任务，表现着主题形象。对于要表达的内容，选择相应的比率关系，这一点是非常重要的。

设计上常用的比例有黄金比、根号矩形和数列三种数比关系。

黄金比自古希腊人就认为是最理想的比例，因为它是一个包含有无理数在内的数字，如果取至小数点以下第三位时，则为1:1.618，黄金比可采用简单的作图方法，以正方形ABCD的底边AB线段的中心E为圆心，以EC为半径画弧，使其相交于AB的延长线而得到F点，由F点画垂直线于DC的延长线相交得到G，一个黄金比矩形就产生了。该矩形的长与宽之比为1:1.618。和黄金比矩形相似的还有根号矩形，常用的根号矩形有：根号2（1:1.414）和根号3（1:1.732）两种，下图是黄金比、根号2、根号3矩形的简单求法。

数列也是图形设计中典型的比例关系，主要是处理三个以上的多种比例关系的，它们对造型设计极为有用，但如果计算起来比较复杂的，就没有多大实际意义了。

### 十四、节奏

节奏是指音乐中交替出现的有规律的强弱、长短的现象。在音乐、诗歌、舞蹈或电影等具有时间形式的艺术中，节奏是能以听觉和视觉来表现的。例如在音乐中就被定义为“相互连接的音所经时间的秩序。”对音乐来说，节奏是极为重要的因素。在不具备时间因素的造型作品中，也有不少情况把节奏认作是反复的形态和构造、连续的线、断续的线等等。

即便是静止的平面广告作品，观众观察的视线也必定要追寻形态要素的配列，所以可以说视线在时间上的运动就是使人感觉到的节奏。节奏最常见的形式是有规律的反复，其视觉要素阅读间隔时间短的会产生快的节奏，阅读间隔时间长的会产生慢的节奏；视觉要素张力强的节奏强，视觉要素张力弱的节奏弱。在平面广告的传达中，视觉节奏的强弱、快慢和变化是通过图形、字体、色彩和构图配置来实现的。

### 十五、韵律

人们往往把节奏和韵律看作是一回事，实际上节奏和韵律不完全相同。节奏一般指简单的有规律地重复，韵律是一种协和美的格律，“韵”是一种美的音色,“律”是规律，它要求这种美的音韵在严格的旋律中进行。韵律是有变化的节奏，具有表现性的特征。

和节奏一样，韵律的基本要素也是重复，重复才能产生韵律。正如音乐的韵律，轻音乐和交响乐的韵律是不同的，中国民间音乐和西方的音乐其韵律也是有很大差别的。同样是快节奏，轻音乐会给人以轻快的感觉，交响乐则给人欢快的感觉。由于中国音乐使用中国的民族乐器，西方音乐则使用西洋的乐器，二者在韵律和风格上是截然不同的。在广告视觉设计中是同样的道理，运用的视觉要素不同或构成方法的细微差异都会产生千变万化的韵律。

## 十六、导线

广告画面上的导线，是指能够引导人的视线从一个物体向另一个物体运动的线索。引起视觉运动的主要原因之一是物体的方向性特征，如画面人物的视线、人物面孔的朝向；另一个原因是画面图形之间的连接、呼应、过渡等引起的运动。广告画面的导线是统一视觉流程的关键因素，也是构图完整的重要内容，在设计中，常常利用导线的变化使画面更引人注目。

如图，利用人物面孔的朝向在画面上造成导线，引导观众视线至重点部分；或利用直线形的标题作导线，使人的视线左右移动；或使模特儿的视线引向广告的标题和商品。

(图 17-5)

## 十七、强调

强调也是一种对比，为了使重点信息或关键的信息能够从画面中跳出来，很快被观众注意到，往往采用“突出个别”的手法。正如平面构成中的特异(变异)，即在统一中求变化，使其重点信息“出类拔萃”、“引人注目”。

在颜色柔和的画面中配以粗黑的字体，在柔软的曲线中加上锐角的记号，这些都会产生强调作用。在广告画面的编排上，强调符号如同辣椒的作用一样，一点点就足以造成画面的紧张感。

在同一格调的版面中，在不影响格调的条件下，加进适当的变化，就会产生强调的效果。强调打破了版面的单调感，使版面变得生动而有朝气。如纯文字的版面，使人看起来单调无味，如加上插图或照片，就如一颗石子丢进平静的水面，激起一波一波的涟漪。

如图，在整齐的画面中配以一幅倾斜的图片，有较好的强调作用；大屏幕彩电的画面清晰逼真，在灰暗的背景下尤为突出；用红色的铅笔将 IMPOSSIBLE 中的 IM 画去，在视觉感观上给人深刻的印象，使不可能成为可能。

图 17-5

## 十八、留白量

留白量是广告版面视觉设计的重要问题之一，好像人讲话一样，成熟的人，往往根据交谈的对象，选择合理的语气和速度，采用适当的词汇，不仅能充分表达自己的意思，而且能使对方完全领会其意义和要点。如果用电视体育播音员现场讲解的速度和语气，来播送新闻节目，会让观众莫名其妙；如果用与成人讲话的速度和语气来与儿童讲话，大多数儿童也不可能理解。广告的设计传达和人与人的语言交流一样，必须采用合理的表达方式，版面上的空白量就如同人讲话的速度和语气，它是为传达一定的信息、为使对象理解和接受服务的。同样一张照片、同样一句广告词，会因空白量的多寡给人产生不同的印象，应该“什么时候说什么话，对什么人说什么话”。

影响留白量大小的因素主要包括：广告宣传主题的差异，广告内容信息量的大小，图片、文字的造型、面积和数量等。一般来讲，留白量大的画面能给人以高雅、鲜明、精致之感；留白量小的画面则给人以丰富、饱满、紧凑之感。当然，一个广告画面的传达是由多种因素组成的，处理得不好，留白量大的画面也可能松散、单调；留白量小的画面也可能拥挤、繁杂、琐碎。

## 十九、版面率

在印刷排版中，文本和画面的排版面积为版面，而版面率是指广告的文本和画面面积与整页面积的比例关系（版面率 = 版面面积/全页面积）。版面率和留白量在视觉传达设计的作用很相似，空白的多寡对广告版面的印象或风格有很大的影响。

从以下几个图例中，我们会发现照片和文字内容完全相同时，因为版面率的不同，而使人产生不同的印象。如果版面率低（空白部分大），画面的格调就高，且版面稳定；如果版面率高（空白部分小），画面会使人产生活泼的感觉。在设计信息量大的广告版面时，不能一味地追求高雅的风格，采用太多的空白，这显然是不合适的。

## 二十、跳跃率

广告版面的跳跃率是指视觉要素形态大小的比率（即对比度）。在版面设计时，必须根据广告的内容和创意来安排文本和图形的大小比率，画面的跳跃率越大，视觉的冲击力就越大，越能引起观众的注意，其内容的层次越明显，重点也易突出。而跳跃率越小的版面，其格调越显得高雅，内容也会觉得集中和紧凑。特别是标题与文本字体的大小决定后，还要合理调整相互间的比例关系，以鲜明的风格传达广告的主题与创意。

如下几幅广告，为表达化妆品和手表高格调的商品风格，而采用较小的跳跃率；大跳跃率使华园家具的相貌品格表露无遗；大尺寸、只有两个字的标题配以小尺寸的文案，使标题醒目突出，整个画面生动活泼。

（图 17-6）

## 二十一、统一与调和

统一与调和是使广告画面具有整体效果的关键。统一实际上是指多样的统一或变化的统一。首先，多样和变化的概念是什么？所谓多样是具有不同要素的各部分（起码是两个以上的部分）的不同状态而言。只要这些部分以构成某一造型对象为前提而存在（或被选择、或被采用）就必须具有一些共通的要素。各部分都应同时包括异质的要素和等质的要素，各要素分量是多少，根据情况可有所不同。如果异质的要素占主导地位，将招致混乱，作为一个统一体就难以把握。相反，完全是等质的要素，则由于单调而显得无力。适当的变化，而且作为整体被紧紧结合的东西才是美的。多样统一，即一边是多样，一边又赋予秩序。缺乏多样的统一是没有意义的，因为多样和变化是统一的前提。

图 17-6

通俗地讲，调和就是适合，不调和就不适合，没有调和多样的统一是表现不出来的。所谓适合的状态，是指“有相似点，有类似性”，在广告的传达设计中，其意义在于：构成美的对象在部分之间，无论质的方面还是量的方面都没有矛盾，而且被赋予秩序的状态，也就是诸视觉要素之间的多样性通过统一而产生的美的状态。如文字与文字之间，色彩与色彩之间，图形与图形之间，文字与色彩之间，文字与图形之间，色彩与图形之间的调和关系。

除此之外，在设计中还常常使用共同的造型要素调和各个关系，如在雕梁画栋的中国传统建筑上为调和统一大红大绿的色彩，采用勾黑线或留白线的方法进行统一调和。还可以通过反复使用相同或相类似的形态使画面产生统一的感觉，把同形的事物配置在一起，使之产生连续或群化的状态，易使人有统一调和之感。但必须注意的是，所使用的造型要有明显的特征，如有特色的线形、色彩、图案、质地等。

## 二十二、向心与扩散

正如我们观察周围的任何事物一样，心理上总是期望找到重点、中心或主题，这能便于我们理解和记忆。观众在阅读一则广告作品时，在心理上也同样找到其中心，好像有了中心才有安全感，这就构成了视觉设计中的向心。一般而言，向心构图的画面看上去显得平稳、紧凑、集中，画面的空间趋于某个中心，是设计中常采用的手法。但有时因过于正统而流于俗套，因此，在设计时应该根据广告的主题和题材，合理利用向心的因素，避免单调的、千篇一律的模式。可改变向心的结构方式，转移中心的位置，注意主次中心的相互照应，或与其他构成方式结合使用等等。

与向心的形式相反，扩散型的设计，能给人以较强烈的印象，它具有开放、扩散、力量之感，富于开朗愉快的气氛，视觉冲击力强，是现代广告表现常用的手法之一。扩散的形态有多种，一种是有中心的扩散，和我们习惯称的放射类似，是由一个或几个中心向外扩散开来；二是无中心扩散，是一种自由的扩散型画面。在扩散的形态上，又可分为以点为中心的扩散，或以线为中心的扩散两种。

## 二十三、形态的意象

在视觉传达设计的作品中，经过反复推敲和审定的视觉形象，都是为了传达一定的信息的，现实生活中常见的物体，一旦成为广告的视觉要素，就带有特殊的意义。就像一个人，一旦成为演员出现在舞台上，所代表的就不是他自己，而是剧中的角色。而广告作品中经过概括和提炼的视觉形象，是具有典型的意象的。

如圆形在人的意象，是一种运动形态。如太阳、月亮、地球都是圆的，也能产生圆滑、圆润、圆满、温和、柔软的感觉。用圆规画出来的圆，有精致、坚硬之感，徒手画出来的圆，有自然、柔和的曲线之美。椭圆形较正圆活泼而又富有变化，动感也好些。

三角形是一种锐角形象，有锐利、刺激之感。正立的三角形是最稳定的形象，反之倒三角形是最不稳定的形象，只有在运动中才能竖立。三角形的变化也非常多，正三角形显得四平八稳，从每个方向看上去都是相同的形象；带有直角的三角形既有方形的个性又有三角形的特点，在造型上灵活性较好。仪器绘制的三角形显得理性，手绘的三角形则有感性的味道。

方形是平稳、严谨、正统的形态，它的四个角都是 90 度。在方形中，正方形是最稳定的形态，而长方形的变化较多，特别是黄金比的长方形，还有根号 2、根号 3 的长方形都很有个性。

如图，利用椭圆形来加强柔和迷人的气氛；直线分割的画面，长方形的照片，显得很有规律，在照片的右下安排一个椭圆形，具有缓和的作用。

(图 17-7、图 17-8)

图 17-7

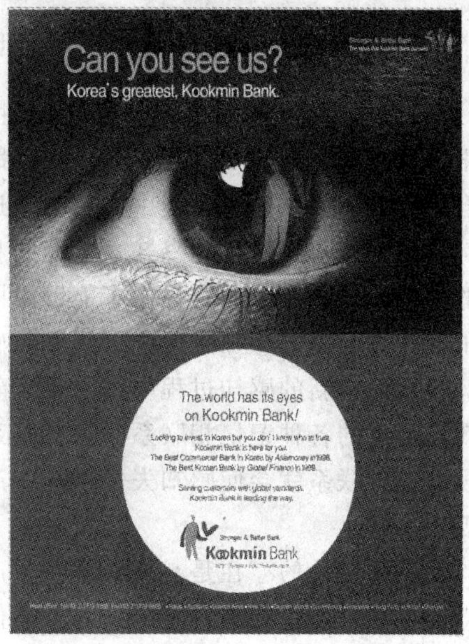


图 17-8

## 第三节 平面广告的异质性视觉表现

根据日本色彩研究所川上元朗的试验报告，视觉引起的“注意”的行为比其他感觉强六倍。视觉是人类认识环境的基本感觉之一，眼睛是它的工具。光线的刺激、眼球的活动、精神的潜能，合成一种不自觉的心理能力和活动，使我们毫不费力地通过视觉的管道认识事物、接收信息。人们对图形的识别能力，往往在于信息刺激的强度、过去的知识、经验与记忆残留的诠释有关。

引人注目，使人过目不忘，需强烈刺激人的感觉器官，从而得到深刻的印象，这种现象在心理学上被称为异质心理现象。其原理是：当一个人受到突如其来的刺激时，其视听知觉就会一时失去平衡，使感性细胞发生理性变化，从而在人的感知中留下深刻的印象。其印象深刻的程度同刺激强度成正比。比如，在电影放映过程中，忽然广播找人，使处于平衡状态的人们的感知器官突然被刺激，尽管所找之人与你无关，你都会对这事留下深刻的记忆。又如，当我们第一次看到连体人的照片时，那种人的奇特连体形象会使我们感到突然和吃惊，从而留下非常深刻的印象。我们把这类现象归为某一偶然因素的作用，视为偶然性现象。异质性心理的原理正是从对这些偶然现象的分析和研究中，找出它产生的条件和原因。

## 一、异质性心理产生的条件和原因

一般正常人对物的感知（仅指对可见物和有声物的感知），首先是通过眼、耳这些主要感知器官进行的。“眼观其形，耳辨其声。”人的感知过程包含思维过程。在这一过程中，它具有进行判断、推理以及记忆的能力。

感知的可记忆性和感知物存在的相对稳定性和发展变化是有规律的，对象的存在给人的感知器官提供了能够对同一物进行多次感知的条件，同时还提供了在这种反复的感知过程中得到无数感知经验的可能。感知经验也称为过去的经验，而在新的感知过程中则会得到新的经验，这些新经验总是与过去曾经感知而形成的各种记忆相联系。这种联系是维系各种器官平衡的重要因素。如果没有这种联系就会使感知失去平衡，产生突然感、奇特感，从而出现心理异质现象。

感知经验的存在是心理异质现象产生的条件之一，而感知常性的存在是心理异质现象产生的条件之二。人对客体的大小、形状、颜色的感知在某种条件改变的时候仍保持一定的心理状态，称为感知常性。例如一个成年人从近处走远时，在我们的视网膜上的影像虽然相应缩小，却决不会把该成人感知为儿童，这就是感知常性的作用。异质性心理现象产生的原因，就是感知经验与感知常性相违背。

## 二、异质性心理现象的特征及类型

异质性心理现象的特征是：由于刺激物的突然性而带来深刻的印象。这种突然性有三种基本类型：

（1）时空的突然性——即物象出现的时间、空间不符合感知经验。这种类型的特征是其所属的感知过程在一定时间内，是连续性和活动性的，突然产生的新经验与以前的经验没有必然的联系，刺激物对感知者以不带任何过程的强制性方式出现。

（2）变异产生的突然性——即熟知物以全新的面目出现，或者说是以非普遍性的面貌出现。

（3）时空变异综合型——这种类型是综合前两种类型的复杂型。它既带有时空的反感知经验，又带有物象反感知经验与反感知常性的多方因素。这种综合型在现实生活中更为少见，因此，产生的刺激更为强烈。从某种意义上说，这种综合型是一种人工合成的类型，是对异质性心理特征的复合与运用。因此，在广告视觉传播设计中体现得也比较充分。

### 三、异质性心理原理在广告视觉传播设计中的运用

同类型偶然性现象的多次出现，就成为非绝对性偶然。非绝对性偶然现象产生的规律一旦被认识，就形成概念或原理，这种现象就有可能以必然性的面貌出现于人们的某些活动中。对被认识了的偶然性进行充分的运用，使其产生出必然的结果，是人类认识世界、改造世界的手段之一。异质性心理现象，由于其作用点和被作用点及其作用结果的特点，是在短时间内给人的深刻印象。它符合广告视觉传播设计的目的和要求，因而被广泛地运用于广告视觉传播设计之中。

1. 时空突变方式的运用。

对时空突变性异质心理的运用，在影视广告中最为普遍。它具有在感知过程有一定的连续性的特点，亦即在一定的时间内感知到的东西相互之间有着必然的联系。

对时空突变性类型的运用在影视广告中最为普遍。它具有在感知过程有一定的连续性的特点，亦在一定的时间内感知到的东西互相之间有着必然的联系。因此，它具有实现时空突变性的条件。影视广告有插入式和集锦式以及专题式等类型。运用最广泛、收效最大的是插入式和集锦式广告。例如，在武打影片中插入橘子汁或咖啡等饮料广告；在故事片中插播汽车或民航广告；在新闻中插播广告等。这种方式虽然让人生厌，但其强制性播出而产生的效果是强烈而有效的。国内的广告往往采用集锦式播出方式。将各种广告编集为一组进行播出。这种在各个广告之间无必然联系的组合方式，同样也能产生心理异质。但其效果不如插入式那么强烈，而且为数太多的排列会产生前后排斥现象，观众可能在开始播出时离开，待广告结束后再回来。改变这种情况的方法是靠广告视觉传播设计的形式变化和手法的更新，以求最大程度地吸引观众，激起他们的兴趣与欲望。如霓虹灯、电子显示牌等是比较典型的时空突然性广告。利用灯光和电子显示牌的忽明忽暗的闪烁、丰富多彩的色彩变化，产生对感官的强烈刺激。

(图 17-9、图 17-10)

2. 以物的变异产生的突然性的广告方式。

物的变异产生的突然性的运用，在广告视觉传播设计中通常被称为物的再创造。这种再创造同自然科学中的合成有一定的相似之处。它的依据多是以一定的意念联想，并且通常是为再现一定的观念而为。它包括对单一物的再创造和对物与物之间关系的再创造。其常用的手段有反比例、反透视、物的自身变异以及多物合一的组合、物的反复等等。

图 17-9

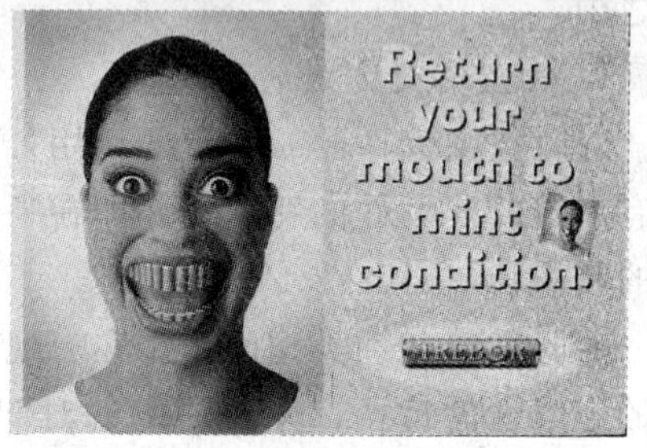


图 17-10

（1）反比例设计。

反比例就是改变物体正常的比例关系，对物与物之间大小比例关系进行再创造。如《中国日报》的广告，在画面中一张《中国日报》包裹着地球。报纸和地球都是以写实的手法来表现，以写实感衬托其比例关系的反常性和反感知经验，给人以新奇感，并留下深刻的印象。

（2）反透视设计。

反透视就是打破一般近大远小的透视规律，造成一种反常的空间关系和比例关系。如日本伊势丹公司的一组广告就是例子，在画面中处在远处的人物比中景和近景的车辆、船只和建筑物都要大得多，使人产生强烈的奇特感，而且三幅画面都采用同样的形式，尽管其具体形象不同，但仍然有系列感，反透视的设计使人过目不忘。

（3）物的自身变异设计。

物的自身变异是指物的自身形状或形态产生变异，在现实生活中不可能出现的现象，在广告的画面中成为可能，物像以反常的形状或形态出现。如弯曲的枪管，酒瓶口变成管弦乐器，使人感到突然、惊奇的同时产生许多联想。

（4）多物合一组合设计。

多物合一组合是将多种不同质感、不同形状及不同形象的物象组合为一个新的物象，以产生更为奇特的感官刺激。这种组合中的每一部分物象，往往相互间在意念上有一定的内在联系。组合成的新物象，不是各部分物象简单意义上的相加，而应包涵更深刻的意义。如香港著名设计师靳棣强先生设计的第三届亚洲艺术节海报，就是用亚洲不同民族的脸谱的精华、最有代表性的部分为单位，组合成一张新脸谱。极准确地反映了信息的内容，效果强烈。一幅广告作品将蔬菜水果组合为一个已经点燃即将引爆的炮竹，也属于这类设计。

（5）物的多次反复设计。

物象的多次反复设计，是指使用同一物体进行重复性编排设计，在同一个画面中以完全相同的形状和形态多次出现，通过强调群体的反复和排列关系，显示象征性的涵义，往往也能产生意想不到的效果。如一幅广告作品，同一个人的头，以相同的形态反复出现，这是自然中所不可能有的，既使人感到突然，又感到恐怖，给人印象深刻。

（图 17-11、图 17-12）

图 17-11

上述常用的异质性原理形式，在实际的广告视觉传达设计中，可以单独使用，也可以结合使用，比较多的是多种手段复合使用。特别是在当今，电脑图形技术、全息摄影技术广泛应用于电视广告和平面印刷广告，反比例、反透

图 17-12

视、物体的变异、多物组合为一、物象的重复等异质化视觉传达手法使用得越来越普遍。但必须注意的是，以异质性图形来传达广告信息，多是依靠象征性和比拟性的视觉语言与广大消费者进行沟通的，因此，必须引发消费者潜在的物质和精神上的真正需求，必须采用消费者看得懂、能够理解的，符合传统、文化、民风、民俗和国情的大众语言，才能得到消费者的响应，与消费者产生共鸣。

**练习与思考**

1. 平面广告的视觉诉求形式。
2. 主要视觉诉求形式的特点和方法。
3. 平面广告的版面构成的形式和原理。
4. 广告创意的异质性视觉表现的原理。
5. 异质性原理在广告视觉传播设计中如何运用？

# 第十八章 平面媒体广告的传播技术

**本章提要**：平面广告媒体大致有十几种类型，平面广告媒体主要包括：报纸广告，杂志广告，邮寄广告，POP（销售现场）广告，招贴广告（也称海报），路牌广告，体育场馆广告，霓虹灯与灯箱广告，车体车厢广告，公交站站台与电话亭广告。不同平面媒体的设计制作工艺技术要求不同，其视觉表现的方法也有不同的要求。计算机制稿、先进的打印和写真技术普遍应用在大型户外广告制作上。

## 第一节 平面广告媒体特点与传播技术

各种平面广告媒体有各自的特点，在广告视觉传播设计中，如何发挥不同媒体的功能，发挥和提高视觉传播的效果，是设计表现的主要课题之一。

### 一、报纸广告

这是平面广告中出版量最大、传播范围最广的媒体。我国的几大国家级报纸已经实现了通过卫星向各分印点传输全部制版内容，地域空间的障碍已经由现代通讯技术所克服，而一般的报刊经过多年的调整和完善，也都基本形成了自己显著的特色和相对稳定的读者群体。报纸广告的表现力随着激光照排和彩色胶印技术的普及有了质的飞跃。印刷工艺水平已不再是制约报纸广告表现力的障碍。这就为报纸广告提供了充分、良好的创作与表现空间。目前的问题是，我国报纸广告作品的表现力尚未达到理想的境界，创作、设计水平平庸或不尽如人意之作并不鲜见，这对于昂贵的广告价格而言，不能不说是存在着浪费。

为进一步提高报纸广告的信息传达水平和广告的诉求力、感染力，需要我们尽可能地利用和发掘报纸媒体的表现潜力；在加强广告整体策划工作，完善广告表现策略的前提下，充分发挥报纸广告的优势。

报纸媒体有新闻性、专业性、娱乐性的编辑主调之分，又有全国性、地方性的覆盖范围区别，以及日报、晚报、周报、周双刊、周四刊等出版周期的区别。

使用这些特征有别的报纸媒体时，在创作表现策略上必须与广告的既定媒体策略环环相扣，充分使媒体策略具体化、视觉化。这里需要强调的观点是，我们在广告的诉求表现中不仅要把商品或服务的信息进行视觉化处理，更重要的是要在广告的设计中体现广告媒体策略。这是对广告策划人和创作人的深层次要求。

具体地讲，就是要把同一广告策略之下的广告作品创作方案，根据不同的报刊媒体所具有的特色，进行信息传达方式、内容上的技术调整。一般的见解是，只要我们决定了广告的画面设计的整体特点（包括诸项视觉要求）之后，只要根据不同报刊的制版要求和编排规格制作软片就可以了。虽然这种做法维护了广告表现一体化方式，但忽略了在目标市场上阅读这些特定的报纸的读者群所具备的欣赏口味和思维倾向。

仔细分析消费者生活形态的人都会知道，不同的消费层和社会族群，其价值观和文化偏爱是有差别的。针对这一差别在广告的设计中调整视觉传达的某些单元，就能更容易吸引目标对象去理解广告的诉求并激发共鸣。从商品的市场营销策略的视角来分析，保持广告版面信息形态在不同报刊上发布时的划一，实际上是不清楚传播目的和传播影响力真实作用，是教条的专业化。市场天天变，人的情绪天天波动，不以弹性的表现去迎合大众，就一定不能和读者成为真朋友。因为你的广告没有讲那种大众熟悉的口头禅，也没有表现大众喜欢的图像。

报纸广告的视觉表现策略如能视不同报刊特色而调整，是深层次地传播广告信息的体现，广告的影响力远胜于面孔固定化。只有弄通这个道理，才能在创作设计上摆脱了书呆子气或模仿的毛病。例如同样是使用名人推荐方式介绍一种饮料，尽管主题相同，但用在电视报和体育报以及日报上的同一商品的广告，就可以用不同的形式分别进行表现，因为不同阅读族群的偏爱有很大差异。一种风格的广告，如果在不同媒体上用对了发言人，其广告共鸣程度胜过多次广告，既省了预算又加强了促销力。再比如，不同媒体上宣传同一种快餐食品，在不同的媒体上可以使用一些画龙点睛的不同风格的口吻，并使用只有这一社会层面才喜欢的口头语，让读者觉得特别够味道，这就能把广告的个性化特色又提升一个级别。不要以为这只是技巧问题，真正运用好这套方法，会得到事半功倍的效果，反之则是丢了钱都不知去何处找，这种广告表现观念应该引起注意和思考。

报纸广告的时效性和信息容量大的特点，适宜广告作品发挥理性诉求力强的优势，并借助报刊在读者心目中的权威性，使广告所传达的信息更容易被人认同。企业文化理念和商品与服务的细节都可通过有序的信息编排有条不紊地呈现给读者。

在具体的版面视觉设计上，首先要在自有的面积之内制造与相邻广告的"隔离带"，不要让自己的主信息在画面上过于分散或平均配置，而使读者的视线轻易游离。二是要把画面中的空白留得恰当、有呼吸感，三是要使广告的视觉元素之间有较鲜明的对比关系。通俗地讲，就是把自己这台戏唱热闹，让行人经过时能坐下看戏后再走，这才会使观众最终采取购买行动。

另外，报纸所使用的新闻纸的质地和密度决定了它对印刷油墨的承受力，如果广告画面的视觉设计偏重使用对比弱又是低调的图片，就很容易使图画变模糊，在设计稿上的那些细微的色调变化全部消失，广告的表现力反而降低了。

在制版时，一般使用相对细的网线。在110线网目的报纸上使用110线或100线网目的广告版是正常的，如果有意识地使用80线网目版，其印刷效果会更好，因为粗网目会使广告中的图形更鲜明，有结实的立体感，其冲击力远胜于使用110线网目，当然这就需要在制软片时加以调整。

报纸广告的面积可大可小，常用的主要是以全版、横跨双页版、半版、四栏24厘米、八栏10厘米（或8厘米）、报眼、中缝，以及更小的规格，针对不同面积的版面，在设计上必须使画面格调与使用的面积相吻合，有时，又要具有对相邻新闻空间的侵略性。例如，小面积的广告可以在画面上使用常见形象但要经过大胆剪裁，形象的不完整使读者自然在心理上补齐这个形象应有的全貌。广告的空间就得到了潜在的扩大。而使用半版或全版广告时，广告的文字编排和图形的使用一定要显出大气的感觉，尽量避免图省钱使用现成的资料素材，以避免读者产生对广告品牌的轻视。既然广告篇幅大，其画面形象就一定是专门摄制和绘画的，使读者喜欢看。

根据报纸的时效性把广告内容构成系列陆续展示，是较好的办法，但不要故弄玄虚。一些创意策略推崇的某些制造悬念的手法，引得国内常有故做深沉或神神鬼鬼的系列广告出现。其实只能是广告创作人一厢情愿，其信息传播效果往往不好。

对于彩色版的报纸广告的设计，一定要避免照搬杂志广告或使用色调非常灰的图片。报纸印刷不能如实还原彩色素材的丰富色差与光影，所以宁可使用色彩稍夸张的素材或色块来表现广告的主题，新闻纸对油墨的吸收会使色彩变得协调。彩版广告同样应注意不要使用一整幅深色图片占满整个画面反白字的形式，除了报纸中偶然使用的夹页广告（105 克以上的铜版纸）可以达到杂志的彩印效果，平时使用彩版时最好放弃与杂志广告竞争版面色彩效果和逼真的图片还原等不必要的想法。

（图 18-1）

图 18-1

**二、杂志广告**

创作自由度非常大的媒体，可以在纸质上、尺寸上、形式上（诸如加香、加立体折纸、加附赠品、加反馈卡）作许多文章。

杂志广告的印刷质量最有保障，杂志的可长期保留的特性使广告有着较长久的传播时效，广告的内容可以很详细，每则广告可传递的信息点在 5 项至 10 项均能妥善地表现。杂志广告的表现技巧与诉求重点同样要求有良好的时间延展度，能让读者反复看过后均不腻烦。

作为建立品牌信誉和维持品牌忠诚度所需要的有效媒体，杂志广告在我国的使用量尚嫌保守，尤其是国内企业对杂志广告的认识不足，使中国的热门杂志上大量登载的广告主要是些似是而非的分类广告或致富信息之类不甚可信的广告，在报纸、电视上显露度甚高的大牌产品往往忽略杂志的作用，这是非常令人遗憾的现象。相比之下就可以发现国际著名品牌尤其是高档商品首先抢占的媒体是杂志，因为杂志的个人消费性很强，它的内容直接锁定了读者的生活形态与品味，广告的价格与效力之比反而非常经济，我们每个消费者对名牌消费品尤其是非生活必需品的印象很多是来自杂志广告。

针对这一特点，杂志广告的表现，在重视整体广告策略的大原则之下应该强化的是高度的视觉效果。在视觉形象创作和制作上保持高格调、高亲和度和令人回味的欣赏价值，是每则杂志广告能否打动读者的关键因素。尤其是杂志广告的摄影作品都应该是百里挑一的上乘之作，用来留住观众的目光，不让其轻易地把广告页翻过去。

在文案的风格上，杂志广告适宜用特定杂志媒介的品味去精炼广告内容，太长的文案需要删减，尽管杂志广告的重复阅读率高于报纸，但广告的文案要避免像报纸广告的文案一样的过分理性的诉求，适当地加强画面的趣味，对减轻读者的逆反心理大有益处。评价一则杂志广告时，印刷制版的精度和编排水准是重要的标准，这种不是靠瞬间冲击力打动读者的媒体，需要以优秀的、精致到位的品质令人百看不厌。

与杂志广告相近似的，是购物指南广告，这种出现在综合购物指南或商品目录上的广告页，相对而言可以突出其诉求的商品性，艺术化的渲染可减弱。它所要达到的目的就是在众多的广告页中脱颖而出并迅速激发读者的消费欲望或是经销商的合作热情，所以不妨使诉求表现更加直率与强烈。

在节目单与体育比赛秩序册上的广告插页，尽管制作要求同样精良，但广告的信息含量要单纯、文案要精练，因为这种形式的媒体在很短时间里就会被读者丢弃或存起来，广告的信息不能再重复传播，能否迅速抓住读者的心，是评价这类广告的一条准则。

杂志广告的版面划分，常见的规格有跨页、全页、1/3 页、2/3 页、1/2 页、1/4 页、1/8 页、封二、封三、封底等。在实际使用中，全页广告的实用频率最高而小广告位置则常常用于连续性的提示性广告策略。在具体的设计上使用的表现策略有着很大的区别，需要根据实际的广告策略与媒体传播环境来分别对待。

黄页广告是一种印刷在电话手册内的广告，在西方历史悠久，在我国也有近一个世纪的历史，由于实用有效，当今世界各地仍普遍使用此媒体。黄页广告中分类广告很多，在这些面积小内容大致相同的广告中，考虑的是脱颖而出的技法，靠文字编排中的对比构成手法，形成平衡而富空间感的画面方可达到目的。今天的黄页广告中已出现了大量四色彩印广告页，这已与购物指南类的媒体很像，表现方法与规律应在实践中反复摸索。

### 三、邮寄广告（DM）

这是在市场经济环境中越来越备受推崇的方式，它与其他媒体的最大区别是以明确的信件形式把信息送到指定的消费者那里。

DM 所包括的服务，有配合邮购业务的专用宣传品，它也同时可用于各种直销业务，例如在广告内加上反馈单、联系电话等等。

DM 的专门运用，采用两种形式。

（1）自由式。凡可以用来提供商品信息并可发送的宣传品，其材质是多样化的，形态也各不相同。可以根据不同目标对象设计不同的邮件使大家产生对商品的好印象，这种形式是广告人发挥独创性的好方法，DM 的形象越新颖、有特色，消费者就越有兴趣了解更多的商品知识。目前国内盛行的随便印制的广告宣传页，用信函的方式寄给消费者，没有发挥出真正的DM功效。

（2）产品名录。用编排目录的方式收集商品信息，使消费者收到大量有吸引力的资料而省去随机逛街寻找心爱物品的时间，这会使消费者有目标地购物而不会劳力费神。

专门的DM商品目录常用作企业之间的沟通，提供本企业全部产品资料给潜在贸易伙伴，为日后的交易打下基础。针对零售商的DM常常提供具体的合作折扣和联系方法，促进零售商的合作积极性。针对消费者的DM则提供项目精选的目录和优惠、抽奖的信息。

在常规意义上讲，使用DM推销商品时，要在设计方式上下功夫。商品越常见，DM的设计方式就要越别出心裁。在使用上切忌同一名单重复用于同一种DM，一个消费者如果在10天内接连收到三份同样的DM，肯定不会认为是受到殷勤的款待，反而会产生反感。所以正确地找出该邮送DM的对象，并注意不发送重复的东西，才会避免你的DM迅速成为垃圾。

这并不是说不能重复寄DM给同一位目标对象，长期反复式的寄送对类似服饰、化妆品和营养品来说，只要广告形态吸引人，每月向一位用户寄两次或一年的时间里向同一位用户寄了30次，都不会过分，但这些宣传品应是目录型的，让顾客认为他得到了某种信息服务，一旦收不到信息反而很困惑时，DM的作用就产生了。它将把这位用户与商品品牌密切地连在一起。从这点可见，DM可以用单发、阶段、反复三种技术来发送。三种混用随机应变是很好的手段。

DM的文案是以朋友的轻松亲切与未见过面的朋友谈话的风格来写的，如果写成呆板的或带有强烈自说自话的风格，一定令人生厌，尤其反复使用时更麻烦。广告的设计者要格外留意它的文案创作可能对广告反馈起到的作用。

（图18-2）

### 四、POP（销售现场）广告

在大型超市数量日增、购物场所向大型化、自选化发展的今天，无言的导购员——POP广告媒体的作用日益突出。这种被作为可直接影响销售业绩的媒体已和大众传播媒体并列为完成购买阶段的主要推销工具。POP装置的形态变化万千，材料使用与结构设计无一定规范与限制，在POP家族中许多呈平面形态的印刷品类广告品属平面范畴，比如所谓的立体人形其实是一幅人物与商品组合的等人高照片。由此可见大部分POP用品的设计方法仍应从平面广告的创作与表现的有关知识中找出规律。

在商店这个商品竞争的主要阵地上，不可能依靠售货员对商品逐一加以介

图 18-2

绍和推荐，POP 在商品营销的最终阶段发挥了提示消费者、与大众传媒广告相呼应、强化品牌形象的存在并增进消费者对商品的好感的一系列作用，成为消费者与商品间的最后一个桥梁。

在创作和使用 POP 时，我们要注意检查自己准备投放市场的作品是否能让顾客充分留意到商品与品牌的存在？是否在 POP 上传达了有关商品本身独特的优点等内容而使其更为顾客认识？能否具有带“人缘”的面貌，让人产生喜爱或有趣的感情？在各色同类商品包围中，POP 是否已能帮助商品脱颖而出？如果进行前期效果测定，我们可请顾客来回答这些问题。

一种商品的 POP 的成功表现，可以带动商店内同一品牌其他商品的销售。所以一些大企业开始在 POP 上使用偶像类明星，就是为了加强其广告内容的感召力。

商店的基本环境（大多数商店的购物环境都可安排 POP 的展示空间）是规划 POP 形态时必须考虑的。如果 POP 在案头上看很有意思但投入商店之后变得很小气或与环境无法匹配，这就注定了这些 POP 不可能在货架区长期存在，用于 POP 的投资就失去了意义。

平面 POP 基本上不带电动功能，这也就省略了机械式 POP 的维修因素。

POP 在店中使用，在其内容编排时最好考虑留出一块重要的位置和足够的面积用来标出商品的价格，这是别的广告媒体所不需要专门提及的，价格是POP信息组成中的重要单元。

如果POP能与电视、报纸和户外广告的视觉形象相统一，会使顾客把已经接触过的同一商品的其他广告回忆起来，使广告的效果得到成倍的扩大。和其他广告相统一时，可以在色彩的构成上作适当的强化处理，因商店内部充满各样各色的商品，没有醒目的色彩和色调对比就很难引人注意。

（图18-3）

图18-3

**五、招贴广告（也称海报）**

招贴广告是最具传统的平面广告媒体之一，在现代仍保持着庞大的使用数量。招贴广告的信息传达特点是形象展示充分，图形是招贴广告中传达信息的核心要素，与之相配合的是广告口号和精练的正文。尽管招贴广告的面积较大，但它的存在空间决定了不能像可以充分自如地阅读的报纸广告那样去铺陈文字。

如何创造图形的视觉语言特色，是每个招贴广告设计课题中最重要的构思出发点。现代的招贴广告，已经分流成两大类别，一是商品广告，二是文化主题的宣传招贴广告，包括各种文化体育活动和公益广告。对于广告创作人员而言，传统的创作设计人都经历过招贴广告至上的时代，在大家心目中招贴广告创作是最具挑战性的。传统招贴广告强调的是文化色彩和感性沟通，创作这类作品甚至在今天也无需掌握现代传播理论和新的视觉技术。绘画形式是传达文化招贴广告（如电影、戏剧）主题特色的有效手段，往往广告设计人员很乐于接受到创作文化主题招贴广告的委托。

而商品招贴广告和商业活动的广告中，现代视觉传达技巧的应用要求很高，摄影形象的使用和电脑绘图技术的应用占了绝大多数比例，此时的照相机便是设计者的画笔和眼睛，商品招贴与商业活动的招贴广告，应注重表现的是商品的冲击力或商业活动的形象象征，各种超常的、生动的、能给人产生视觉刺激的图形表现技巧的发掘永无止境，设计时可以采用许多图形组合技术来传达商业信息。尽管创作的过程已不像文化招贴广告那么有艺术趣味，但成功的现代商品招贴所散发的个性魅力和感染力绝不低于常规意义上的艺术作品。优秀招贴广告的促销价值之外，还具有收藏价值，这是社会公认的。

图与文是否巧妙地相配，形神兼备地传达主题，是检查招贴广告创作方案的主导原则，冲击力与回味并存更是招贴广告创作应有的价值取向。

成功的广告创作人在处理招贴广告题材时是非常谨慎的，招贴广告一旦发布能否产生反响关系到整个广告活动的效果，在实际工作中招贴广告的创作过程往往仅次于电视广告，它对信息的浓缩和提炼，远超过报纸广告等平面媒体。近年来社会上对市容环境的整顿，限制了招贴广告的发布空间和招贴广告的影响力，各地对招贴广告发布所作的不同规定，使招贴广告媒体在中国走向萎缩。与国外常用的数十张同画面招贴广告并列、成组地张贴的发布形式相比，我们的招贴广告变成了飘散的风筝。如何恢复招贴广告媒体的表现力，确实需引起各相关人士的思考，因噎废食地限制招贴广告的生存空间，势必对中国招贴广告文化的发展带来消极的影响。

常规的招贴广告均为四色胶印，从大全张到全张、对开、四开、八开的规格都有。如果认为招贴广告就是放大了的杂志广告，那么招贴广告的形象就肯定不够舒展。虽说都是四色平面印刷品，但其间的传达功能与使用场合存在巨大差异，必须仔细分析招贴广告的特性才可胸有成竹地投入创作与设计之中。

目前国内食品广告选用招贴广告较多，烟草广告因受到围困也以小招贴的形式来突围，由于面积较小且缺乏张贴场合，这两类商品的招贴广告的表现尚不能令人满意，其中食品招贴广告常常是文字加商品照片，这种表现方法应该说是对招贴广告传达功能的误解。

我国在招贴广告所需的资金、摄影设备、印刷工艺方面已初具实力，但在处理图形媒介的传达能力方面与国际水平相距遥远，问题在于我们如何把现代的国际的传达方式和视觉语言逻辑与本民族的文化背景相结合。片面地使用中国历史形象素材并不是出路，古代的编钟、鼎、石刻、彩塑、剪纸也不能完全诠释现代人今天要讲的故事，不真正把握住文化内涵与现代传达技术、方式的关系，其作品永远是国人不爱看、外国人不会看的东西，我们在这方面应该已经有了很深的感受。

**六、路牌广告**

这里讲的路牌包括了从中型到超大型的广告牌、柱式 T 型广告装置和墙面广告等。目前我国各地的广告牌已逐步脱离了成行成片地堆积、简陋地制作的层次，出现了最先进的电子制作与最普通的彩绘并存的局面。

户外广告牌是城市的第二表情，它们的面貌反映了城市的市场经济状况和文化层次，对一个异乡人而言，始到一地能了解当地人现实生活的媒介，就是这个城市的建筑与广告交织出的特有面貌。

在广告实务中，广告牌媒体的设计是展示广告主精神面貌的工作，所以切忌内容琐碎繁复。广告牌上的商品形象或图画因为大于实物几十倍，看上去非常吸引人，如何把视觉形象营造得很独特，在色彩构成上具有冲击力，需要我们以同一主题进行反复尝试以至找到最佳形象组合。对于传统的彩绘工艺而言，在设计上首先要避免难于绘制的复杂的线的构成以及避免使用紫色调这种既缺少冲击力、又会很快褪色的色彩。在电脑喷绘时代，这些顾虑都不存在了，创作的自由度得到了极大地拓展。今天所面临的课题是如何使我们的创作力和想像力跟上技术发展的步伐，如果在使用新技术的今天仍以旧有的规则去构想广告牌的设计，其实是浪费了新技术设备的表现功能，电脑辅助设计软件的可开发性带给我们的好处，应该充分地展现出来。

从这个意义上看，广告路牌的传达障碍已经减到最低，目前使用的专用照明灯具所达到的高照度和高色温，保障了广告牌在夜间呈现出更为鲜明的色彩，有了这样的条件之后，广告创作与表现要注意的是在信息传达上充分发挥户外广告的媒体特色，“大形象当然在户外”，是户外广告媒体业的自我诉求，这句话入木三分地表达了户外广告的功用，广告路牌媒体在整体广告行动中的作用已经为我国工商界所认识，只是仍有相当数量的相关人员持有尽量挖掘路牌广告信息量的错误认识，导致不少的路牌上同时充斥着五六种商品和一整篇的文字内容，作为相对动态条件下的广告媒体，这种扩大信息量的做法实为大忌。

信息量的扩充是必要的，但这是指我们要在广告的表现上做文章，把广告主题诉求所传达的商品形象信息，延展到生活情报的范畴上去，通过对画面形象的创意，准确地把“欢乐”、“活力”、“创造”及“修养”等感性含义赋予普通的商品，使路牌广告更多地体现广告主的风格和商品品牌个性，给观众更多的视觉快乐。

现在，大量的公益广告都在使用户外广告媒体，但在主题传达上尚需改进，因为路牌广告并非风景画加一条标语那么简单。在讨论广告投资与预算时常常要考虑如何更有经济效益，实际上好的广告作品以准确的传达效益节省了大量的时间和空间，平面广告的表现更说明了这个道理。

（图 18-4）

图 18-4

### 七、体育场馆广告

体育场馆广告的传播途径是现场观众和迅速切换着的电视转播画面。随着足球比赛现场电视转播的实现，占领热门赛事的国际赛场，通过电视将场地上的广告信息传向世界各地，已使体育场馆广告具有跨越时空界限传播信息的超媒体能力。体育场馆广告的价值与最初的地位发生了质的变化，成为平面广告中传播最远最快的一种。

世界杯足球赛上的耐克运动用品，奥运会上的可口可乐、阿迪达斯等品牌的广告信息，都完全是随着比赛的画面达到我们面前。世界各大品牌的广告战略之一，就是占领世界重大赛事的场馆广告位。这是日本企业在电视进入普及时代时首先提出并实施的，现在看来的确是物有所值的创意。

成功的企业识别战略（CI）是使用体育场馆广告媒体的前提，国际著名品牌以拉丁字母构成的商标形态消除了信息传播中的文化距离，我国企业正在实施的 CI 导入行动，对日后中国品牌真正走向世界具有重要意义，但目前看来，中国企业已有的 CI 识别体系由于两种文字和品牌标志同时使用，信息仍嫌繁复。这种现象表明，如果没有真正的国际营销行动和实力，就不会驱动产生国际标准的形象识别系统（CI）。无论如何，国内日益兴盛的职业化体育赛事已经为体育场馆广告媒体开辟了广阔的天地。

体育场馆广告的信息编排原则是按照企业既定的VI体系操作，成功的VI体系与商品的包装识别特点极为吻合，体育场馆广告的表现依据基本上就是VI的基本要素。体育场馆广告最佳范例当属可口可乐和柯达，从这些作品中我们就可以体会到设计表达的规律。一般情况下，品牌图形、商品名称或企业名称是体育场馆广告表现的主要内容。体育场馆广告的信息只能有一个，就是品牌或企业形象，除此皆属多余。

（图 18-5）

图 18-5

## 八、霓虹灯与灯箱广告

在霓虹灯广告上安排商品的形象信息，会因灯管组合方式的局限而显得不伦不类，霓虹灯广告媒体的高亮度和丰富的点灭变化构成广告的主要优势。在信息的构成上，如果不是采用把商品形象专门用喷绘方式表现并外加其他光源，最好在画面上只使用品牌识别形态或简短的广告口号。所使用的霓虹灯灯管的色彩，要尽可能接近广告画面的文字图形色彩，使观众在白天和晚上接受同样的色彩信息。由于不同色彩的光管有光线穿透力不一致的特点，所以往往避免大面积使用绿色和粉红色做主调。红、黄、蓝、白是最主要的色彩，如果企业的视觉要素恰好没有这几种颜色或都是使用纯度较低的间色，在霓虹灯广告上就最好只使用白色来制作企业名称或商品名称，以免出现红白、红黄或蓝黄组合，破坏了企业固有的色彩识别印象。富士胶卷的霓虹灯广告是运用红、白、绿最成功的范例，但这与其识别形态已形成普遍社会印象有关，尚未达到如此声势的品牌，选择绿色作霓虹灯主调则不如红、蓝、白更有效果。

霓虹灯广告的灯光变化，主要集中在品牌部分和底色部分作不同灯光状态组合，这种做法是为了以变幻的光线吸引观众注意并使品牌形象的展示更生动。广告画面中其他视觉单元则不宜反复变动，否则会造成主要广告信息记忆不佳。

在灯光动态的设计上，因为观众从广告前经过的时间只有 10 秒或更少，所以一次动态循环的时间如果超过 20 秒，就会使人感到不耐烦，每种变化方式最好在二三秒内完成，在整套动作中一定要保持一个最完整的（所有部分都亮的画面）动态达 3 秒，以使观众形成一个完整的印象。

广告底色的变化不宜分块太碎，如果整个底色像国际象棋棋盘一样地黑白间隔并跳跃聚散，前面的主要广告信息就会被干扰。如何使广告的灯光变化更流畅，今天的电脑辅助设计已经可以令设计者充分地模拟，直到找到大多数人都欣赏的灯光跳变方式。

用限制数量的色彩，依靠对其面积、彩度、明度的对比关系的配置，来构成具有清晰的传达和有冲击力的广告画面，在此基础上用灯光的丰富变化传达内容并调控传达的节奏，是霓虹灯广告的普遍表现特征。

灯箱广告多用聚酯材料、PVC 材料和有机玻璃等为广告画的透光面，用日光灯或霓虹灯灯光管（白色）以及专用射灯为光源，灯箱广告媒体是平面广告中体积悬殊最大、使用材料最多的媒体家族。

透光材料（有机玻璃、即时贴）粘贴方式，是制作中小型灯箱广告的常用方法，而丝网印刷则是批量生产 POP 灯箱、小型广告灯箱的手段，在这类制作中，广告的色彩使用数量受到限制，在设计表现上应注重品牌特有的视觉体系的传达；大型的灯箱广告是用软透光底材、热转印、喷绘、“电脑写真”等技术与材料来制作的。

使用喷绘与“电脑写真”技术绘制的灯箱广告在造型与色彩表现上不受限制，可以达到和大幅广告画布一样的视觉效果。使用高密度照明灯管的大幅灯箱广告的视觉效果在夜间是别有特色的，其视觉冲击力不是霓虹灯或广告牌可以代替的。

灯箱广告的特点是色彩由透光方式呈现（在白天，灯箱的视觉效果与路牌无异），所以就需要把握这种透光特性，应该在设计上尽量使用透光时色彩非常鲜明的颜色去表现画面的主体内容，各种金属工具、机械的形象多呈灰色并有沉重的感觉，这类商品的形象在透光状态下没有特点，所以灯箱广告媒体适宜饮料、食品、化妆品、药品和烟酒类的广告即形象与气氛均很明朗的内容，工业用品使用这类媒体则无特色。

深色为主调的画面也应慎重使用，因为灯箱广告的结构决定了灯管故障容易发生，部分灯管不亮待修是灯箱广告的常有情况，如果画面色调太重则很可能会在部分灯管不亮时，完全失去了透光的感觉而影响传播效果。

（图 18-6）

图 18-6

## 九、车体车厢广告

它包括了装在出租车顶的广告牌，公交车上的广告牌以及双层巴士的整体彩绘广告。作为流动媒体的车身广告，视觉设计应力求内容单纯、色彩对比鲜明是主要的原则。相比之下，双层巴士车体上的广告则可以调动各种图形表现手段来制作，因为这种车体庞大且行进速度慢，在车流中颇似羊群中的骆驼，车身的注目率很高，可以传达相对丰富的广告信息，但即使如此，还是应当以图形和品牌识别形态为主要视觉元素，广告的其他文字内容仍要尽可能简练、突出。

车厢内的广告也可以归为车体广告，火车、公共汽车、地铁、轮船内的广告牌可统归这一类，由于乘客要在交通工具内停留最少5分钟，所以这类广告的内容相比之下就详细得多，许多商店、酒楼或书刊、银行的广告都很适宜使用这种媒体。除一般商品广告外，大凡商铺、服务类的广告都应将自己的经营地点与交通工具的线路相吻合。在广告的表现上更要突出商店的标志形象、店貌和具体座落环境的介绍，以求使乘客顺便前往或找到前往的路线。这类广告如果忽视上述的信息传达，就失去了使用公交媒体的意义。在我国铁路营运线上，奔跑着许多以商品冠名的专列，比如“五粮液”专列，听起来颇觉滑稽，在车内反复播放的广告歌也有生硬、强迫的感觉。虽然它可以使乘客产生很深的记忆，却无法带来更多的对商品的赞誉，因为交通工具的功能并非等于商品的功能。这种把酒名冠在列车之上的策略值得商榷。它和用品牌冠名体育俱乐部的性质有所不同，广告设计和策划人员应认真分析广告媒体使用和企业商品市场营销策略的关系，才能真正发挥广告媒体的效用。

在广告的视觉构成上，车厢广告的宽容度较大，基本信息容量与杂志广告近似，令人感到轻松幽默的形式比较容易引起观众的共鸣。

### 十、公交站站台与电话亭广告

公交站站台的灯箱或广告板，现在我国不少城市的公交站广告装置非常先进。广告的装置以灯箱为主，这类媒体适合大众食品、小家电和时装类商品，过于高档的商品不适于使用车站广告媒体，它的表现规律和信息容量与灯箱广告的特点相似，但信息容量可以加大，因为在车站停留超过5分钟的乘客肯定会仔细看广告来解闷，天天乘车的乘客久而久之就对车站的广告产生较熟悉和亲切的情感。许多针对上班族的商品可以在此用符合上班族心态的语言和视觉形象找到知音。

城市中的街头电话亭是平面广告的良好载体。电话亭一般集中在人流密集区或公共场所，行人接触到它的几率很高。使用这种媒体可以做通讯、饮料、食品、电器等多类商品的广告。但集团服务类、工业用品类广告是不适宜的。电话亭广告因亭子本身投资费用的不同，在制作上的成本有很大差别，良好的电话亭广告，应该使电话亭几个面的广告内容基本一致，这就使行人不管从哪个角度经过时都可看到统一的内容。

（图18-7）

图 18-7

## 第二节 平面媒体广告的设计制作

平面广告媒体中的绝大部分都是印刷品，在制作工艺上虽然有别，但基本道理是相通的。下面从两个部分介绍平面广告的制作。

### 一、平面广告的设计制作

所谓的设计正稿实际上是广告作品的制作稿。根据广告品采用的印刷工艺不同，制版稿的要求略有区别，但今天的广告界采用计算机制作二维广告的制版分色片，已经非常普遍了，市场上专门从事计算机做稿的服务公司已经很普遍，而且许多广告公司自已也配备了相应的设备。这种外部条件的变化使原先由设计人员和美工人员承担的工作量大幅度地减轻了。设计人员在印刷工艺方面或制版稿制作知识方面的缺欠已经被计算机制版人员用新的技术手段弥补了。

在广告的印刷品设计方面，不懂印刷工艺或不会制作制版稿的设计人员基本属于“二等残废”，是不可能发挥重要作用的。许多广告设计人员的大胆作品也因不懂印刷工艺而被淘汰或放弃。今天的先进设备，给了我们充分施展想像力的用武之地，如果此时反而被计算机的表现力所束缚，实在是不可想象的事。

尽管制作技术在进步，但通晓印刷工艺的设计人员仍然会显示出更多的优势，因为他们的经验可以准确地把握广告从设计到成品之间的任何环节，并明确知道设计与成品之间的差别，还知道如何利用印刷工艺纠正制版素材的缺陷。计算机毕竟在很大程度上缺乏真正的主动性，广告设计人员有必要补充工艺制作的知识。“艺不压身”的古训今天看来并未过时。

当制版技术方面的困惑不再阻碍设计人员的行动时，设计者的想像力才可能展翅高翔。由于科技的进步，过去设计人员需要苦练的绘制制版稿的技术过程，今天可以完全省去了。恰如一台自动数码照相机可以带给任何没有摄影知识的人以创作乐趣，但如果真想拍出点像样的照片，还是要懂得曝光、胶片的知识，广告设计人员也需要在印刷知识上充实自己。

现在的制版稿制作，除了因为印刷工艺非常简单或缺少预算的情况之外，如果愿意，完全可由计算机代劳。由于计算机制版的成本的下降，目前阶段广告业涉及印刷任务，已经从传统的手工制图和照相晒版技术，完全由四色胶印的制版技术代替，绝大部分由计算机分色出软片了。就是说，胶印广告的制版稿工作，只要有设计效果正稿在手，印刷厂就可以代为处理制版事宜了。

大型户外广告的喷绘，同样由计算机控制进行，广告画布的制作是靠在计算机中生成的设计稿来完成的，所以广告设计人员同样只提供效果正稿的素材给电脑喷绘写真公司就算完成了任务。

计算机辅助设计的发达，已经可以把设计人员从枯燥的霓虹灯工程蓝图中解放出来，但大多数情况下，工程蓝图仍然采用手绘的办法，但灯光动态效果正稿，基本上是由计算机来做了。

以上情况可以看出，只要我们能够制作出效果彩样（无论是手绘还是计算机绘图），今天的社会分工服务体系可以代你完成原本枯燥和要求严格的手工制图工作，在时间上也大大地缩短了，为此我们已不必要占用大多篇幅讲解制图要求和实例，只需在印刷工艺上作些介绍，增加必要的印刷工艺知识。

## 二、印刷工艺技术

平面广告媒体的制作，基本上用印刷二字即可涵盖，广告制作常用的印刷工艺主要有以下几种：

1. 凸版印刷。

“运用各种不同的方法，为了多种目的，将油墨或其他物质压印或不用压力印在纸或其他材料上的过程，谓之印刷。”这个概念在今天尚算完整可用，因为大规模使用的印刷工艺都没脱离此范畴。

印刷面凸出而接受油墨，着墨部分压印于纸上，此法即凸版印刷。印刷品所需的文字、图形和照片均经过照相制版过程：文字部分由计算机激光排字机以所需比例制成晒版用透明胶片，经暗房冲晒出晒版用负片（即阴片），图形部分往往是平色的组合，如需要使用照片则只能使用一种颜色来表现，用连续调正片过网屏加挂网线的办法制成带网点的负片。色块部分根据设计效果稿指定的颜色，以制版稿的尺寸为依据制成与成品等大的分色负片，每种色彩做一份晒版负片。

将所有的素材以同一色为一组拼成每一色的晒版负片，分别晒图并使用感光腐蚀的制版方法制出每种色彩的锌版，在锌版上，凡是需要印出的部分是相对凸出的，空白的部分已在晒版过程中被腐蚀掉，这就是凸版印刷又称锌（铜）版印刷的原因。

印刷用的油墨根据设计要求进行调配，经过打样校对无误后，就可以正式印刷了。由于每色一版的工艺限制，一般情况下凸版印刷的广告，在设计时只会使用四五种色彩或更少。在今天的技术条件下，广告主基本上不再大量采用这种成本虽低但表现力不足的印刷方式。

过去的报纸是采用凸版方式印刷的，所以广告代理公司的大量工作之一是制作报纸广告的制版稿，现代的报纸基本都是双色胶印或四色胶印，广告制版工作完全可以由计算机完成了。基本工艺原理相同于凸版印刷分色方式的印刷是网版印刷。

2. 网版印刷。

网版印刷是指利用绢布或金属网的通透性，使油墨或树脂材料漏在纸或玻璃、皮革、塑料承接面上的印刷工艺。这是非常传统而又生命力旺盛的印刷方式，至今在平面广告制作上仍大有用场。

网版印刷的制版过程，与凸版大致相同，都是要制作同样的晒版负片，都是一色一版，网板也是涂了专用感光剂的。它们的区别在于凸版在感光后保留了要印的部分，空内部分腐蚀掉，而网版是要印的部分被感光分解掉了，露出网目用来透漏油墨。

许多的灯箱广告、路牌广告、赠品广告、即时贴材料的 POP 广告用品和广告文化衫、广告服装、公交车体广告的一部分都是用网版印刷方式加工的。

3. 平版印刷。

平版印刷在印刷工艺技术中是发展最为迅速的一种，今天的胶版印刷几乎抢去了原来由凸版和网版承担的许多印刷项目，原因是平版（印胶版）印刷机可以印刷的纸张的厚度大幅度提高，印刷单色实色的饱和度已不逊于铜版印刷，甚至更精细。

之所以称为平版，是因为在胶印工艺中，采用了“油水不相融”的原理，用水作为要印的部分与空白部分的间隔物，即需要接受油墨的部分不接受水，而不需印出的部分不接受油墨，这种把印刷用的金属版上的油墨印在沾了水的胶皮版辊上，再把胶辊上由水托着的油墨印到纸上的方式称为间接印刷法。把图案从正版印到胶辊上时成了反像，再把反像形态的油墨转移到纸上就又成了正像。

由于真正的金属版不与纸摩擦而用胶辊代替，所以胶版印刷可大量复制同一个版的成品，它采用把原稿的色彩分解制版再逐版叠印还原的方式，使印刷品呈现出逼真的自然色彩。这种色彩印刷方式也称“四色印刷”，即用四种原色去合成各种自然色。

提取原稿自然色制成单色版的过程就是所谓的分色。依照物理学所发现的光的特性，使用电子分色机把原稿素材中的色彩分解为黄（Yellow）、品红（Magenta）、青（Cyatl）、黑（Black）四种颜色的影像并为影像（连续调）加上网线。技术的进化，使电子分色工序变得很便捷并且解像力非常优秀。

目前的电子分色技术，只使用一种药液和一种底片就可以得到直接可以晒印刷版的四色底片，对原稿的尺寸已无限制，其代表机型即为华纳 Mds 分色系统。但计算机图形处理技术的飞跃和印刷业的介入，使电子分色技术被计算机扫描仪的计算机调色并制成四色软片的技术所威胁。由于计算机可同时完成设计、分色输出和晒版软片的工作，使广告设计到印刷的过程在一处即可解决，所以目前大量的广告印刷品是由计算机做前期处理的。

但是计算机制版的弊病在于监视器作为发光体所展示出的光色与印刷品这种反光体展示的同样色彩来源的颜色在色相和纯度上差别很大，以致使经验不足的人无法判别监视器或打印机输出展示的设计稿在印成后的最终色彩效果。常常被计算机欺骗而在印出样张之后重新调整计算机中的色彩，这就显示出电子分色知识对设计人员的重要意义，因为有电分丰富经验的设计人员只需一次实践便可掌握计算机显色的色差。

从理论上讲，什么色彩都可以由三原色组成后复制出来，但实际上三色叠印后不能真正还原色彩，必须加印一次黑色增加其光影变化产生的立体感，所以才使用了四种色版叠印。

用来制胶印版的分色网线，有 65、85、11O、120、133、150、175、200、30O、400 线的变化。用纸质量越精，越可以使用高密度网版印制精细的作品，而纸的纤维越粗就越要用粗网线的版来印刷才不致把网点糊住。

网线密度与印刷还原程度的关系，只要想象一下普通彩电和计算机的高扫描线数彩色监视器所展现的画面的精美逼真程度的差别，就可以理解了，道理大同小异。

涉及到印刷工艺，就不免要谈纸。一张标准的印刷用纸通常是787mm×1 092mm，用于特殊用途或高质量的特种纸的尺寸要小得多。目前国内市场上各种印刷用纸品质优异，只要条件允许，可以使用任何一种国际名牌纸去印刷广告。但在实际业务中，大批量使用的主要是适用于凸版和平版的铜版纸。

印刷用纸的计算单位为“令”，每500张标准纸为，英美制是1 000张纸为1令。印报纸的新闻纸是卷筒状的，每卷应出标准张5 000。纸的用料不同和厚度不同，决定了每张纸的重量不同。印刷广告用的，多是每张重105克至157克的铜版纸，一般使用128克纸。在制作POP用品时就需要使用210克以上的铜版卡纸。

日本产的纸的规格标准与我们不同，其“A判”与“B判”规格的0号纸都大于我们常用的787mm×1 092mm，我们印刷业虽然也使用新兴的“国际开型”和大度纸，但常规上仍以标准纸为纸的开型的计算依据，具体规格为：

全开：787×1 092
对开：546×787
3开：262×1 092
364×787
4开：393×546
8开：273×393
10开：218×393
12开：218×273
196×364
16开：196×273
20开：196×218
24开：136×218
182×196
32开：136×196
98×273
40开：109×196
48开：98×182
131×136
64开：98×136

只有在纸的开型范围内安排印刷品的面积，才能降低制作成本，不致造成浪费。

4. 凹版印刷。

这种工艺的版与凸版正相反，要印的部分低于版面，在凹下的部分挂上油墨，其他部分擦净，在压力下把凹槽盛着的油墨倒在纸或涤纶、乙烯材料上，印刷品受墨的浓淡程度靠凹槽部分的深浅而定。目前使用的四色彩印凹版，都是在经过电子分色之后用电子雕版机分别雕刻四根单色的金属版辊，经镀膜后使用。简单的凹版版轮用照相感光的方式制作。

凹版印刷机相当庞大昂贵，它可以使印刷品色彩充足饱满，又可以大量复制印刷品。由于制版费用昂贵，如无大的批量，一般商用印品不敢问津。我们经常接触的各种涤纶膜的包装袋、瓶贴都是这种多色凹印机印制的。

这种工艺在印透明 UPP 膜时，需要在印完所有色彩后最终加印一道实白色以托住色彩，广告年历中那种塑膜挂历便出自凹印机。而在机器上设置多套墨色，就为了在印包装时把所需专用色例如金、银或其他厚重的间色一次印好。

耐磨、有质感的货币也是凹版印刷的。在实际印刷业务中我们接触凹印，通常只有大规模轮印的各种塑料提袋广告。由于印刷使用卷材且速度极快，小规模的促销广告品或不足 10 万个的塑料材料的广告品，没必要用凹印。这些都要根据实际情况慎重考虑。

与广告相关与纸相关的印刷，还有烫金银电化铝膜的烫金版、浮凸压印版、立体视感印刷技术等，但均非大规模使用的方法。

现代技术条件下广告业务涉及的印刷方式还有静电复印技术（单、多色）。以正电的影像与带负电荷的碳粉结合，经热压使碳粉渗透于纸上，这种技术是我们每个人全能操作的“傻瓜印刷术”，它可以从事少量或中量印刷，现今各行各业已缺它不可。

用于计算机输出的激光印刷、喷墨印刷、热升华印刷等方式，由于成本和速度的限制，只能用于专门需要，无法进入广告业常用的印刷方式范围。

可频繁使用的虚拟印刷，就是日盛一日的电子邮件传输，在互联网和其他信息通道上，我们可以看到各地各行业的大量广告。尽管它的形式如同常规的平面广告，但如果你自己不操作提取打印，它永远存在于电子信号中，向各地的观众传达特定的广告信息。这种无纸的传播方式也在不远的将来会部分代替平面印刷广告的传播功能，使印刷广告节省大量的纸张。

### 三、大型平面广告的制作技术

在印刷范畴内，大型平面广告，具有代表性的是户外广告，它的制作技术，常用的是机械化的大幅丝网印刷和超大型滚筒式彩印机。

这两种技术主要是以专用的印刷机来制作广告路牌的画面。在欧洲和美国，户外广告的租期可以以周（星期）为单位而不是我们常用的 6 个月至 3 年。这就使广告画面的加工周期和成本必须压缩，欧美国家的户外广告媒体公司往往没有我国的地域发布权限制，它们的经营优势是在不同的州甚至不同的国家，拥有数千甚至上万个广告牌装置，如同连锁快餐或连锁旅店。户外广告牌规划一方面为广告主把户外广告迅速扩散到各目标市场提供了有效的媒体网络，一方面也形成了以专门印刷尺寸和画面相同而数量多的广告画的印刷业。通常，每块广告牌由 10 张或 12 张画纸拼合而成，用丝网印刷机印好后分别装入塑料袋快递各地。打开袋子顺序将带胶的画纸贴在广告牌上，画面就开始发布。吉尼斯记载的最快裱画工大致是在 2 分钟之内完成了广告牌的贴画。因为高效率和低成本，户外广告以 7 天为一个发布周期才成为可能。

滚筒式彩印是以卷筒纸为材料的，所以印出的大幅面广告画不受标准纸的规格限制，但这种工艺的成本高。世界上最大的滚筒印刷机是日本企业为一家美国广告公司定做的，但现在看来这种技术已不再流行。

现在的大型平面广告制作技术，因用途的不同，有以下几种专门工艺：

1. 用于中型及小型灯箱的计算机分色和彩印技术。

这种被国内称为“计算机写真”技术设备，可以采用和胶印相似的网点叠印的方式，在专用的灯箱软性透光膜上，印出和胶印效果极像的画面。由于制作密度高、形象还原度和色彩饱和度均理想，所以成为具有经济实力的广告主直选的灯箱广告画制作方式。而传统的暗房洗印灯箱片的作法，由于暗房拼合底片的工作量大，而画面表现受局限，逐步退居了次要位置，特别用感光材料制作的灯箱片不具备柔性，无法绷紧并遇水易变色，在户外不够耐用。这就使“计算机写真”技术已走红国内广告制作行业。

2. 大幅广告灯箱和巨型广告牌画布常用的计算机喷绘技术。

这种技术同样依赖计算机打样，但其输出方式近似喷墨打印机的原理，把计算机中的画面一行行地用专用四色喷头喷上经过分色比例调配的油墨雾点，最宽的喷画机可以喷绘 6 米宽的画面而无需接缝。

这种技术因为不是逐色生成画面，其喷绘时必须保留不同原色彩点之间的细小间隙，但在一定视距条件下，这种色彩间隙会被观众的视网膜自动混合在一起，在 10 米以外的距离看上去也非常的逼真、清晰。所以大幅的户外广告均以这种设备制作。专用的纤细夹层画布和专用油墨，保证了广告画布 5 年不出现问题，虽然没有一幅广告需要 5 年不换，但长寿命的广告画布毕竟可以给观众一种时时崭新的感觉。

可以预计，这种户外广告制作方式所具备的优势，必然会使越来越多的中国广告主使用并认同它。举例而言，虽然多幅拼贴式广告画印刷术可以使许多同规格广告牌得以快速发布，但遇到广告牌尺寸不同的问题时就只有重新做每一块、每一色的印刷广告牌。而计算机喷绘技术是大量复制的技术，随着更先进、更快速的喷绘打印设备的问世，户外广告的优势将进一步得到发展。

3. 传统的手工绘制技术。

依然保持活力的手绘技术，在美、日和我国香港地区仍然是超大型户外广告（主要是以建筑物墙面为绘图面的大制作）、整幅车身都彩绘的交通工具广告和体现文化意味的电影院广告牌等平面广告的重要制作手段之一。

日本的计算机制作技术和工艺加工能力堪称世界一流，但其电影广告始终保持着手绘这种可突出不同影院文化观念特色价值的传统技艺。人的技能和艺术品味应该永远排在机械设备之上，是走向后现代化社会的人们所应具有的文化理念。

手绘技术的决定性因素有三点，一是具备如何的审美观和绘制巨幅形象的整体观察力；二是具备根据季节与画面色调来配制油彩及调和剂的专门经验以保证油彩长期稳定，不剥落和褪色；三是充沛的体力和优秀的绘画表现力。

4. 三面翻转画面装置。

户外广告装置中较有历史和昂贵的一种，就是称为“三面翻”装置。它所采用的制作方法是把计算机写真或喷绘或即时贴制作的广告画成品裁成装置上每个棱柱的宽度贴在棱柱上，使用一个装置可发布三幅广告画。在地点极佳的场所，这种装置可解广告位不足之忧，并可使广告信息的传达更有可视性、更引人注目。

“三面翻”广告难以普及的重要原因是国产设备的精度和材质均不过硬。国内先后摸索出来的四连杆驱动、齿轮蜗杆驱动、链条驱动等方式均被使用者淘汰。目前最为可靠的装置，当属瑞士生产的以偏心凸轮和连杆配合的设备。我国进口的该类设备，以瑞士产品为首选。

5. LED 显示器装置。

这种平面广告媒体因色彩单一和解像度低而一直使用在告示牌上，广告信息发布只是其功能之一。但在日本和美国，高亮度 LED 装置已用来部分地取代霓虹灯管。每个大霓虹灯的文字都是用霓虹灯管来填色和发光闪烁，如在文字上使用 LED 后，其跳变动态较霓虹灯管丰富得多。目前常常把 LED 和霓虹灯管混用。在 100～200 米的视距内，LED 的可视度已经非常好，但超远距离时，它仍然不能替代霓虹灯的亮度。

在我国，LED 的品种尚嫌单一，使用方式常常是组成大型显示屏，其实这是一种高投资低回报的方法，在国外并不常用来作广告媒体。因为以显示屏方式轮番发布的广告既单调又不符合户外广告长久展示独立形象的特性。

LED 的优势，是它的点阵比霓虹灯要细密，可以灵活地进行灯光变化来丰富广告画面的表现力。所以国外常用的 LED 的单元直径很大，亮度又高，组装和更换却很便利。

6. 霓虹灯媒体。

霓虹灯是历史悠久的广告媒体。霓虹灯广告通常由底板、文字、图形及灯光变化所构成，至今仍无一种媒体可以完全替代它。随着电子科技的发展，霓虹灯的表现力正在由技术的扩展而增强。目前使用的霓虹灯灯光点灭变化控制装置有可控硅、单板机及专用计算机控制柜（IC 卡）方式三种，以 IC 卡式最先进，因为这种控制方法可随时在计算机主机上调整每台变压器的启动、延时和断电动作，只要把新编好的动作程序拷贝到IC卡上插入控制柜，霓虹灯又可以变化成新的灯光动作形态。

7. 体育场馆广告制作。

这部分广告媒体有使用计算机切割机和手工配合制作的普通广告牌、三面翻广告牌和软性广告布多画面转换装置等几种，其中多画面的卷轴型广告装置是最有效果的，它可同场发布多个广告且故障率低。但该装置在国内尚未大量使用，这与我国的各类职业赛事不发达有关，不久的将来也许这种广告媒体可以大量装备体育场馆，成为受欢迎的宣传工具。它的画面可以用多种现有方法来制作。

8. 热转印技术。

在大型广告灯箱布的制作工程中，热转印技术是最为耐久、色彩鲜艳的工艺。对于不需要使用照片的广告画面最有效果。它所使用的材料是专用的药膜，根据设计裁剪成型贴在灯箱透光底材上，每种色彩的药膜在加热之前看上去都一样，但经过热压后即成为美观坚固的色彩膜。揭去表面的纸基后，制造即告完成。这种工艺技术操作容易，但成本不菲。

9. 其他制作技术。

在目前正在使用的平面广告制作技术还有诸如彩色瓷板式的广告牌，由瓷板绘画后烧制；搪瓷工艺的小型广告牌制作技术（与路名标牌一样）以及一些传统的或高科技的非主流制作方式。这些层出不穷见仁见智的方法能否发展起来，需要看它是否真正符合广告媒体规律和市场的接受心理习惯。

## 练习与思考

1. 报纸广告、杂志广告、邮寄广告（DM）特点和制作技术。
2. POP（销售现场）广告、招贴广告（也称海报）的特点与制作技术。
3. 体育场馆广告、霓虹灯与灯箱广告的特点与制作技术。
4. 车体车厢广告、公交站站台与电话亭广告的特点与制作技术。
5. 广告印刷工艺特点和技术。
6. 大型户外平面广告的制作技术。

# 参考文献


1. 陈培爱:《中外广告史》，中国物资出版社，2002 年版。

2. 罗萍:《广告设计基础》，上海东方出版中心，2002 年版。

3. 朱健强:《广告视觉语言》，厦门大学出版社，2001 年版。

4. 宋昭勋:《非言语传播学概论,》天地出版社，1999 年版。

5. 纪华强:《印刷广告艺术》，厦门大学出版社，1997 年版。

6. 朱月昌:《广播电视广告学》，厦门大学出版社，2000 年版。

7. 陈培爱:《如何成为杰出的广告文案撰稿人》，厦门大学出版社，1995 年版。

8. 胡川妮:《广告创意表现》，中国人民大学出版社，2001 年版。

9. 李巍:《现代广告设计》，机械工业出版社，2000 年版。

10. 朱健强:《企业 CI 战略》，厦门大学出版社，1999 年版。

11. 保罗 M. 莱斯特:《视觉传播: 形象载动信息》，北京广播学院出版社 2003 年版。

12. 张辉明:《平面广告设计编排与构成》，台湾艺风堂出版社，1991 年版。

13. 刘立宾:《摄影广告的艺术构思与表现》，辽宁美术出版社，1986 年版。

14. 丘永福:《图文编辑》，台湾艺风堂出版社，1995 年版。

15. 谢兰芬:《广告视觉媒体设计》，台湾北星图书公司，1991 年版。

16. 钟锦荣:《平面设计手册》，岭南美术出版社，1992 年版。

17. 诸葛铠:《图案设计原理》，江苏美术出版社，1992 年版。

18. 刘巨德:《图形想象》，辽宁美术出版社，1994 年版。

19. 贾京生:《应用美术教程》，广西美术出版社，1992 年版。

20. 辛华泉:《造型基础》, 陕西人民美术出版社, 1995 年版。

21. 钟家骥:《书画语言与审美效应》, 福建美术出版社 1995 年版。

22. 樊志育:《广告设计学》, 台北三民书局有限公司, 1983 年版。

23. 中央美术学院美术史系:《中国美术简史》, 高等教育出版社, 1991 年版。

24. 韩晓芳、王亚非:《创意思维与视觉传播设计》, 辽宁美术出版社, 1997 年版。

25. Richard Hollis: 《Graphic Design》, Thames and Hudson Ltd. London, 1994.

26. [美] 鲁道夫·阿恩海姆著, 腾守尧译:《视觉思维》, 四川人民出版社, 1998 年版。

27. [美] 鲁道夫·阿恩海姆著, 腾守尧等译:《艺术与视知觉》, 中国社会科学出版社, 1985 年版。

28. [日] 朝仓直已著, 吕清夫译:《艺术·设计的平面构成》, 上海人民美术出版社, 1987 年版。

29. [美] 汤·狄龙著, 刘毅志译:《怎样创作广告》, 中国友谊出版公司, 1991 年版。

30. [日] 山口正成田敢著, 辛华泉译:《设计基础》, 中国工业美术协会出版社, 1981 年版。

31. [瑞士] 约翰·伊顿著, 曾雪梅、周至禹译:《造型与形式构成》, 天津人民美术出版社, 1990 年版。